职前化学教师
专业素养发展研究

贾梦英　著

中国社会科学出版社

图书在版编目（CIP）数据

职前化学教师专业素养发展研究/贾梦英著 . —北京：中国社会科学
出版社，2023.8
ISBN 978-7-5227-2326-6

Ⅰ.①职… Ⅱ.①贾… Ⅲ.①化学教学—教学研究 Ⅳ.①06

中国国家版本馆 CIP 数据核字（2023）第 139835 号

出 版 人　赵剑英
责任编辑　高　歌
责任校对　李　琳
责任印制　戴　宽

出　　　版　中国社会科学出版社
社　　　址　北京鼓楼西大街甲 158 号
邮　　　编　100720
网　　　址　http://www.csspw.cn
发 行 部　010-84083685
门 市 部　010-84029450
经　　　销　新华书店及其他书店

印刷装订　三河市华骏印务包装有限公司
版　　　次　2023 年 8 月第 1 版
印　　　次　2023 年 8 月第 1 次印刷

开　　　本　710×1000　1/16
印　　　张　20.5
插　　　页　2
字　　　数　297 千字
定　　　价　109.00 元

前　言

新时代我国教育要大力发展学生核心素养，这就亟需大批满足未来素养教育的高素养教师。获得大量高素养教师的途径主要有两种。

一种途径是现岗一线教师接受短期强化培训教育，以实现专业素养迅速提升。比如国家大力度推行的骨干教师培养项目（国培项目），由国家出资、有资历高校进行承办，选拔各省市优秀一线教师作为"种子选手"进行短期强化提升培训，"种子选手"经过集中培训后回到所在省市，对其他一线教师从上向下、逐级覆盖进行培训，实现全体一线教师专业素养的迅速发展。这种方式存在很多不足，如需耗费大量的人力、物力和财力；由于国培时间短，"种子选手"虽在理念和素养提升上都有着一定的限度，但无法实现教师素养发展的"内化、转化和外化"；"种子选手"回到工作所在地，开展培训作为"传话筒"，明显存在"心有余而力不足"与"失真"之态；对于被动接受回炉再造的其他一线师来说，需要与自己多年固化的教育理念作斗争，而转变教育理念有较大难度，故其积极性不高，甚至有抵触心理，造成培训流于形式，教师领会不足，素养提升缓慢等。

另一种途径就是从教师的源头，即在师范类高校中进行培养改革，直接培养出高素养卓越教师。高校中积极优化、改革对师范专业本科生和全日制教育硕士专业学位研究生的培养计划，针对素养教育所需，精心培养适应所需的卓越型教师，甚至是专家教师。以实现

"发展中小学生核心素养的宗旨"为目标，在高校与职业环境的实习基地，从教育理念、专业知识、专业能力等全方位发展职前教师专业素养。经过高校培养制度改革下的精心培养后，这些准教师专业素养迅速发展，一旦进入中小学，就能极大地满足教育需求，甚至引领基础教育。这些职前教师在专业素养发展中，无需"格式化"原有教育理念，容易直接接受和感悟新的教育理念，发展教学技能，提升教师专业素养。与一线教师再培训相比，有着时间短、效果明显，同时节省了大量的人力、物力和财力等优势。

师范类高校中的本科生面临未来职业选择，但不全是从事教育职业；而教育硕士学位是国家为提高基础教育中教师整体专业素养而设立的专业学位，其未来职业主要面向基础教育，故教育硕士的培养对国家教育来说至关重要。当下的全日制教育硕士专业学位研究生（以下简称教育硕士）培养存在很多问题，很多高等师范院校正在积极进行教育硕士培养改革，积极促进教育硕士的学科教学知识（Pedagogical Content Knowledge，PCK）发展，故研究教育硕士的专业素养发展路径和促进其发展的机制，对我国基础教育的高素养教师队伍建设更具有重要意义。

本书是在教育部直属师范大学——东北师范大学教育硕士培养改革的背景下，在其搭建的教育和实践平台上，组建了由高校化学教学论专家、省市教研员、一线优秀化学教师、化学教育硕士构成的专业学习共同体（Professional Learning Community，PLC），以 PCK 视角对"全日制教育硕士专业学位学科教学（化学）专业领域研究生"（以下简称化学教育硕士）的专业素养发展进行干预指导并进行质化研究。

作为东北师范大学教育硕士改革项目的参与者，作者从 2014 年教育硕士改革之初，就开始收集 2014 级化学教育硕士 26 人、2015 级化学教育硕士 25 人和 2016 级化学教育硕士 30 人的全部资料，以及这三个年级 81 位同学自教育硕士研究生入学复试到毕业前的所有资料。因 2014 级是首届改革下的教育硕士，一些改革设计与实施存在不足，针对 2014 级出现的问题，对教育硕士的培养进行了适当的完善。故本书选取了 2015 级和 2016 级连续两届的化学教育硕士为研究对象，收集了干预过程的所有证据资料，包括学科理解报告、教学设计报告、教学设计、教学 PPT、教学实施视频及 PLC 评课干预视频、教学反思以及访谈等多种资料进行质化研究。

本书为个案研究，通过文献梳理，在 Park 的 PCK 五角模型的基础上，界定了研究所需的化学教育硕士 PCK 理论框架，并构建了 PLC 干预模型。由于资料过于丰富，基于目的性选样方式，本书选择了研究者与组建的 PLC 团队主要进行干预的教育硕士的相关资料进行深入分析，先深描 2015 级教育硕士 J 在 PLC 干预下的 PCK 发展，结合同年级其他教育硕士的发展及 PLC 和 PCK 的理论基础构建了 PLC 干预模型；再以 PLC 干预模型为干预范式，对 2016 级化学教育硕士实施连续不同主题下的 PLC 干预，选取出身具有一定代表性且研究者深入参与其教师专业发展过程的 Q、Y、Z 进行研究，描述在不同时期、不同的 PLC 干预方式下化学教育硕士 PCK 发展路径，挖掘其背后影响因素。

本书深入描述了在 PLC 干预模式下，三位化学教育硕士的 PCK 发展。从规范期、知识期到素养期的 PLC 干预目标设定呈现进阶性变化，化学教育硕士的 PCK 也呈现进阶性发展。

（1）基于专业背景的差异，即使同一干预团队下的干预指导，非师范专业背景的教育硕士的 PCK 发展在规范期也相对较慢，但到素养期时专业背景的影响就弱了很多。

（2）基于化学教育硕士的教师自我效能感发展，在素养期的 PCK 发展明显强于知识期和规范期。

（3）不同干预者干预指导后化学教育硕士的 PCK 发展亦是不同，化学教育硕士同伴关注科学课程知识与科学教学策略，但本身水平有限，对化学教育硕士的 PCK 发展的促进作用较小；而一线优秀教师关注的学生接受能力和教学策略，对化学教育硕士理解科学知识和科学教学策略知识维度有一定的促进作用；教学论专家尤其强调学科本原、知识和思维结构化以及如何促进学生高阶思维，在这个观念下，化学教育硕士的PCK整体得到了显著的发展。

（4）在PLC的连续干预下，化学教育硕士的PCK发展路径从要素缺失到要素全面，从联系松散到联系紧密，得到整体提升。

本书依托东北师范大学教育硕士培养改革的平台，描述进阶式PLC干预对化学教育硕士PCK发展的促进，构建了可供复制的PLC干预模型，设计了PLC的干预机制，为化学教育硕士的培养提供了一种新的干预范式，且为化学教育硕士乃至化学教师提供了"打磨出一堂好课"以及"设计和实施素养为本课"的"科学态磨课"范式；研究中证据收集时进行证据链、证据包设计，为教育研究者进行质的研究提供了证据收集模板；研究描述并探索了化学教育硕士PCK发展路径，为学者们对PCK的进一步研究提供了一种新的视角。

本书的研究和撰写得到了东北师范大学化学教育研究所全体师生的大力支持与帮助，尤其要感谢恩师郑长龙先生对我本科、硕士和博士的学习阶段所提供的倾力指导与关爱。感谢山东师范大学化学化工与材料科学学院教学论教研室全体师生的协助，特别感谢毕华林教授和卢巍教授的资助与关心！

本书的研究结论是以化学教育硕士发展为例，基于东北师范大学教育硕士改革之初，且作者学术水平和认知水平均有限，故难免出现不足与不妥，望同行专家、学者和读者们给予宝贵意见与建议，恳请各位雅正！

作者 贾梦英

2022 年 10 月于济南大明湖畔

目　　录

第一章　绪论

第一节　研究背景

一　新时代教师教育的重要性

教师是课堂教学"教"的行为主体，中小学教师的专业发展就决定着基础教育质量以及优秀人才的培养，教师的专业素养也直接决定着课堂教学的质量[1]，决定着学生的学习成就，甚至决定着国家教育的成败。教师专业发展一直是教育研究者和教育工作者关注的热点，教师专业素养同时决定着教师专业发展。联合国教科文组织国际教育委员会提出，应该高度重视课堂教学质量和教师专业素养的提升，这是所有国家教育以及高校教育应该优先考虑的问题。[2] 随着教育的发展，要求有高素养职前教师的大量储备并不断加入教育事业中。

20世纪80年代以来，"教师专业发展"得到了全世界教育界的高度关注，教育行政部门和培训机构以专家做报告、精选培训内容、严格考核等方式力图促进教师专业发展。[3] 但这些"空洞的工作"、

---

[1]　联合国教科文组织：《教育：财富蕴涵其中》，教育科学出版社1996年版，第63—65页。
[2]　联合国教科文组织：《教育：财富蕴涵其中》，教育科学出版社1996年版，第65—66页。
[3]　周淑艳：《专业发展背景下教师学习共同体构建研究》，硕士学位论文，河北师范大学，2010年，第1页。

脱离了教师自身的"浮在高空的工作"对促进教师专业发展的效果极其有限，广大教师用消极态度去应付甚至抵触这些"虚无"的工作。故而出现了因为专业发展主体的学习动力不足问题，以及培训者的"有为""发奋"与被培训者的"无为""懈怠"的矛盾，究其原因就是没有从教师本身和需求进行考虑，导致教师本身的发展意识、自我效能没有挖掘出来。[①] 如果从教师发展需求和教学工作中的需求考虑，尽力发挥教师主观能动性，充分调动教师的学习激情和发展动力，当下最有效的手段莫过于联结成教师"专业学习共同体"（Professional Learning Community，PLC）。

随着《国家中长期教育改革和发展规划纲要（2010—2020 年）》（以下简称《纲要》）的出台，新时代教师专业发展议题成为当前我国教育界所关注的热点话题。为了贯彻《纲要》中提出的"育人为本"的教育理论，我国于 2011 年出台了《中学教师专业标准（试行）》，并提出"学生为本""师德为先""能力为重""终身学习"四个基本理念来规范中学教师的教育思想和日常的教学行为。[②] 国家发展急需大量的创新型人才，进而需要大批能够培养创新型人才的具有创造力的卓越教师。[③] 教师的专业化发展目的是提高教师自身素养，发展教师专业化的目的是壮大有素养的教师队伍。"一个好的'高素质教师'的培养机制才能创造出规模宏大、高水平专业素养的教师队伍，而这些高素养的教师队伍才是教育持久性发展且优质发展后备保障力量。"[④] 新时代的教师教育十分重要，职前教师培养则尤为重要，而建立职前教师的优质培养机制和范式则更为重要。

---

① 周淑艳：《专业发展背景下教师学习共同体构建研究》，硕士学位论文，河北师范大学，2010 年，第 1 页。

② 史宁中：《中学教师专业标准》，《中国教育报》2011 年 12 月 14 日第 3 版。

③ 李广：《秉持"创造的教育"理念 推进一流师范大学建设》，《东北师大学报》（哲学社会科学版）2019 年第 1 期。

④ Margolis, Jason, "Why Teacher Quality is a Local Issue (and Why Race to the Top is a Misguided Flop)", *Teacher College Record*, Vol. 22, No. 8, 2001, pp. 1-7.

二 全日制教育硕士培养改革需要

结合我国基础教育存在的问题，可以看出为促进我国教育事业的蓬勃发展，进而培养高素养的全方位人才，早在 2007 年，政府工作报告中就已经提出推行师范生免费教育政策，旨为提高我国基础教育质量而培养大批优秀的人民教师。2007 年开始，为鼓励优秀高中毕业生报考师范专业，鼓励优秀青年长期从教，培养造就大批优秀教师和教育家，教育部在东北师范大学等 6 所教育部直属师范大学中实施免费师范生政策。

为满足基础教育对高水平教师日益增长的迫切需求，2009 年国家又开始招收全日制专业学位教育硕士，我国职前教师培养在生源上从本科层次上升到研究生层次，标志着我国教师培养事业整体迈上了一个新的台阶。我国将教育硕士培养提升到了一定的战略高度，注重其教育质量和未来从业发展。专业学位教育硕士项目的目标是使受教育者不仅拥有扎实的理论功底，更要成为教学实践能力过硬、能够对实际教学现象和教育问题进行自主研究的新一代综合型教师。[①]

职前教师的培养面临着许多新的问题与挑战：理论学习与教育实践脱节、课程教学与基础教育脱节、教育实践粗放、低效等[②]。究其原因，传统"体验—实践"模式下的教师培养，即在教育理论课程全部完成后，进行微格练习，再进行集中实习实践一到两个月，这种模式存在明显的阶段式界面，导致教育理论与教学实践的严重脱节；采用微格类虚拟教学，缺乏实践性，导致知识形态向教育形态转化低效，理论无法充分指导实践，实践无法充分体现提升。现行全日制教育硕士培养方案中，理论课程培养目标模糊不清且过于宏大、理论课程的结构不合理

----

① 杜志强、董方：《职业实践导向的全日制教育硕士课程开发》，《教育与职业》2011 年第 26 期。

② 贾梦英、郑长龙、何鹏：《优化全日制化学教育硕士培养模式的探讨》，《化学教育（中英文）》2019 年第 2 期。

且内容过于偏重理论等弊端；实践课程严重不足，某些师范院校设置双导师，但是功能和价值并不匹配。那么高校如何培养满足未来教育需求的高素养教师？

2015 年国务院提出统筹推进"世界一流大学"和"一流学科"建设，以实现我国从"高等教育大国"到"高等教育强国"的历史性跨越，简称"双一流"建设。[①] 东北师范大学作为资深的国家重点 211 师范类大学，一直致力于职前教师的培养工作，在世界教育和我国教育面临的严峻形势下，尤其是 2014 年教育部印发《全面深化课程改革落实立德树人根本任务的意见》后，东北师范大学立即开始进行全日制专业教育硕士的培养改革，针对在职教师的短板和适应未来教育的需要，为未来将成为教师的 2014 级开始的教育硕士量身定制新的培养方案。

教育硕士的培养在"职前教师培养"中占据了越来越重要的地位，其培养质量决定着未来教师的专业素养，故师范院校需要高度重视教育硕士教育问题，专业知识的培养特别是教师必备的"学科教学知识"（Pedagogical Content Knowledge）即 PCK 的发展则显得尤为重要。究其根本，职前教师的 PCK 的发展状况决定着未来基础教育的课堂教学质量。PCK 是教师知识体系的基点和重要元素，因此，衡量这些专业硕士的培养成效，PCK 的发展就是一个衡量教育硕士专业素养成长的最重要指标。

发展全日制专业学位化学教育硕士的专业素养，意在为我国化学课堂输送优秀的化学师资力量。教育硕士的培养目标是具有与时俱进的教育理念，拥有专业的化学知识和理论储备，且熟练教法、创新教学，具有开阔国际视野，宽口径横向知识，而且具备化学教学研究与反思能力的高素养的化学教育工作者。[②] 化学教育硕士的专业素养发展特别是学

---

① 国务院：《统筹推进世界一流大学和一流学科建设总体方案》，http：//www.gov.cn/zhengce /content/ 2015-11/05/content_ 10269. htm。

② 钟振国、钟守满：《全日制教育硕士专业学位研究生的培养现状、问题及其对策——以浙江省 H 师范大学为例》，《江西师范大学学报》（哲学社会科学版）2015 年第 6 期。

科教学知识素养发展值得深入研究。

化学教育硕士（特指全日制"学科教学·化学"教育硕士，下同）研究生的培养问题，对化学学科来说，同样是一个具有挑战性的、全新的研究课题。对此，很多培养单位都进行了积极大胆的探索，取得了一些有价值的实践成果①②③④，初步形成了化学教育硕士研究生培养的一些基本规范，如课程规范、教学实践规范和论文规范⑤等。但我们也应清醒地看到，化学教育硕士研究生培养还存在着诸多深层次的问题，如"高层次化学教师"的定位问题，与本科化学教师培养的界面区分问题，课程设置过分强调"教育属性"问题，教学实践缺乏"质"的提升问题⑥，等等，全日制专业学位教育硕士培养改革势在必行，迫在眉睫。

东北师范大学化学教育研究所组建了由教育硕士、一线教师和大学教育专家构成的团队，采用"体验—提升—实践—反思"⑦贯通一体化模式，对每一届教育硕士进行历时两年的教育课程、实践能力和研究能力等全方位指导，同时搭建课程平台、实践平台和研究平台构成教育硕士培养模式（如图 1-1-1），三个平台同时开放，对教育硕士进行贯通式、进阶性全面培养，目标是打造一流师范院校，短时间内培养大批量

---

① 高夯、魏民、李广平、秦春生：《在职业环境中培养教育硕士生——东北师范大学全日制教育硕士生培养综合改革的实践与思考》，《学位与研究生教育》2018 年第 1 期。

② 胡久华、王璇：《以化学教学能力为导向的全日制教育硕士全程一体化培养模式》，《化学教育（中英文）》2018 年第 2 期。阚鸿鹰、吴结评：《全日制教育硕士协同培养"金字塔模式"构建研究》，《黑龙江高教研究》2018 年第 3 期。

③ 张斌贤、李子江、翟东升：《我国教育硕士专业学位研究生教育综合改革的探索与思考》，《学位与研究生教育》2014 年第 12 期。

④ 贾梦英、郑长龙、何鹏、杨桂榕：《PLC 干预下的全日制化学教育硕士 PCK 发展的个案研究——以"离子反应"教学实践为例》，《化学教育（中英文）》2018 年第 18 期。

⑤ 许燕红：《教育硕士论文撰写中存在的问题及思考》，《化学教育（中英文）》2015 年第 6 期。

⑥ 贾梦英、郑长龙、何鹏：《优化全日制化学教育硕士培养模式的探讨》，《化学教育》2019 年第 2 期。

⑦ 高夯、魏民、李广平、秦春生：《在职业环境中培养教育硕士生——东北师范大学全日制教育硕士生培养综合改革的实践与思考》，《学位与研究生教育》2018 年第 1 期。

的具有教师核心素养的专业化优秀教师人才。

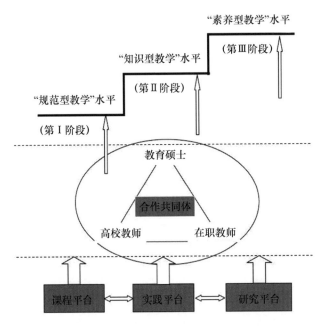

图 1-1-1　东北师范大学教育硕士培养模式

三　源于个人工作经历中的困惑

说到研究缘起，还得从笔者的求学经历说起。当年本科毕业后，就业于一所刚刚成立不久的市属私立高中，除任化学教师外，还兼任年级主任、教务主任直至教学校长，这样的经历不仅丰富了笔者的教学经验，也让笔者了解了各学科教师的教学现状以及学生希望有什么样的教师、家长希望有什么样的教师、学校希望有什么样的教师等，同时也让笔者深切感受到教育部门对教师的要求和家长与学生对教师的要求的矛盾。

在教学过程中，化学教研室的老师们一致抱怨，现在的学生一届不如一届，上课时知识理解不上去，考试时成绩如何差，教起来如何费力，等等。笔者也有同感，于是很困惑，是学生真的差了，还是自己的教学能力退化了，抑或是对教学失去了热情，再或是我们的教学已经不适合现在的学生？那该如何改变这样的现状？

　　某一学期刚开学不久，学生家长找笔者投诉刚刚本科毕业应聘过来的一位化学 H 教师："我儿子说，他们班化学那个 H 老师，教学很努力，也经常进班辅导答疑。可是，他上课讲的那些东西，都是书上没有的，天天就记笔记，上课都听得懂，可是我儿子一到做题就不会。也不只是我儿子，他们班化学成绩始终不好。我们家长，都认为这个 H 老师的那个水平太差了，没有教学经验，他不会教。我们家长都着急了，然后那个推我为代表找学校谈谈换化学老师的事情，我们就是要求换个化学老师，就是有经验会讲课的老教师。"通过对他话语的分析，笔者发现这样几个问题，"教学很努力""经常进班辅导"，说明老师认真负责，教学态度好，有教学激情和热情；"讲的东西书上没有"，那就是没有考虑学生情况，完全脱离课本，"填鸭"强塞；"天天记笔记"，死知识多，没有促进学生高阶思维；"听得懂，做题不会"，学生没有建构过程，死知识没办法"迁移"，无法解决具体问题；"水平太差"，是老师的教学水平低而不是知识水平和学历低；"没有教学经验"，因为刚刚大学毕业，在大学中进行的职业环境下的实践不足；"不会教"，那是没有利用教育学知识把学科教学内容知识转化为学生易于理解并能迁移的知识。一个优秀的师范大学毕业生存在这么多问题？在错愕之余，笔者也很疑惑："教育部直属的重点师范大学毕业的学生，不会教课?!"还记得 H 老师应聘时，笔者看过他的简历，部属师范高校师范专业毕业，在大学就读期间就获得很多的荣誉，包括"奖学金""优秀班干部""优秀校学生会干部"并主持过多次校级活动。师范类高校不就是培养未来的教师吗？不就是训练大学生如何成为合格的教师吗？是 H 自己的问题还是高校的培养出了问题？

　　无独有偶，一位省属师范大学生物学科毕业的专业学位研究生（生物教育硕士），在以生物教师身份就业不足一个月时候，也遭遇了家长和学生的联名投诉，理由是"不会讲课，课讲得乱七八糟"。这样一位很早就规划了职业生涯的教师，不会讲课？不可思议。

　　反思自己，在本科阶段笔者也曾经实习过，一起实习的同学有八位，经过两个月的实习，实习学校认为我们"能力都很强，将来一定是位好教师"，当时自己感觉很满足，现在想想，指导教师的评价应该是话里有话！没有真正的教学经验，本科的教育理论似乎都是"高大空"。而自己工作后，跟着一位师傅学习，她怎么讲我就怎么讲，直至自己也成为新手教师的师傅。可是回头看工作了十余年的自己，有了教学经验后，反而觉得自己脑袋里空空。那么，学生到底需要什么样的教师？国家教育到底需要什么样的教师？如何培养这样的教师？反思后的自己更想重新回学校再次学习，学习如何上好每节化学课；如何转变成一位优秀的化学教师；想研究高校是如何才能培养一线教学需要的高素养教师，而不是高教育学历、低教学能力的教师。

　　重新考上东北师范大学的化学课程与教学论专业硕博连读的研究生后，笔者有幸加入郑长龙教授的课题组。恰逢郑老师课题组研究方向转型阶段，郑长龙教授提出教育研究者的研究应立足于"国际化""实证""课堂"，在原来精细化剖析化学课堂结构，研究化学教师课堂教学行为取得丰硕成果后，充分考虑国际研究热点，正在向教师专业发展转型。

　　正值东北师范大学教育硕士培养改革，选择了四个学科作为试点学科，化学教育专业成为首批试点专业，由郑长龙教授组建化学教育硕士培养管理团队，管理团队成员各自分别组建专业共同体（即PLC），进行化学教育硕士培养。笔者因为特殊的经历而有幸加入化学教育硕士培养改革的管理团队，结合学校培养改革的建议，自行组建了化学教育硕士、优秀一线化学教师、高校化学教学论专家构成的专业学习共同体。笔者因具备一线教学经验，同时作为课程与教学论博士具有一定的教育理论基础，全面负责本课题组的化学教育硕士实践平台中的培养，融入化学教育硕士专业发展的过程中。

　　在PLC对化学教育硕士进行干预指导中，看到化学教育硕士的每一点成长，感受化学教育硕士的困惑、收获、快乐，在为其成长高兴的同时，引起了我们课题组的关注外，自己也十分兴奋，这不就是读研究生的初衷吗？自己就要见证满足国家教育需求、满足家长需求、满足学生成长需求的新型高素养教师是如何"养成"的了吗？由此引发本人的极大研究兴趣，高素养的化学教育硕士具有怎样的特点？PLC 干预指导是否合理？PLC 干预可否优化为培养机制？PLC 干预下化学教育硕士到底哪些方面成长发展了？如何发展的？

在 2014 年首届化学教育硕士培养改革中，化学教育硕士尝试依据一线教师的评课、专家等的评课与建议，不断在行动中进行反思并对行动进行反思，不断整合、内化、提升，他们的教学设计能力、实施能力和反思能力都有很大提高。笔者发现他们不是专业教师素养某一方面的发展，而是互相交织的多方面都有发展，经过文献查阅和梳理，这些方面结合，恰恰就是教师的 PCK 在不断发展。

笔者曾经参加过教师资格考试和市级骨干教师和省级骨干教师的考试，确实感觉如 PCK 的提出者 Shulman 所说，评聘试卷中有"教学法"知识，如心理学知识和教育原理知识；也有"学科"知识，大多是高考试卷中真题或者高考模拟题。这两类题界限相当清晰，但遗憾的是作为学科教师是否能够胜任教学工作，真正需要考察的是"能否用教学法知识对给定的特定主题进行深入分析，探究科学本质，将其学科本原进行结构化，利用适合学生的核心教学策略、表征方法，转化为学生能够通过高阶思维进行自主建构的知识"。所以，无论是教师资格认证还是教师本身，都需要发展教师的专有知识——学科教学知识。

通过文献阅读也发现在 PCK 相关研究中，聚焦于全日制专业学位化学教育硕士的研究很少，而基于"教育理论平台"和"教育实践平台"的教育硕士培养过程中 PCK 发展的研究在国内几乎没有，且 PLC 连续干预下教育硕士 PCK 发展的研究也没有报道，而基于 PLC 干预下化学学科的教育硕士 PCK 发展的相关研究则更是没有。

笔者对全日制化学教育硕士培养十分关注，于是收集 PLC 干预下化学教育硕士成长过程中的每一项资料，对 PLC 干预下化学教育硕士 PCK 发展进行研究，旨在为职前化学教师专业素养发展领域的研究提供一些有价值的信息。

第二节　研究问题

处于教育硕士培养改革当中的化学学科教育硕士，置身于为他们精心组建的 PLC 团队的连续干预模式中，不断学习，促进自身的专业素养发展。基于东北师范大学的教育硕士培养目标，如何设计对化学教育硕士的 PLC 干预目标？PLC 连续干预的模型如何构建？怎么运行？不同干预时期的教育硕士专业素养发展有什么特点？连续干预下的教育硕士素养取向专业素养发展呈现怎样的发展路径？

本书选择"PLC 干预下化学教育硕士 PCK 发展"作为研究范围，以教育硕士培养改革下的化学教育硕士为研究对象，进行化学教育硕士 PCK 发展变化的研究，目的是通过实践研究构建干预模型（即 PLC 干预模型），形成化学教育硕士培养的干预范式，并揭示在 PLC 干预下化学教育硕士 PCK 发展的特点，以此探寻职前化学教师专业素养的发展路径。通过具体研究以解决以下几个问题。

1. 为研究 PLC 干预下化学教育硕士 PCK 发展路径，需要构建什么样的化学教育硕士培养 PLC 干预模型？PLC 的干预机制是怎样运行的？

2. 为描述 PLC 干预下化学教育硕士 PCK 发展路径，需要构建什么样的化学教育硕士 PCK 发展分析框架模型？

3. 在 PLC 干预模式下，以 Q、Y、Z 为代表的三位化学教育硕士 PCK 发展有什么特点？影响化学教育硕士 PCK 发展的因素有哪些？研究能为化学教育硕士专业发展提供什么样的建议？

第三节　研究意义

国家提出发展学生核心素养，那什么样的教师才具备发展学生核心素养的能力？对化学学科来说，如何培养出这样的化学教师？这样的化学教师专业素养需达到什么程度？怎样衡量这些化学教师的发展？

一　理论意义

PCK 作为一种理论，以其所具有的教学普遍性、教学规律性和教师教学价值观念，指导和规范着教师的思想与行为。基于文献的梳理发现，PLC 基于进阶性发展目标、长时间、有计划、连续干预化学教育硕士 PCK 发展研究，目前国内外尚无相关文献报道，所以此研究具有创新性，填补了此领域下的研究空白。

本书所构建的 PLC 干预下的职前化学教师（教育硕士）PCK 分析框架表征模型之解释性、规范性、实践性是描述和理解化学教育硕士 PCK 发展的一种新的模型。此 PCK 表征模型揭示了 PCK 的结构和要素间的关系，同时作为研究的工具，为后续的 PCK 研究提供了新的视角。

本书中 PLC 干预模型的构建，为教育硕士培养和后续的 PCK 研究提供了新的研究视角和研究范式。

二　实践意义

首先，利用已构建的 PCK 分析模型和 PLC 干预模型，对三位化学教育硕士学习期间的 PCK 发展变化进行研究，构建出 PLC 连续干预下职前化学教师 PCK 发展路径，为以后的化学教育硕士的培养提供了可供参考的理论依据与范式。

其次，在 PLC 干预过程中，构建了精细化打磨一堂好课，尤其是"素养为本"化学课的科学态范式，为无论是职前教师还是在职教师都提供了科学态磨课模式，以便化学学科核心素养在化学课堂顺利落地，发展学生核心素养。

再次，为教师教育研究者探索 PCK 理解与发展路径、思考教学也提供一种新的范例，以协助职前化学教师、在职化学教师提升课堂教学质量。

最后，就研究者而言，在进行研究过程中了解了质的研究方法的使用和意义，同时为课题组在研究方法上进行了质的研究方法的补充。在资料收集时设计了证据链和证据包的结构化收集方式，为课题组及其他科研工作者的资料收集和质化研究提供了一种可供借鉴的范式。

第二章　文献综述

第一节　教育硕士培养研究现状

设立教育硕士专业学位的根本目的是为满足基础教育改革对教师素养的更新、更高的要求，而教育硕士专业发展过程并非"自然成熟"过程，是由师范大学等高校搭建各种学习平台，并经连续不断干预而迅速发展的过程。那么，师范类高校对未来教师培养干预必然针对当前中学一线教师面临的实际问题，尤其当前教育硕士培养等亟待解决重大问题不断地进行培养改革，并"探索一个适合中国国情的、科学规范的、能成批地培养优秀的应用型高层次和高素养教育基础人才的新型研究生教育范式"。

一　国外教育硕士培养研究现状

（一）国外教育硕士专业发展的研究现状

国外对教育硕士培养与发展的研究相对较早，研究成果也很是丰硕。1936 年美国哈佛大学开创了设立教育硕士专业学位的先河，经过 80 多年教育硕士的培养积累了丰富的经验，美国在教育硕士招生方式、培养模式、课程设置与实施、师资队伍建设等各方面均已建立了完善的制度体系，为其他国家的教育硕士培养提供了科学的、可供借鉴的范式。

Glazer 在 1986 年就提出，应该以专业教育为主导、以终结性教育为主线、以实践为导向对专业学位教育硕士进行精细化培养。[①]

Tom 指出教师专业发展当以适应时代发展、教育需求进行调整，对教育硕士专业学位研究生培养的发展方向进行深入研究。[②]

Selke 在《教师的专业发展在美利坚合众国——从业者的硕士学位》的著作中，对美国的教育硕士发展中的问题与解决进行了详尽的阐述，给各国教育硕士的培养提供了帮助。[③]

Rudd 梳理了英国硕士研究生的培养历程，深刻剖析了硕士研究生发展存在的问题与困境。

Selke 在文章中介绍 AAU（美国大学协会，Association of American Universities）制定了教育硕士的培养目标，强调要突出教师专业素养和教学专业技能的培养。[④]

Gardner 和 Hayes 于 2006 年选取 22 位教育硕士及教职员进行访谈，针对教育硕士学习能力、思维方式等方面进行调查研究。[⑤] 指出自美国开始进行教育硕士研究生的教育以来，关于培养目的至今仍有争议。调查中发现大部分被调查者认为教育硕士的培养目的是为教育硕士进行科学研究，这样将无法达到培养卓越教师的目标。

---

① Glazer J. S. , *The Master's Degree*： *Traditional*，*Diversity*，*Innovation*，Washington，DC： Association for the Study of Higher Education，1986，p. 84.

② Tom A. R. , " Reinventing Master's Degree Study for Experienced Teachers "，*Journal of Teacher Education*，Vol. 50，No. 4，1999，pp. 245-254.

③ Selke M. , "The Professional Development of Teachers in the United States of America：The Practitioners' Master's Degree"，*European Journal of Teacher Education*，Vol. 24，No. 2，2001，pp. 205-214.

④ Selke M. , "The Professional Development of Teachers in the United States of America：The Practitioners' Master's Degree"，*European Journal of Teacher Education*，Vol. 22，No. 2，2001，pp. 205-214.

⑤ Gardner，S. K. , Hayes，M. T. , Xyanthe N. N. , " Education：Perspectives of Faculty and Graduate Students in One College of Education "，*Innovative Higher Education*，Vol. 31，2007，pp. 287-299.

（二）国外教育硕士培养改革研究现状

本书对一些发达国家的教育专业研究生培养模式进行了比较分析，分析教育硕士的培养模式主要是从实践设计等进行培养改革，以促进实践性教育硕士的专业发展。

1. 实践教学研究

美国特别注重"应用型"人才的培养，实践能力始终是其选拔高端人才的首要条件。美国欧林工学院特别重视硕士研究生在课堂中的学习体验，重视发展硕士实践能力，因而以培养实践型人才闻名世界。欧林工学院重视理论联系实际，解决陌生情境下的真实问题为目标，发展学生在实践过程中分析问题、解决问题的能力。

世界上首个设立重视发展实践能力的教育博士专业学位的高校是哈佛大学，自此美国教育博士招生和培养规模快速发展，由此也可看出美国对学生的实践能力培养已到极致。美国十分重视实践性学习，源于杜威提出的"做中学"思想。德国建立了"公共核心课程+专业方向模块"的实践课程体系，其要求学生在入学前先进行企业实习，实现"校企协作"实践模式，学生到企业中见习，同时聘请企业专家作为授课教师进入课堂进行教学，将企业项目作为真实案例为学生讲授实践经验。

2. 研究生就业能力研究

Pallai 等人对已工作的研究生进行调查并统计分析，提出为使学生能够适应和驾驭未来工作，应该由学校来提高学生技能，在校期间就应大力发展学生核心素养以满足未来工作需要。

马来亚大学对大学生进行就业强化"工业训练"，以提升学生的就业能力增加就业机会，即为准备就业的学生提供专门训练机会。Kaur 等通过双向的问卷调查发现，用人单位对高学历的毕业生有着强烈的好感与信任，非常看重他们的能力，因此对高学历毕业生有着很大需求。

二 国内教育硕士改革研究现状

（一）国内教育硕士发展研究现状

我国的专业学位教育起步晚，经验不足、体制不完善、缺乏整体性和针对性等，这对于新时期我国教育硕士课程改革提出了新的挑战，需要在探索与借鉴外来经验当中不断提升。

1996 年国务院学位委员会通过了设置教育硕士专业学位的决议，1997 年正式开始招收非全日制专业学位教育硕士研究生，针对在职教师进行继续教育。2009 年开始扩大为全日制，针对应届毕业生进行深层次培养。至今教育硕士培养有 20 年的历程，不断地进行改革与创新并取得了丰硕的成果，已培养了大量的高层次高素养的教师人才。但随着国家教育事业的发展以及对高素养人才的渴求，迫切推进高校教育硕士培养改革，以促进专业学位研究生教师专业素养尽快发展，满足高度发展的经济社会对高素养教育型人才的需要，2010 年，64 所高等学校开展教育硕士培养综合改革试点工作。①

国内外的专业学位研究生教育综合改革也已有多年，国内外的学者进行深入研究并取得丰硕的成果，其中不乏关于国内学者对国外教育硕士培养方面的研究。

范牡丹梳理出高校对教育硕士培养不够重视、教材不配套、理论与实践课程设置不科学、导师指导不到位等问题。②

王飞、车丽娜梳理了美国全日制教育硕士的培养历史，指出美国要大批次地培养应用型人才，提升全日制专业学位教育硕士的专业素养，所以尤为注重实践课程的设置。③

---

① 张斌贤、李子江、翟东升：《我国教育硕士专业学位研究生教育综合改革的探索与思考》，《学位与研究生教育》2014 年第 2 期。

② 范牡丹：《关于教育硕士专业学位研究生培养现存问题的分析与思考》，《教育与职业》2009 年第 11 期。

③ 王飞、车丽娜：《美国教育硕士专业学位的特色及其启示》，《高等教育研究》2014 年第 12 期。

有学者提出"研究型+应用型"双型人才同时培养的建议，提到要注重技能培养，要构建提高素养的培养模式。

（二）国内教育硕士培养改革研究现状

北京师范大学在教育硕士培养改革中提出设置"模块化课程体系"，设置满足教育硕士个性发展的培养方案作为改革的核心。[①]

天津师范大学实施"三明治"课程体系，来加强教育理论与实践联系，采用"4+2""本科—教育硕士"连读的"3111"模式。[②]

南京师范大学针对不同专业背景的教育硕士基于发展教师专业素养而采取了"立交桥"式课程设置。

华南师范大学设置了"基础理论""研究方法""专业技能""实践实习"的课程体系，构建了以促进教师素养发展的"四结合"改革模式。

1. 课程设置研究

课程设置是所有教育中最为关键的一个环节，涉及教学内容、实施计划、教学手段等设置。课程设置事关人才培养的质量，国内外学者对此进行了深入的研究分析。

王莉在《教育硕士专业学位研究生课程设置现状及改进策略》[③] 一文中提到当前教育硕士课程设置尚有不足，课程资源内容过于陈旧、专业课与公共课比例严重失衡等。建议根据学生需求设置多元课程，调整课程比例。

魏航[④]梳理了美国教育硕士课程设置脉络，提出了我国硕士教育需要重视教育理论、拓宽硕士生视野、激发硕士生创新思维等。

时花玲指出我国现行的教育硕士教育类课程的设置不能体现实践

---

① 张斌贤、李子江、翟东升：《我国教育硕士专业学位研究生教育综合改革的探索与思考》，《学位与研究生教育》2014 年第 2 期。
② 张斌贤、李子江、翟东升：《我国教育硕士专业学位研究生教育综合改革的探索与思考》，《学位与研究生教育》2014 年第 2 期。
③ 王莉：《教育硕士专业学位研究生课程设置现状及改进策略》，《高等农业教育》2014 年第 10 期。
④ 魏航：《美国研究生课程设置的特点及对我国的启示》，《教育探索》2012 年第 2 期。

性，课程的目标与内容偏向学术性。建议高校应高度重视教育改革的核心要求，调整课程内容和加强实践教学设置。

2. 实践教学研究

作为专业学位教育硕士、未来的卓越教师，应具备过硬的教学能力和创新能力。教育硕士要发展学科教学能力，就必须有具备这些能力的导师进行指导。缺乏实践经验的导师是无法发展学生实践能力的，故此需邀请一线教师加入教育硕士培养改革的指导教师队伍。

邵光华、姚静在《教育硕士专业课程教学改革研究》中提出应密切联系中等学校，通过多种教学形式促进教育硕士的实践能力提升。[①]

张弛、孙富强指出我国教育硕士培养缺乏系统的实践教学体系、指导原则、一线教师力量以及实践学校等。[②]

西南大学为突出实践性实行高校与实践基地学校双导师制，构建了"双师型+临床性"实践模式。

南京师范大学建设了"嵌入式"的实践能力培养的平台，着力开展教学技能训练，制定了教育硕士研究生的"双导师制度"和实践性导师的遴选方案，实行"主导师负责、双导师协作、导师组统筹"的三级导师管理体制。[③]

3. 硕士研究生就业研究

黄小敏和储祖旺指出全日制硕士的培养应适应未来的就业形势，当下传统的培养模式缺乏与用人单位的融合，这种传统的培养模式也是硕士毕业生就业不理想的根本原因。[④]

杨曦认为教育硕士就业面临主要问题是性别歧视、起始专业背景缺

① 邵光华、姚静：《教育硕士专业课程教学改革研究》，《教师教育研究》2004 年第 2 期。

② 张弛、孙富强：《全日制教育硕士专业学位研究生实践教学问题及对策研究》，《学位与研究生教育》2014 年第 10 期。

③ 张斌贤、李子江、翟东升：《我国教育硕士专业学位研究生教育综合改革的探索与思考》，《学位与研究生教育》2014 年第 2 期。

④ 黄小敏、储祖旺：《我国高校教育学硕士培养的困境及其对策——就业的视角》，《黑龙江高教研究》2009 年第 4 期。

陷等，所以应进行对教育硕士进行综合培养改革以及就业培训。①

　　吉红和郭耿玉研究中提到，随着我国研究生数量不断增加导致研究生的就业优势已不明显，为增强就业竞争能力，高校应该高度重视高素养人才的培养，重视就业教育与指导。②

　　教育硕士专业学位研究生教育培养改革试点高校在教育部《关于实施专业学位研究生教育综合改革试点工作的指导意见》的指导下，积极不断地探索和创新符合教育专业学位研究生教育特点的培养模式，在建立和完善教育专业学位研究生教育制度方面取得了丰硕的成果，已初步完成改革试点工作目标。③④

　　综上可见，国内外对教育硕士专业发展都比较重视，并且将目光主要集中在高校中如何培养教育硕士，建立特色的培养模式，并以就业情况来衡量培养成果。从文献中也可以看出，国内高校和国外学者并不重视教育硕士培养的具体细节，也不关注每个培养阶段中教育硕士研究生的发展情况，在教育硕士培养规划的细节制定上存在不足。

第二节　PCK 的研究综述

一　PCK 国外研究现状

　　在 20 世纪 80 年代教育教学研究从注重"教学有效性"的过程转向对教师"认知"的关注。1986 年 Shulman 在美国的教师资格认证中提

---

　　① 杨曦：《影响教育学硕士研究生就业市场因素分析》，《继续教育研究》2009 年第 8 期。

　　② 吉红、郭耿玉：《全日制专业学位硕士研究生就业问题浅析》，《中国青年社会科学》2015 年第 5 期。

　　③ 全国教育硕士专业学位教育指导委员会：《改革创新，推进教育硕士专业学位教育发展》，《中国教育报》2007 年 12 月 15 日第 3 版。

　　④ 张斌贤、李子江、翟东升：《我国教育硕士专业学位研究生教育综合改革的探索与思考》，《学位与研究生教育》2014 年第 2 期。

出了教育研究中"缺失的范式",呼吁教育研究必须在关注学科知识和教学知识的同时,应特别关注两者的特殊融合——学科教学知识(PCK)。①

PCK 源于国外,故国外关于 PCK 的研究起步早,范围较广,研究也比较成熟,有许多学者做过 PCK 相关研究,并积累了大量资料。继Shulman 之后,一些学者对 PCK 进行了相关研究,主要集中在三个方面:PCK 内涵、PCK 的组成要素、国外已有 PCK 研究。

(一)PCK 内涵

PCK 是"学科教学知识"(Pedagogical Content Knowledge)的英文缩写,Shulman 将 PCK 界定为教师特有的知识,包括使用类比、样例、图示、解释和演示等易于学生理解的教学方法以及教师通过一些策略帮助不同学生解决某个主题中的学习困难,使学生更好地理解学习内容等。② Shulman 指出教师不仅要给予学生所学学科里的真理与规律,还必须能解释真理和规律为什么是这样,阐明与其他学科之间的联系,知道真理与规律的功能与价值。教师对特定学科特定主题的理解、对学生的理解、对该主题与其他学科之间关系的理解等构成了教师独特的学科教学知识。③

Shulman 指出 PCK 是一个教师特定的、专有的知识类别,是将主体知识转化为具有教学能力并且适应于学生的内容和教学法之间的融合;是区别于专家学者的专门的知识。但是,对 PCK 到底是什么一直没有特别严格的定义,许多研究者根据自己研究的需要进行界定 PCK 定义。

随之,许多教育学者围绕着 Shulman 提出的"PCK"不断地进行修订,以期深入认识 PCK。

---

① Shulman, Lee S., "Those Who Understand: Knowledge Growth in Teaching", *Educational Researcher*, Vol. 15, No. 2, 1986, pp. 4-14.

② Shulman, Lee S., "Knowledge and Teaching: Foundations of the New Reform", *Harvard Educational Review*, Vol. 57, No. 1, 1987, pp. 1-23.

③ Shulman, Lee S., "Those Who Understand: Knowledge Growth in Teaching", *Educational Researcher*, Vol. 15, No. 2, 1986, pp. 4-14.

表 2-2-1　　　　　　　　国外定义 PCK 的研究

研究者	PCK 内涵
Carter	PCK 是教师对授课主题所知道的知识以及如何转化为课堂教学活动的知识
Geddis	PCK 是教师将主题知识转化为学生易于接受的形式时所用到知识
Gess-Newsone	提出整合和转化两个模型。学科知识、背景知识和教学法知识相互作用整合与转化
Gudmundsdottir	认为就是教学实施和教学内容的混合体,是学者与教师的根本区别
Baxt;Lederman	认为 PCK 包含内在和外在两部分,即教师知道什么和为什么这样
Van Driel	认为 PCK 与一般教学法的根本不同是关于特定主题的教学
Barbett	提出 PCK 是在特定的教学环境下的教学知识,两者不可分割

这些学者力求能给 PCK 一个明晰确定的定义,做了很多的研究,提出了自己的想法,也初步得到了结论,但 PCK 至今仍没有确切的定义。

(二) PCK 组成要素

Shulman 提出"学科教学知识"开始,很多学者在探索 PCK 的内涵时,试图通过确定 PCK 的组成要素来界定 PCK 内涵,还有一些学者在 Shulman 的核心要素基础上不断求全,增加 PCK 要素。

Shulman 最初提出的 PCK 概念的关键核心要素是关于学科的知识、关于学生的知识和关于策略及表征知识,且这三个要素是相互交织并互相促进。[1]

Tamir 认为 PCK 要素包括课程知识、学生知识、教学知识、评价知识,同时强调教师需要对特定学科特定主题内容进行深度的学科理解,并大力开发有利的教学资源。

Grossman 认为 PCK 有四个要素:(1) 教师对特定年级、特定学生

---

[1] Shulman, Lee S., "Those Who Understand: Knowledge Growth in Teaching", *Educational researcher*, Vol. 15, No. 2, 1986, pp. 4-14.

和特定主题的认识观念；（2）学生对特定主题已有经验、知识以及学习能力；（3）理解特定学科课程，包括不同科目横向联系和本学科内纵向之间的联系；（4）对特定学科主题的核心有效表征方法。① 且 Grossman 指出这四要素非同一层次的并列关系，教师观念要素属于统领性要素，对另外三种要素有统摄作用。即 Grossman 在 Shulman 的核心要素的基础上增加了统领性观念和科学课程知识两个要素。

Cochran，DeRuiter 和 King 基于建构主义将 PCK 重新命名为学科教学认知（PCKg），以彰显教师专业发展的动态性。在 PCKg 模型中，包含"教师对一般教育学，教学内容，学情特点和学习环境的综合理解"，而 PCKg 是在其重叠部分中产生。

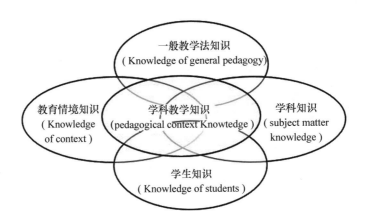

图 2-2-1　学科教学认知模型（PCKg）

Fernández-Balboa 和 Stiehl 认为 PCK 是由特定学科主题、学生理解科科学的知识、核心教学策略知识、教学环境和教学目的五要素构成。

Magnusson 等人提出的 PCK 模型中，将教育理念作为教师 PCK 的一个组成部分，将 PCK 描述为"几种类型的教学知识的转型过程"。认

① Grossman，L. A.，*Study in Contrast*：*Sources of Pedagogical Content Knowledge for Secondary English*，Doctoral Dissertation，Stanford University，Dissertation Abstracts，1988.

为 PCK 是由教师科学教学定位所组成的，受科学教学定位影响。由此确定 PCK 包括五要素：科学教学定位、科学课程知识、科学素养评价、关于学生对特定主题理解的知识、教学策略知识（如图 2-2-2）[1]。

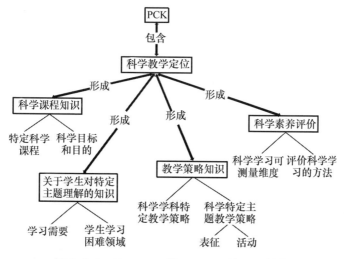

图 2-2-2　Magnusson 等（1999）的 PCK 结构

Park 在 2005 年的博士毕业论文中对 Tamir，Grossman 和 Magnusson 等人的工作进行了综述，并抽提出科学学科的 PCK 五个要素，即科学教学价值取向（OTS）、学生对科学理解的知识（KSU）、科学课程知识（KSC）、科学教学策略知识（KISR）和学生科学学习评价知识（KAS）。这些要素互相影响融合而成 PCK，故将 PCK 放置在中心，五要素都会影响 PCK 发展，构建了 PCK 的五边形模型。[2] 每个要素下又进行详细界定，并明确列出其观察点。

① Magnusson, S., Krajcik, J., & Borko, H. Nature, "Sources and Development of Pedagogical Content Knowledge for Science Teaching", in J. Gess-Newsome & N. G. Lederman eds., *Examining Pedagogical Content Knowledge*: *The Construct and its Implications for Science Education*, Dordrecht, The Netherlands: Kluwer Academic Publishers, 1999, pp. 95-132.

② Park, S., *A Study of PCK of Science Teachers for Gifted Secondary Students Going through the National Board Certification Process*, Athens: The University of Georgia, 2005, p. 145

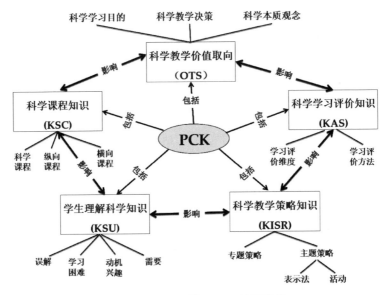

图 2-2-3 Park 的 PCK 五边形模型

随之，Park 在自己的博士论文研究中，利用自己构建的模型对科学教师进行 PCK 研究时，通过扎根理论抽提出"教师的自我效能感"对教师的 PCK 有一定的影响，遂将 PCK 五边形模型改为六边形，并将模型进行优化为 PCK 六角模型。PCK 要素包括科学教学价值取向、学生理解科学知识、科学教学策略知识、学科课程知识、科学学习评价知识和教师自我效能感。[①]

Park 等在 2008 年将博士论文成果以文章形式发表，引起了学者们的关注。在学者们还没有深入分析时，Park 等通过对生物教师 PCK 研究时发现，"教师自我效能感"并没有对教师 PCK 有多大的直接影响，于同年再次将科学教师 PCK 修订为五角模型[②]。

---

① Park，S.，*A Study of PCK of Science Teachers for Gifted Secondary Students Going through the National Board Certification Process*，Athens：The University of Georgia，2005，p. 145.

② Park，S.，Oliver J. S.，"National Board Certification（NBC）as a Catalyst for Teachers' Learning about Teaching：The Effects of the NBC Process on Candidate Teachers' Pck Development"，*Journal of Research in Science Teaching*，Vol. 45，No. 7，2008，pp. 812–834.

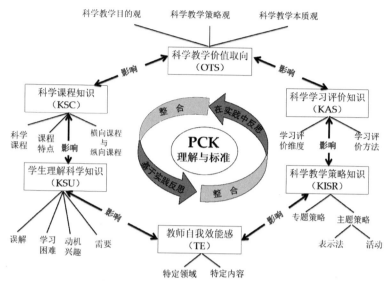

图 2-2-4　Park 的 PCK 六角模型

根据 Park 的 PCK 五角模型，可以看出一个要素的发展可以同时促进其他几个要素的发展，最终促进整体 PCK 发展。而且组成要素间联系越紧密对 PCK 的整体发展促进性越强；反之如果要素之间联系松散，那么 PCK 也必将存在不足。也就是说，强壮的 PCK 应该是各要素要丰富，要素之间联系要紧密。这些组成部分之间的融合是通过在行动中反思和对行动进行反思来持续补充和调整①。此模型得到很多学者的认可，纷纷借鉴用作 PCK 的分析表征模型。

除此之外还有一些学者对教师 PCK 中某一要素进行研究。

国外关于 PCK 组成要素的研究一直在发展，从几个孤立要素到要素彼此联系，从要素静态发展到要素动态地构建，再到 Park 的五角模型，通过对行动的反思和在行动中反思，将五要素统整到一起，促进

---

① Park, S., Oliver J. S., "National Board Certification (NBC) as a Catalyst for Teachers' Learning about Teaching: the Effects of the NBC Process on Candidate Teachers' PCK Development", *Journal of Research in Science Teaching*, Vol. 45, No. 7, 2008, pp. 812-834.

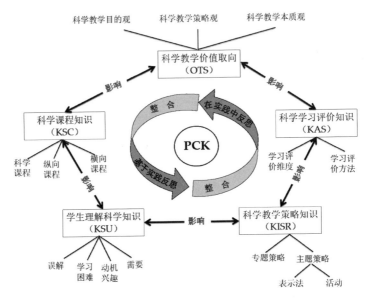

图 2-2-5　Park 的 PCK 五角模型

PCK 的整体发展，所以本书也借鉴了此 PCK 五角模型作为分析框架。

综合 PCK 的内涵和 PCK 要素的相关研究，可以看出一些学者试图在 Shulman 的基础上求全，进行大肆补充。而 Shulman 提出 PCK 的初衷，仅仅是提醒学者重视最根本的、最核心的"转化"而已，故此，本研究立足于教师应具备的知识中最关键的、最重要的知识，就是利用教育学、教学论知识将特定主题的内容转化成为学生易于理解的教学知识的知识。

(三) 国外已有 PCK 研究

国外对 PCK 的研究早，从 PCK 最初被提出就开始进入研究，即关注 PCK 概念和内涵本身，然后关注 PCK 的构成要素，接着是这些要素的关系，再继续研究教师的 PCK 现状，影响因素，促进 PCK 发展的方法（也称作 PCK 来源）等等。表 2-2-2 列举了一些关于化学教师 PCK 的经典研究。

表 2-2-2 国外关于 PCK 的部分已有研究

研究视角	研究者	研究内容
PCK 发展的来源	Grossman	认为（a）课堂观察会导致 PCK 发展不足；（b）教师教育中的具体课程对 PCK 发展有一定影响；（c）课堂教学经验会促进 PCK 发展①
	Jan H. van Driel 等	教学经历是教师 PCK 发展主要来源，且学科知识是先决条件②
PCK 发展的影响因素	Christian P. Clermont，Joseph S. Krajcik，Hilda Borko	认为"短期在职示范研讨"会对新手理科教师发展 PCK 有一定影响。经过理论、建模、实践和反馈环节，依靠教师创造力和教师反思能力科学教师 PCK 能得到提升③
职前教师的 PCK 发展	Jan H. van Driel 等	通过 12 名职前化学教育硕士第一学期中教学内容知识（PCK）的发展研究，发现职前教师教学经验的影响和导师们影响 PCK 的发展④
引入特定学科 PCK	Nihat Boz，Yezdan Boz	分析职前化学教师对教学策略的认识时发现将对象具体化，引入计算机动画是职前化学教师首选的教学技术，进而引入整合技术的学科教学知识（Technological Pedagogical Content Knowledge，缩写为 TPACK)⑤

① Grossman, L. A., *Studying Contrast*: *Sources of Pedagogical Content Knowledge for Secondary English*, Doctoral Dissertation, Stanford University, Dissertation Abstracts, 1988.

② Van Driel, J. H., "Developing Science Teachers' Pedagogical Content Knowledge", *Journal of Research in Science Teaching*, Vol. 35, 1998, pp. 673-695.

③ Clermont, Christian P., "The Influence of an Intensive In-Service Workshop on Pedagogical Content Knowledge Growth Among Novice Chemical Demonstrators", *Journal of Research in Science Teaching*, Vol. 30, No. 1, 1993, pp. 21-43.

④ Van Driel, J. H., Jong, O. D., & Verloop, N., "The Development of Preservice Chemistry Teachers' Pedagogical Content Knowledge", *Science Education*, Vol. 86, No. 4, 2002, pp. 572-590.

⑤ Boz, N., & Boz, Y., "A Qualitative Case Study of Prospective Chemistry Teachers' Knowledge About Instructional Strategies: Introducing Particulate Theory", *Journal of Science Teacher Education*, Vol. 19, No. 2, 2008, pp. 135-156.

续表

研究视角	研究者	研究内容
关于 PCK 的实证研究	Betul Demirdo	对化学实习教师进行为期两个学期的科学教学目标的变化观察，发现实习化学教师能整合教学目标、教学策略和学习评价知识①
	Park	通过三名高中熟手化学教师 PCK 特性研究，发现教师的教学实践与深入反思能促进于 PCK 的发展，教师自我效能感是形成 PCK 有效因素，学生理解科学的知识也影响着教师教学决策②
	Park 和 Oliver	在国家委员会认证（NBC）过程中分析教师之间互动特点，以及这种校园互动如何影响教师的专业发展。对 14 名教师的访谈比较法进行分析。结果显示，NBC 引发的教师同事互动在以下几个方面帮助了彼此的专业发展：（a）加强对教学实践的反思；（b）建立专业话语共同体；（c）提高教学绩效标准；（d）促进合作③
	Park 和 Oliver	通过搜集国家委员会资格证进程中对准教师的教学"档案"记录研究准教师 PCK 发展。结果表明教师资格认证过程对准教师在探究为主的教学、实施创新的教学策略、教学实践反思、学生学习评价、学生的理解等方面有一定影响④

① Demirdöğen, B. , Hanuscin, D. L. , Uzuntiryaki-Kondakci, E. , & Köseoğlu, F. , "Development and Nature of Preservice Chemistry Teachers' Pedagogical Content Knowledge for Nature of Science", *Research in Science Education*, Vol. 46, No. 4, 2015, pp. 575-612.

② Park, S. A. , *Study of PCK of Science Teachers for Gifted Secondary Students Going Through the National Board Certification Process*, Athens: The University of Georgia, 2005, p. 151.

③ Park, S. , Oliver, J. S. , Johnsonc T. S. , et al. , "Oppong, Colleagues' Roles in the Professional Development of Teachers: Results from a Research Study of National Board Certification", *Teaching and Teacher Education*, Vol. 23, No. 4, 2007, pp. 368-389.

④ Park, S. , Oliver, J. S. , "National Board Certification (NBC) as a Catalyst for Teachers' Learning about Teaching: The Effects of the NBC Process on Candidate Teachers' Pck Development", *Journal of Research in Science Teaching*, Vol. 45, No. 7, 2008, pp. 812-834.

续表

研究视角	研究者	研究内容
关于 PCK 的实证研究	Park 和 Chen	通过对某高中 4 名生物教师"光合作用和遗传"主题下的 PCK 研究,以自己建构 PCK 五角模型为理论框架,通过课堂观察、半结构访谈、教学资料等方式收集数据,采用深描 PCK、枚举计数法、PCK 水平评价、比较等方法进行数据分析。先确定 PCK 片段,再进行编码,将表现出来的 PCK 要素映射到 PCK 五角模型的五个要素点上,形成了 Map,称为 PCK-Map①
	Park 和 Suh	通过对 3 位物理教师在"力和运动"主题下,以讨论式探究性学习为教学策略的课堂教学的 PCK 研究,利用五角模型为理论模型,采用 Map 计数,分析发现 OTS、KSU 和 KISR 之间的联系很紧密,而 KSC、KAS 与其他三者之间没有太多联系②

总体上看,国外关于 PCK 的研究比较充分和全面,研究也比较科学、规范。很多专家学者研究 PCK 要素并建立 PCK 的结构模型,现在模型相对成熟。从文献中可以发现,PCK 的本质属性是动态的、实践的和缄默的。国外对 PCK 的组成要素进行了详细的界定和分析,对我们的研究很有借鉴意义。国外学者研究职前化学教师、中小学各学科教师 PCK 现状比较多,为职前教师和在职教师的 PCK 发展提供基于实证研究的科学建议。

二 PCK 国内研究现状

国内关于 PCK 的研究起步较晚,国外提出后国内才开始有学者关

① Park, S., Chen, Y. C., "Mapping out the Integration of the Components of Pedagogical Content Knowledge (PCK): Examples from High School Biology Classrooms", *Journal of Research in Science Teaching*, Vol. 49, No. 7, 2012, pp. 922–941.

② Suh, J. K., Park, S., "Exploring the Relationship Between Pedagogical Content Knowledge (PCK) and Sustainability of an Innovative Science Teaching Approach", *Teaching and Teacher Education*, 2017, 64, pp. 246–259.

注。国内 PCK 的研究从 2000 年开始，直到近几年的研究开始热门起来。国内的研究主要有以下几个方面：

（一）PCK 内涵

国内 PCK 研究前期，主要是一些学者结合本国情况和自己的理解对 PCK 的内涵作出界定。

表 2-2-3　　　　　　　　　　　国内关于 PCK 发展的研究

研究者	研究内容
白益民	认为 PCK 核心就是向特定学生有效呈现和阐释特定内容的知识；PCK 不同于专业学科知识、一般教学知识，但与它们密切联系，教师 PCK 发展是一个动态的过程①
杨彩霞	认为教师 PCK 是将教师所知道的学科内容以学生易于理解的方式加工并转化为学生的专业知识。她认为教师 PCK 与学科内容相关，基于实践经验反思能有效促进 PCK 发展，PCK 本身具有实践性、个体性和情境性②
韩继伟、马云鹏	认为学科教学知识并不是单一的、某一种类型的具体知识，而是一个整合的、连贯的特殊知识整体。不仅是对学科内容认识，也包含对学习者、教学策略以及教学环境的认识，并强调个人教学经验和个人教学认识与信念的价值③
方菲菲、卢正芝	认为可以从缄默性、沟通性、叙事性和价值性等来阐述 PCK 的内涵本质④
张婉	提出 PCK 既是学科知识、学生知识和教学知识的有机组成体，也包括能用表征方式转化科教学内容的、促进学生理解特定的学科内容的教学技能⑤

---

① 白益民：《学科教学知识初探》，《现代教育论丛》2000 年第 4 期。

② 杨彩霞：《教师学科教学知识：本质、特征与结构》，《教育科学》2006 年第 1 期。

③ 韩继伟、马云鹏：《教师的内容知识是理论知识吗？——重新解读舒尔曼的教师知识理论》，《中国教育学刊》2008 年第 5 期。

④ 方菲菲、卢正芝：《教师专业发展研究的新焦点：学科教学知识及启示》，《当代教育科学》2008 年第 5 期。

⑤ 张婉：《化学师范生的 PCK 研究》，硕士学位论文，扬州大学，2015 年，第 17 页。

（二）PCK 构成要素

国内也有一些学者深入探索 PCK 包含的要素，试图通过的 PCK 组成要素的认识来深入认识 PCK 内涵。

朱晓民、陶本一通过文献分析和研究认为 PCK 的构成要素包含学科知识、学生知识、课程知识、评价知识和一般教学法知识。

董涛通过文献梳理，将 PCK 要素进行归类，提出 PCK 要素就包括教师学科教学的统领性观念和特定课题的学与教的知识两种。而学科教学的统领性观念又包括科学本质认识观念与教学目的观念类的知识两种；特定课题的学与教的知识则包括关于学生理解科学的知识、关于教学内容组织的知识、关于教学效果反馈的知识和关于核心教学主题的教学策略知识四类。[①]

还有的学者从特定学科研究教师 PCK 构成。

梁永平《论化学教师的 PCK 结构及其建构》一文中根据化学学科特点，借鉴 PCK 结构的已有相关成果，提出化学教师的 PCK 主要包括基于化学科学理解的化学科学知识、关于学生理解化学的知识、关于化学课程的知识和化学特定课题的教学策略及表征的知识。[②]

王鑫《从 PCK 的视角探讨中学化学教师的知识结构》一文中研究发现中学化学教师的 PCK 发展有利于提高化学教师的专业素养，也可以为其他学科的教师教育课程研究提供借鉴。提出高中化学教师的静态 PCK 成分包括化学学科知识、教育情景知识、化学教学法知识和关于学生的知识，在动态上则是教师教学所需的各种知识的特殊整合。[③]

（三）国内已有PCK 相关研究

随着国内 PCK 研究的推进，越来越多的学者将研究的重点放在了

---

① 董涛：《课堂教学中的 PCK 研究》，博士学位论文，华东师范大学，2008 年，第 33—40 页。

② 梁永平：《论化学教师的 PCK 结构及其建构》，《课程·教材·教法》2012 年第 6 期。

③ 王鑫：《从 PCK 的视角探讨中学化学教师的知识结构》，《教学与管理》2014 年第 30 期。

教师 PCK 发展变化与比较分析方面。

冯茜、曲铁华指出我国教师专业发展已从"技术型"到"反思型"转变，教师发展的理念已从"外铄"转向"自生"，教师实践的理论从"失语"向"对话"转变。[①]

李斌辉梳理了国内外对教师 PCK 研究的已有成果，结合当前我国中小学教师专业发展的实际，提出中小学教师 PCK 的发展应该立足教育实践、反思日常化、组建专业共同体、增强培训学科性、增加专业阅读等策略。[②]

王峰以苏教版《化学 1》专题 2"氯气的生产原理"在集体备课活动中根据不同教师 PCK 的表现，研究发现教师 PCK 的发展有三个阶段（如图 2-2-6）。[③]

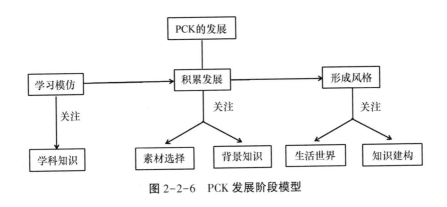

图 2-2-6　PCK 发展阶段模型

赵芹、熊彬舟、张文华对比研究高中新手和熟手化学教师的 PCK 结构后提出建议，需提升对化学科学的理解水平以发展化学课程知识，需关注学生对化学的理解，需加强新老教师的交流，深入开展化学教学

---

① 冯茜、曲铁华：《从 PCK 到 PCKg：教师专业发展的新转向》，《外国教育研究》2006年第 12 期。

② 李斌辉：《中小学教师 PCK 发展策略》，《教育发展研究》2011 年第 6 期。

③ 王峰：《对教师 PCK 的比较研究——基于"氯气的生产原理"的集体备课》，《化学教学》2013 年第 9 期。

研究，建立化学学科特定主题资源库。①

　　黄志勇通过对一线高中化学教师 PCK 的发展研究，分析入门期、成长期、成熟期、完善期教师在 PCK 结构上的异同后，提出职前教育改革需要调整职前化学教师的培养模式，调整课程设置、增长教育见习时间，以达到发展化学教师 PCK 的目的。②

　　延边大学李锦娟进行了高中化学教师 CPCK 模型及发展轨迹研究，构建了理想 CPCK 结构发展模型为三层内嵌式四棱双锥，其中最内层四棱双锥为变形四棱双锥。但此模型过于复杂，模型的可利用率偏低，局限性较强。③

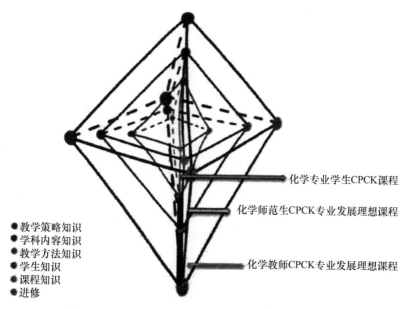

图 2-2-7　理想状态的 CPCK 金字塔结构与发展模型

图中标注：化学专业学生CPCK课程；化学师范生CPCK专业发展理想课程；化学教师CPCK专业发展理想课程；教学策略知识；学科内容知识；教学方法知识；学生知识；课程知识；进修

　　① 赵芹、熊彬舟、张文华：《高中化学教师 PCK 结构的调查分析》，《化学教育》2014 年第 7 期。

　　② 黄志勇：《中学教师 PCK 发展阶段研究——以高中化学教师为例》，硕士学位论文，华中师范大学，2015 年，第 27—32 页。

　　③ 李锦娟：《高中化学教师 CPCK 模型及发展轨迹研究》，硕士学位论文，延边大学，2016 年，第 24—29 页。

东北师范大学解书、马云鹏做了关于小学数学教师的 PCK 结构特征分析，建构了两类常见的 PCK 要素关系结构图（Structure of Elements Map，简称 PCK-SoEM）——整合型和缺失型。前者整合方式又可分为自主整合型和机械整合型，后者分为零散缺失型和低效缺失型。[1]

总体来说，国内关于 PCK 的研究还处于上升阶段。国内多是借鉴国外的 PCK 模型来进行研究，多使用 Grossman 的五要素或者 Park 的五角模型，很少关注到 PCK 各组成要素的相互作用。而 PCK 的发展也有取向，一般 PCK 的现状即使联系紧密，对教师自身的专业发展也没有太大的促进作用，所以对 PCK 要素做素养取向的选择，才能有针对性地发现教师 PCK 发展的优势与不足，进一步提高教师的核心专业素养。

对 PCK 发展的研究方法，最初多数是质化研究，进行个案研究等，近几年开始出现量化研究和混合研究。但由于 PCK 具有实践性和个性化，质化研究更能深度挖掘出 PCK 的发展。并且国内关于教师 PCK 发展的研究多是关于在职教师的，近两年才开始有关于职前教师的研究，对化学学科的职前教师，尤其是教育硕士的 PCK 发展研究得更少，而研究 PLC 干预模式下教育硕士 PCK 发展的几乎没有。

第三节　PLC 文献综述

PLC 是"专业学习共同体"（Professional Learning Community）的英文缩写，20 世纪 90 年代中期之后频繁出现在美国教育文献中的关键词，这个词被用来描述教育领域里的不同教育群体，如教育专业组织、高校院系、学校校务委员会和教育部等。"共同体"（Community）一词最初的理论来自德国 Tonnes 的著作《共同体与社会》。随之共同体在经

---

① 解书、马云鹏：《学科教学知识（PCK）的结构特征及发展路径分析——基于小学数学教师的案例研究》，《基础教育》2017 年第 1 期。

济、政治和社会的应用得到不断扩大，尤其是教师专业共同体在教育教研中的地位不断得到提升。

一　专业学习共同体理论基础研究现状

专业学习共同体（PLC）是当前国内外各行业专业发展的重要途径。在教研中学者邓恩等发现加入专业学习共同体的教师变得更加以学生为中心，且能够更加灵活地驾驭课堂和把握教学节奏以满足不同水平的学生的学习需求。[①] PLC 具有坚实的理论基础，群体动力理论基础、情境学习理论和自组织理论为"专业学习共同体"奠定了理论基础。

（一）群体动力理论（Group Dynamics Theory）

群体动力学理论是行为组织学中最经典的理论，其中涵盖群体的性质、特征、发展规律以及群体与个人、其他群体之间的关系等。群体动力理论是美籍德国心理学家库尔特·勒温（Kurt Lewin）提出来的，从动态和系统视角分析了群体中人与环境交互影响。

库尔特·勒温基于"场"的理论研究发现个人的行为（包括心理活动）会因其自身的变化与所处环境条件的变化而改变。当两个或两个以上的人在一起就会产生复杂的人与人之间的"场"关系，就会促使个人的行为发生改变从而产生对群体造成影响的相互作用力即构成群体动力。

"群体动力"即群体活动的动向，研究群体动力就是研究影响群体活动的各种因素及各种因素对群体动力的影响机理，如群体规范、群体压力、群体凝聚力、群体士气等。[②] 王涛对群体动力理论视域下的高校教育模式进行研究，发现在教育活动中群体动力理论具有重要意义，首先明确了教师自身发展需求等内因是核心因素，其次明确了群体组织形式动力、群体多数动力、公约动力等在个体成长过程中的重要作用，再

---

① Dunne, F., Nave, B., & Lewis, A., *Critical Friends Groups*：*Teachers Helping Teachers to Improve Student Learning*, Phi Delta Kappan, 2000, p. 28.

② 刘玉梅主编：《管理心理学理论与实践》，复旦大学出版社 2009 年版，第 258 页。

有群体组织中个体差异会生成群体发展耗散力。①

宋亦芳对瑞典、日本、中国台湾地区和上海社区学习团队的研究发现这些团队动力特征比较明显且具有相似性，如各团队都形成规范学习；成员关系融洽；成员自愿、自发并主动参与学习。②

许多学者研究的结果都不同程度表明群体中存在"1+1>2"法则，且合理运行群体机制能激发群体动力中的积极动力。

由此可见，群体动力理论对任何有共同目标的群体都有积极的促进作用，对群体内成员的专业成长具有不可低估的作用，也是组建专业学习共同体的坚实理论基础。

（二）情境学习理论（Situational Learning Theory）

杜威提出情境学习在教育中的重要性，引起了教育界的广泛关注。1991 年，莱夫和温格发表著作《情境学习：合法的边缘性参与》，从人类学视角正式提出情境学习理论的三个核心组成，即实践共同体、合法的边缘性参与以及学徒制。③

1996 年，麦克莱伦出版《情境学习的观点》，从不同层面展示情境学习理论和实践研究已渗透到基础教育、高等教育、远程教育、网络教育等各个领域④。情境学习理论也成为各种学术团体构建的坚实理论基础。

情境学习理论首先给"学习"界定了内涵，学习是一个不断增长实践能力，不断社会化的动态过程。无论学什么，都是发展个体参与实践活动的能力且在实践活动中对所在共同体作出自己的贡献为根本目的。⑤从情境学习理论的视角看学习不能脱离实践，需要在专业学习共

---

① 王涛：《群体动力理论视域下的高校创业教育模式研究》，《教育与职业》2014 年第 15 期。

② 宋亦芳：《基于群体动力理论的社区团队学习研究》，《职教论坛》2017 年第 9 期。

③ ［美］丁·莱夫，E. 温格：《情境学习：合法的边缘性参与》，王文静译，华东师范大学出版社 2004 年版，第 6—30 页。

④ Mc Lellan, H., *Situated Learning Perspectives*, Englewood：Educational Technology Publications, Inc, 1996.

⑤ Levine, J. M., Resnick, L. B., & Higgins, E. T., "Social Founda-tions of Cognition", *Annual Review of Psychology*, 1993, pp. 585-612.

同体中、在参与式的活动中、在互动中深化对经验和知识的理解。

教育硕士专业发展不能仅仅依靠理论学习，一定要在职业情境下或真实情境下的实践中"做中学"。

（三）自组织理论（Self-Organization Theory）

自组织理论是基于哲学家康德提出的"自然演化中存在的趋目的性"理论发展过来的。[①]

20世纪70年代，自组织理论是由"耗散结构论""协同学""突变论""超循环论""分形理论"组成，主要是研究复杂系统（如思维系统、社会系统、教育系统等）的发生与发展，如系统是如何自主地由无序走向有序，由低级走向高级。自组织理论认为任何事物都存在自主的、开放的不断进化过程，通过与外界发生物质、能量等的交换，达到逐渐高级有序的结构和功能。教师专业成长是教师在群体中自觉且主动地开展学习活动中逐渐发展的。自组织理论为发展教师专业素养提供了充分开放的组织理念、有效路径和新的视角。

教师专业学习共同体是一个自组织系统，通过自我认同、自我适应、自我控制和自我发展，发挥成员的主体能动性，在"相互默契"的规则中进行自组织，逐渐走向高级和有序。[②]

二 教师专业学习共同体研究现状

（一）专业共同体内涵

共同体（Community）这个概念最初是在一个社会学意义范畴，1881年德国滕尼斯在《共同体与社会》一书中将共同体从社会概念中剥离出来，认定共同体是人类群体生活中的一种样态。[③]

在《牛津高阶英汉双解词典》中对共同体有两种解释：第一种是在同一个地区内共同生活的、有组织的人群；第二种是有共同目标和共

---

① 吴彤：《自组织方法论研究》，清华大学出版社2001年版，第10—25页。
② 袁维新：《教师学习共同体的自组织特征与形成机制》，《教育科学》2010年第5期。
③ ［德］滕尼斯：《共同体与社会》，林荣远译，商务印书馆1999年版，第20—35页。

同利害关系的人组成的社会团体。

1990 年有美国教育学者将"共同体"概念引入教育领域引进"学习共同体"（Learning Communities），定义为由学习者及其助学者（包括教师、专家、辅导者等）共同构成的团体，共同体成员之间通过沟通、交流，分享来共同完成某些学习任务。

PLC 是 Professional Learning Community 的英文首字母缩写，意思是专业学习共同体，在教育领域中，PLC 就是一群有共同信念的教师围绕教学过程中的困难与问题而进行互相交流、协同学习、经验共享的组织，以期望更好地进行教学活动，提高教学质量。

PLC 是由具有共同愿景的管理者与教师组成的团队，他们通过进行合作性、持续性的学习以促进学生发展。当群体成员合作开展共享性学习，以达到提高自己作为专业人员的教师专业素养和促进学生核心素养发展的时候，这个群体就可以看作（教师）专业学习共同体。

Bryk，Camburn，Louis 提出："用专业共同体这个词语指代学校里教师经常基于自己的实践和教学相互交流、共同学习提高的团体。专业共同体的概念中既有"个性化社会关系"的行为特征，也需要"共享价值观及目的"的规范特征。[1]

教师学习共同体是以促进教师专业发展为目标的学习型组织，其组织形式、实践方式和价值导向对教师的专业发展具有重要意义。[2]

"学习共同体"的本质是作为学习的一种微观形态，是教师系统与环境系统在空间的特定组合，是开放的、立体交叉的体系，具有一般系统所具备的整体性、联系性、多样性等特征。[3]

有学者将教师 PLC 认定为"学习+变革型组织"，用以彰显教师

---

① Anthnoy Bryk，Eric Camburn，Karen Seashore Louis，"Professional Community in Chicago Elementay Schools：Facilitating Factors and Orgazinational Consequence"，*Educational Adimimistration Quarterly*，No. 35，1999，pp. 751-783.

② 刘桂辉：《大学教师学习共同体的内涵及价值》，《教育与职业》2015 年第 5 期。

③ 许萍茵：《教师学习共同体是一种关系存在——基于生态思维视角的阐释》，《黑龙江教育学院学报》2012 年第 4 期。

PLC 在教育改革中的重要地位。[①] PLC 通过创设自由、有序的环境来激发教师上进的愿望，促进变革性实践。[②] 有学者认为教师 PLC 就是教师自发自愿形成的学习型组织，具有共同的兴趣和学习意愿、共享知识和资源，通过交流与对话，促进教师专业发展。

当下对教师 PLC 的内涵界定还未完全确定和清晰，但都认为教师在共同体中一定能够提高教师个体和群体的专业素养发展水平。

（二）专业学习共同体特征

学者对教师 PLC 的特征和价值都极富有期待。Louis 提出 PLC 具有共享愿景和价值观、反思对话、去私有化实践、关心学生学习、合作五个特征。[③] 其中 PLC 的基础是价值观，对学生情况的关注教学关键环节，反思对话和去私有化实践是实施手段。Hord 借鉴了这些特征，进一步界定了 PLC 的支持和共享的领导、集体学习与应用、共享的价值与愿景、支持性条件、共享的个人实践的五个特征。[④]

加入 PLC 中的成员打破孤军奋战的局面，通过互动，对话，磋商，合作共享，构成有机体。区别于"工匠型教师"，PLC 中的教师是实在的"反思型实践者"。有学者认为 PLC 具有共享的价值观和愿景、致力于学生核心素养发展、深入反思专业研究、聚焦学生发展的合作、群体和个体开放性、相互信任、尊重和支持。[⑤]

教师 PLC 是教师联结教学实践和教学研究的高效方式，它的理论基础为建构主义、群体动力、自组织和情境学习理论。教师通过 PLC

---

① 徐胜阳：《教师专业学习共同体的内涵、功能及其限度——基于教育变革的视角》，《教师教育论坛》2016 年第 8 期。

② 王佳媛、贾玉霞、王西明：《幼儿教师专业发展共同体理论及策略》，《四川教育学院学报》2009 年第 6 期。

③ Louis, K. S., "Professionalism and Community: Perspectives on Reforming Urban Schools", *Case Studies*, 1994, p. 296.

④ Shirley, M. Hord, *Professional Learning Communities: Communities of Continuous Inquiry and Improvement*, Texas: Southwest Educational Development Laboratory, 1997, pp. 13–15.

⑤ 易凌云、[英] 萨丽·托马斯、彭文蓉、李建忠：《幼儿园专业学习共同体：基本特征与构建过程》，《教育导刊》2012 年第 11 期。

机制的运行，教学水平和合作能力显著提升。

Hirsh 认为 PLC 机制有效、有序运行才能使教育者和学生的持续发展。① 教师 PLC 有利于教师实现自我管理、自我发展和自我价值，能够实现教师的教学成果转化。PLC 能够有效促进教师实践知识发展、完善教师的知识结构。

(三) 专业学习共同体的构建途径研究

有的学者认为构建教师 PLC 可以是专业团体学习模式、行动研究研究模式、开放学习模式和虚拟学习共同体模式。②

还有学者认为构建教师 PLC 可以是以任务为主的学习共同体、相互学习共同体和互助任务型学习共同体。③

有的学者认为在构建教师 PLC 时应克服"追加逻辑"，教师 PLC 并非独立于学校之外。有的研究者倡导要给予 PLC 以共同愿景，使分享、合作成为教师 PLC 发展的动力；用合作学习、实践—反思学习实现教师 PLC 快速发展。④

有学者通过同一个主题、同一年级的教师 PLC 在教学效果改进方面成果不同来证明 PLC 的有效性。⑤ 美国阿巴拉契亚州立大学的 Blanton 的研究表明在教师 PLC 场域内工作与发展的特殊教育的教师，对于特殊学生的成绩提升具有明显的促进作用。⑥ 对美国一所农村小学教师的

① Hirsh, S., "A Professional Learning Community's Power Lies in Its Intentions", *Journal of Staff Development*, Vol. 33, No. 3, 2012, p. 64.

② 王佳媛、贾玉霞、王西明：《幼儿教师专业发展共同体理论及策略》，《四川教育学院学报》2009 年第 6 期。

③ 范丹红：《教师学习共同体的模式与策略》，《湖南第一师范学院学报》2013 年第 3 期。

④ 胡静：《专业共同体理论视角下的幼儿教师专业发展》，《早期教育（教师版）》2013 年第 2 期。

⑤ Graham, P., "Improving Teacher Effectiveness through Structured Collaboration: A Case Study of a Professional Learning Community", *Rmle Online Research in Middle Level Education*, Vol. 31, No. 1, 2007, 31 (1), pp. 1-17.

⑥ Blanton, L. P., "Exploring the Relationship between Special Education Teachers and Professional Learning Communities: Implications of Research for Administrators", *Journal of Special Education Leadership*, 2011, 24, pp. 6-16.

四年案例研究表明，在形成教师 PLC 之后，学生成绩超过平均值的 50%提高到超过平均值的 80%。[1] 为提升学生的学习成绩，建立教师 PLC 是必要的措施。

还有某学者调查了 393 所学校，包括幼儿园、小学、中学和来自 16 所学校面试的案例，结果发现因为合作活动对教学实践和自我效能的促进，教师的自我评价均有所提升。[2]

通过对得克萨斯州 64 所组建教师 PLC 的学校的定量研究发现，90.6%的教师 PLC 学校的数学成绩得到了提高，42.3%的学校数学成绩提高 5 分以上。[3] 教师 PLC 破除了教师专业孤立发展的现状，在学校内、教师之间提供了一种共享、互助的教师文化平台。

第四节　文献综述小结

教育硕士培养就是培养机构科学合理的不间断的干预过程，目前的我国教育硕士培养主要存在如下几个问题：一是理论学习与教育实践脱节；二是课程教学与基础教育脱节；三是教育实践方式粗放低效的问题。[4] 高校与基础教学实践基地的合作沟通不够及时和充分，实践大多流于形式，收效甚微。国家教育的发展需要和传统教育的不足使得教育硕士培养的改革迫在眉睫，迫切需要提升教育硕士的专业发展。

---

① Berry, B., Johnson, D., Montgomery, D., "The Power of Teacher Leadership", *Educational Leadership*, Vol. 62, No. 5, 2005, p. 4.

② Bolam, R., Mc Mahon, A., Stoll, L., Thomas, S., & Wallace, M., *Creating and Sustaining Professional Learning Communities*, Research Report Number 637, London: General Teaching Council for England, Department for Education and Skills, 2005.

③ Hughes, T. A., Kritsonis, W. A., Beaumont, T. X., "Professional Learning Communities and the Positive Effects on Student Achievement: A National Agenda for School Improvement", *The Lamar University Electronic Journal of Student Research*, 2007.

④ 高夯、魏民、李广平、秦春生：《在职业环境中培养教育硕士生——东北师范大学全日制教育硕士生培养综合改革的实践与思考》，《学位与研究生教育》2018 年第 1 期。

通过对国内外专业学位教育的比较研究，有利于我国高校吸收国外成功的办学经验，以促进我国教育硕士教育的不断发展与提升。王文科对中英两国的专业硕士教育进行比较研究，认为"教育硕士教育和管理体制造成我国教育硕士教育结构失衡""教育资源不足造成我国专业硕士教育规模偏小""教育法规不完善阻碍我国专业硕士教育发展"。王文科还对中、日、韩三国的专业硕士教育进行比较研究，发现与中英两国比较的结果类似。

解决教育硕士培养的这些关键性问题，就要实行高校课堂教学知识和基础教育实践所需进行贯通与一体化、教育实践和课程学习的贯通与一体化，才能达到优化培养过程和环节的目的。

综合以上关于教育硕士培养模式的文献，可以发现教育硕士培养改革主要在课程设置和实践教学设置方面，各种模式争相出台，且经过试运行后均取得一定的成果，检验成果的方式，很多高校放在了教育硕士就业率上，而不是直接关注教育硕士的教师专业发展变化。故在相关文献中没有查阅到涉及培养改革过程中的教育硕士专业发展的研究文献。

教育硕士专业发展不能闭关自守，要交流所学所得，必须在一个有共同发展需求的平台上以外压激发内核发展。对于本书中全日制教育硕士的培养，为充分挖掘其自身潜能，发挥主观能动性，以"群体动力理论"为坚实的理论基础，由东北师范大学研究生院引领组建以发展全日制教育硕士专业素养为目标的"群体"。以教育硕士为核心人物、以在职优秀教师为教学实践指导教师、以高校课程与教学论专家为教育理论与实践方面的综合指导教师，以发展教育硕士专业素养为中心，组成成员稳定的专业学习共同体（PLC），利用群体动力促进教育硕士的专业素养迅速发展。

对于本书中全日制教育硕士的培养，为教育硕士的专业学习成长，以情境学习理论为基础，东北师范大学组建专业学习共同体（PLC），在职业环境中，基于情境、基于实践参与，教育硕士实现学习中"内化""外化"和"转化"，进而达到专业素养的迅速发展。所以，笔者认为 PLC 能够促进团队中成员的自主发展意识，提升学习者的专业发展的内在动力；PLC 为团队成员的交流协作提供了实践平台；在 PLC 平台中将教师从孤军奋战、封闭发展中解脱出来。从本质上讲，PLC 中教师的专业成长与自组织之间存在紧密的内在关联，自组织能激发 PLC 中教师专业学习的积极性，使教师的专业素养与成长变得更为有序。教育硕士成长过程，亦需要建立一个与指导教师交流思想与经验的复杂教育系统，并能在这个系统内自主的建立发展机制，实现同伴互导、专家引领以达到共同进步。

综合 PCK 的相关文献可以发现学者们对 PCK 的研究很充分，结合不同学科，出现了化学学科教学知识的 CPCK，数学学科教学知识的 MPCK，整合技术的学科教学知识的 TPACK 等，从研究对象看，有职前教师和在职教师，职前教师多集中在本科师范生的研究，对在职教师主要分为新手教师、熟手教师和专家型教师之间的比较，并得到了一些重要结论。

相对来说对教育硕士的 PCK 研究较少。现有的教育硕士 PCK 研究仅仅局限于现状调查和因素分析，在知网上以"教育硕士"和"PCK"为主题进行搜索，搜索出文献 18 篇，但其中包括一些研究对象并非教育硕士 PCK 的文献，进一步在结果中检索，得到包括期刊和硕士论文共计 9 篇。其中第一篇为笔者的文章，第三篇是关于 PCK 视域下教育硕士核心知识的建构，第四篇是数学教育硕士"高中数学问题解决 PCK"薄弱原因探查和解决策略，可借鉴的有效文献仅有 6 篇。

硕博论文是对深入研究的科学、系统的完美展现，包括研究对象的选择、研究方法的选择、研究理论基础、研究流程、研究结论等，所以在知网上以"教育硕士"和"PCK"为主题搜索"硕博论文"，仅得到 5 篇文献，还包括上面查询后的 4 篇硕士论文。

这几篇文献除上海师范大学的李英慧《小学教育（数学）专业教育硕士 PCK 知识发展个案研究——以 S 大学为例》外，都是以教育硕士的 PCK 现状调查为主。如王迎新《全日制化学教育硕士学科教学知识现状及来源调查研究》调查的问题是全日制化学教育硕士的学科知识、一般教学法知识、课程的知识、学生的知识和评价知识的现状，同时对他们获取这些知识的主要途径也进行了调查。[①]上海师范大学李英慧的研究以 S 大学为例，选取了 6 名不同教育背景的在读教育硕士进行个案研究，考察其小学教育专业数学方向的在读教育硕士 PCK 的构成、呈现和发展情况以及促成其变化发展的相关影响因素。并通过访谈在职教师的教学，反观 S 大学小学教育（数学）专业教育硕士的校内学习和教育实践环节，力争为相关教育教学培训以及学生的专业发展等提供建设性意见和支持。许应华等人对全日制化学教育硕士生的 PCK 现状进行了调查研究，发现其 PCK 总分和各要素得分均较低，证明教育硕士的理论知识匮乏，实践能力偏弱，难以将所学的各种知识融合成自己的教学知识。[②]

PLC 是促进 PCK 发展的有效手段，也是为促进教师专业发展最常采用的方式，所以对于教师在 PLC 中一个特定主题下教学的 PCK 也有一定的研究。但是基于 PLC 连续、科学干预下的 PCK 研究在知网上除笔者发表的唯一一篇文章外，尚无文献刊出。

就研究方法而言，国外关于教师 PCK 发展的研究方法多为访谈、课堂观察、分析教案和反思等；国内关于化学教师 PCK 发展的研究方法多为问卷调查和访谈。研究多是对其已有 PCK 进行调查，很少有对其干预后研究其 PCK 发展的文献，尤其是依托于高校教育硕士培养的科学改革模式下，基于 PLC 连续、科学干预下化学专业教育硕士的 PCK 发展尚无发表，所以本研究属于创新性、原创性研究。

---

① 王迎新：《全日制化学教育硕士学科教学知识现状及来源调查研究》，硕士学位论文，重庆师范大学，2016 年，第 1 页。

② 许应华、封红英、王迎新：《全日制化学教育硕士生 PCK 现状的调查》，《化学教学》2018 年第 11 期。

第三章　研究设计

第一节　研究者与研究对象

一　研究者

质化研究中研究工具就是笔者本人，笔者本身的经历和个人偏好很容易影响研究的效度，而笔者又有着既优越又尴尬的经历。

自 1999 年从教育部直属的重点师范大学本科毕业后，进入某省省会城市的一所私立高中成为一名化学教师，工作第二年担任教务主任职务，第四年成为教学副校长，做了七年的行政人员，庆幸的是一直没有脱离教学业务，每年都是实验班的化学教师与高考把关教师。2013 年，笔者重新考入某教育部直属的重点师范大学的课程与教学论研究生，攻读课程与教学论专业的教育学博士。如此一来，笔者优越的是有一线教学经验，熟悉高中化学教材；有行政思维，能够管理自己和教育硕士一切和研究相关的事情；具有一定的教育理论储备，在研究中，无论是教学经验还是教育理论都可以和教育硕士探讨与沟通，具备了便利条件。尴尬的是，笔者的角色不好定位，是算作一线教师呢还是高校专家呢？同时，由于一线教师和行政职务的经历，笔者会不由自主地代入高中教师身份，把教育硕士当作高中学生一样，总想面面俱到地安排一切研究事务；又由于是在读博士，常常会考虑教育硕士的职业生涯，可能对他们要求过高。

基于此，笔者在研究过程中常常反省自己，该是以什么身份和教育硕士以及 PLC 干预成员沟通，会刻意找到自己的研究位置，当一线教师进行干预指导时，笔者可以很好地了解一线教师的观点，当教学论专家干预指导时候，笔者也可以站位较高，这也是本研究顺利进行的一个特别的优势。

至于如何进入现场，不是本书需要担心的问题，因为与实践基地的学校领导和教师相对熟悉，无论是自磨、同伴磨、一线磨课、专家磨课还是班级内展示期间，研究者与被研究者都特别自如毫无心理压力，也就很好地排除了陌生环境和陌生人际关系下的不确定因素的干扰。

舒尔曼在《实践的智慧》一书中提到具有挑战性的工作是走进实践者的世界，看到他们所看到的事物，理解那些专家们建构问题观念、情境的创设和有效的行为活动。本研究的研究者和被研究者之间互助互利，研究者帮助被研究者快速提升教师专业素养，被研究者的 PCK 发展促进研究者的研究顺利开展，PLC 成员间是长期合作的关系，大家相对坦诚、主动交流，才使本研究得以顺利进行。

二 研究对象

根据质化研究方法进行研究对象的选择，基于从 2014 级至 2016 级共三年级化学教育硕士的所有证据资料过于丰富，本研究采用目的性抽样，同时也是便于研究者的全程参与，选取本课题组 Z 教授的 2015 级一位化学教育硕士 J 和 2016 级三位化学教育硕士 Q、Y、Z 为研究对象，对其 PLC 干预下的 PCK 发展进行深描和挖掘研究。这四位化学教育硕士都是特别勤奋、知性的女生，热爱教师职业，职业理想是成为一名卓越教师。

表 3-1-1 　　　　　　　　　　四位教育硕士资料

研究对象代码	特征类型	硕士入学时间	本科院校	本科专业	实践经历	获奖情况
J	乐于思考	2015 年	省属师范	化学教育	微格实习	无
Q	自主创新	2016 年	省属师范	化学教育	微格实习	国家、省比赛获奖
Y	刻苦扎实	2016 年	省属师范	化学教育	微格实习	省级校级比赛奖
Z	无自信但上进	2016 年	省属非师范	非教育	没有实践	没参加过比赛

化学教育硕士 J 是四川人，聪明的"川娃子"，本科是四川省的一所省属师范院校，系统学过教育学基础知识，进行过微课、微格和教育实践等集中强化训练。2015 年考上教育部直属重点师范院校东北师范大学的全日制教育硕士专业研究生，又恰逢该院校教育硕士培养改革的第二年，继续成为该教育硕士改革的第二批受益者。自身喜欢甚至热爱教师职业，从小就立志成为一名人民教师。在成为本书的被研究者时，表示很开心很荣幸，自称为"幸福的小白鼠"，并且表现很刻苦很上进，常常在微格教室中进行模拟授课练习，"教师范儿"很浓。

化学教育硕士 Q 是辽宁人，是智商情商都极高的女孩，本科是河南一所省属师范院校，系统学习过教育学基础知识，参加过微课、微格和教育实践，同时参加过国家级、省级和校级教师技能大赛，包括授课和说课两种类型的比赛，均获得优异成绩，自认为有较高的教学天赋。Q 从小立志要做一名教师，还要是东北的教师，故坚决要考回东北，继续做个有温度、有学识、有能力的东北好教师。于 2016 年考入东北师范大学，成为全日制专业学位化学教育硕士，知道成为本书的被研究者，极其兴奋，觉得收获一定很大，她主观能动性极强，乐于思考，敢于创新，思维灵活，会根据指导教师的点拨，眨着灵动的眼睛说："太好了，这是我之前没想明白的地方，我再想想。"会采用多种视角做出多种方案，很让人惊艳！并且在整个科学态磨课过程一直主动引领着其他同伴，承担着学习者的组织工作。

化学教育硕士 Y 的黑龙江人，是个聪慧勤奋的靓丽女生，本科是黑龙江省一所省属师范院校，系统学习过教育学基础知识，进行过微格训练和教学实践，也参加过省级和校级教学大赛，获得了较好成绩。从小羡慕教师职业，2016 年考入该院校，进入该课题组，知道成为本书的被研究者，她很是高兴，并有信心做到更好，但是属于"被动发展"类型，会根据指导教师的点拨，开心地说"嗯嗯，我觉得比我这么做好多了"，只要 PLC 有要求、有建议，就会认真去做，但自身缺少主动思考和尝试欲望。

化学教育硕士 Z 是黑龙江人，是个聪明温婉的美丽女孩，本科是浙江省的一所非师范院校，非师范专业，没有教育理论基础和教学实践经验，仅仅在准备考研究生阶段开始自学教育学相关理论，复试时的微课授课是生平第一次在讲台上、在众人面前进行讲课。自小就热爱教师职业，考大学时是误打误撞地考入了非师范院校，但依然一心要成为一名人民教师，于是刻苦努力，2016 年考入了这所教育部直属重点师范院校，成为一名化学专业教育硕士，并进入本研究的课题组。知道成为本书的被研究者，很是忐忑和兴奋。忐忑的是自己底子薄，怕拖大家后腿，有点不自信；兴奋的是进入该研究，就会有高校教学论专家和一线优秀教师面对面的指导，相信自己提升会很迅速。在研究过程中，经常主动寻求导师的指导帮助，但缺乏自信："老师，我这么想的，我没有教法的基础，所以我也不知道好不好，Y 说如果……更好，但我觉得她的想法有……的问题，请您帮我看看呗……"教育硕士 Z 主动学习，主动思考，主动和 PLC 交流，自身成长进步是非常迅速的。

三位化学教育硕士作为研究对象的同时也是 PLC 团队的重要成员，既是干预者也是被干预者，所有干预的指向都是为促进她们的专业发展，在两种不同的角色间不断转换，也不断地提高和完善自己的专业素养。

第二节 研究思路与研究方法

一 研究思路

通过文献查阅，本研究以教育硕士 PCK 的发展来衡量教育硕士的专业素养发展情况。文献梳理后，厘清了 PCK 与 PLC 的发展以及内涵，了解国内外对 PCK 和 PLC 到目前为止的研究现状，界定本书的 PCK 概念和 PCK 要素内涵。纵观教育硕士培养改革，研究者与东北师范大学教育硕士培养改革专家组共同制定了教育硕士培养总目标、阶段目标、化学教育硕士 PLC 干预目标，并组建了多个 PLC 团队，确定 PLC 运行机制。研究者通过对 2014 级全体教育硕士的培养过程资料搜集与分析，构建了 PLC 的干预模型雏形，应用模型对 2015 级教育硕士进行 PCK 发展干预，同时搜集所有资料，以化学教育硕士 J 为代表进行质性研究，修正完善 PLC 干预模型。应用此 PLC 干预模型指导 2016 级所有教育硕士进行规范期、知识期和素养期三轮科学态磨课，收集所有资料，以化学教育硕士代表 Q、Y、Z 为研究对象进行个案分析，通过编码、抽提，分析不同干预下的教育硕士 PCK 发展，挖掘其 PCK 发展影响因素，并得出结论。

二 研究方法

研究方法包括设计研究计划、研究工具、研究手段、研究策略、研究步骤以及研究过程整体，是研究行为和研究思维方式等有效整合。[1]研究方法的科学选择和合理运用能够提高研究结果的可信度与可靠性和研究效率。

---

① 朱园芳:《校长的教师学习领导力个案研究》，硕士学位论文，杭州师范大学，2015年，第 20—27 页。

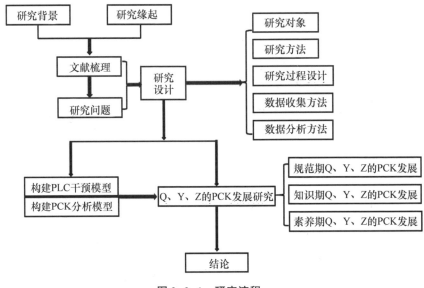

图 3-2-1　研究流程

根据本书的研究问题、研究内容与研究目的等，选择质的研究方法。以研究者本人作为研究工具，在非干预情境下收集多种资料以对现象进行描述性或比较性探究，扎根理论自下向上进行归纳分析资料并建构理论，在与研究对象互动中对其行为和能力进行解释①。

本书是对教育硕士 PCK 发展的研究，PCK 是缄默知识，需要逻辑分析，才能揭示和解释 PCK 发展。所以无论是 PLC 干预模型的构建研究部分，还是教育硕士 PCK 发展研究部分，均属于个案研究。

个案研究方法是质性研究方法中的一种，是研究者运用多种方式进行资料的收集和对资料的分析方法。个案研究是对某些现象或行为进行观察、描述与分析，并能对该现象或行为进行解释，同时得出具有理论性的结论，可以为相似的案例、现象或行为所借鉴。一般来说，个案研

---

① 陈向明：《质的研究方法与社会科学研究》，教育科学出版社 2000 年版，第 92—99 页。

究是为了"处理现象与具体情境间复杂的交互作用，它重视自然情境而不是控制变量，重视的是发现了什么而不是验证了什么。"

个案研究的一般回答"怎么样"和"为什么"的问题、研究现象是真实情境下发生的事件或者问题。研究者参与情境中，但不控制或极少控制被研究者的行为。[①]

Stake 以研究目的为标准将个案研究分为三类：本质性个案研究（intrinsic case study），其理解和关注特殊个案，无须建构普适性理论；工具性个案研究（instrumental case study），运用个案阐释对一个问题的认识或者得出一个推论，个案本身只在研究中起辅助和支撑作用；集合性个案研究（collective case study），通过观察大量类似或者迥异的个案来研究一种现象，以便更好理解或者推测更多个案，从而建构理论。[②]

Yin 基于研究目的把个案研究分为探索性个案研究（exploratory case study）、描述性个案研究（descriptive case study）和解释性个案研究（explanatory case study）三种。[③]本书兼有"本质性个案研究"和"工具性个案研究"属性，既是"描述性个案研究"也是"解释性个案研究"，通过化学教育硕士 J 的个案研究，关注本身意义，同时还可以为建构的 PLC 干预模型进一步的使用提供可靠的数据支撑。而化学教育硕士 Q、Y、Z 的 PLC 干预下的 PCK 发展即是描述性个案，发现并描述三位的 PCK 发展，也要通过因素探查来解释三位化学教育硕士 PCK 发展的原因。

Yin 基于整体研究中个案研究的个数将个案研究设计分为整体性单个案研究设计、嵌入性单个案研究设计、整体性多个案研究设计和嵌入

---

① Yin, R. K., *Case Study Research: Design and Methods*, Thousand Oaks, CA: Sage Publications, No. 4, 2009.

② Stake, R. E., "Case Studies", In N. K. Denzin & Y. S. Lincoln. Handbook of Yin, R. K., *Application of Case Qualitative Research*, Thousand Oaks, CA: Sage, 2005, pp. 443-466.

③ Yin, R. K., *Application of Case Study Research*, Thousand Oaks, CA: Sage, 2012, pp. 27-48.

性多个案研究设计①。多个个案之间可以互相印证，得出结论更具有说服力，但多个案会占用较多的时间、精力和资源，分析时难免会出现工作量太大，而且交叉分析太多，分析线索过多而造成呈现不清晰。

相较而言，本书在教育硕士改革的背景下，对改变了培养模式的化学教育硕士 PCK 的发展进行观察、描述和分析，整个过程中，笔者没有刻意地干涉与引导被研究者迎合本研究去说什么或做什么，此研究是针对多位化学教育硕士、分阶段干预下的个案分析，故此本研究采用的是嵌入性多个案研究，即是从"教学价值取向知识"（OTS）"学生理解科学知识"（KSU）"学科课程知识"（KSC）"科学教学策略知识"（KISR）和"科学学习评价知识"（KAS）五个分析维度和"PCK-Map"对四位化学教育硕士的 PCK 发展进行分析研究。

行动研究顾名思义是为行动而研究、对行动进行研究、在实际行动中进行研究。20 世纪 40 年代德国社会心理学家 Lewin 在著作《行动研究与少数民族问题》中提出了"没有无行动的研究，也没有无研究的行动"。② 随后，哥伦比亚大学的 Corey 通过著作《改进学校实践的行动研究》③ 将行动研究推进到教育界，用以改进教学与管理。20 世纪 70 年代，Stenhouse 认为通过综合性分析后行动研究结论是可以推广的。④

尽管行动研究作为一种研究方法已经广泛使用，却一直未有统一公认的定义。一些学者指出行动研究是指教育工作者在真实环境中按照研究设计，利用研究技术解决教育中真实问题的一研究模式。⑤ 还有学者则认为行动研究是教育者在教学过程中与专家合作，把教学问

---

① Yin，R. K.，*Case Study Research*：*Design and Methods*，Thousand Oaks，CA：Sage Publications，No. 4，2009.

② Levin，K.，"Action Research and Minority Problems"，*Journal of Social issues*，No. 4，2010，pp. 34-46.

③ Corey，Stephen M.，*Action Research to Improve School Practices*，New York：Bureau of Publications，1953，pp. 23-30.

④ 王蔷编著：《英语教师行动研究》，外语教育与研究出版社 2002 年版，第 4 页。

⑤ 黄芳：《大学生批判性思维能力培养方式实践探索——一项基于商务英语教学的行动研究》，博士学位论文，上海外国语大学，2013 年，第 57—61 页。

题转化为成研究内容而进行的不断修正的、系统的研究。还有学者以实践者在实践中的问题为研究课题，形成了为了实践的研究和在实践中研究融合的一种研究设计与活动。但无论哪一种主张，都坚定地认为行动研究方法是基于实践、基于真实问题解决的研究方法，不同的是有的强调研究技术，有的强调合作者是专家以及强调研究者与实践者的关系。

本书的个案研究基于东北师范大学教育硕士培养改革项目，该项目注重实践、螺旋式解决当下职前教师存在的专业素养严重低下的问题，为快速提升教育硕士（职前教师）实践能力，快速提升化学教育硕士（职前教师）专业知识的发展，构建了专业学习共同体（PLC）干预模型。从质性研究上看，属于个案研究，但从过程看，更倾向于行动研究。

本书"PLC 干预模型的构建"研究部分，参考"计划—行动—观察—反思"的行动研究过程经典模式深入 PLC 的构建、运行实验全程，并参照行动研究螺旋式上升的发展特点，进行三轮研究实验。在"计划"环节，重点明确 PLC 组成人员类别的选择、PLC 干预机制的构想等；在"行动"环节，用计划的 PLC 干预模式进行干预；在"观察"和"反思"环节，则重点透过 PLC 干预人员的干预、被研究者的课堂教学观察视角和通过对所有成员的深度访谈，对 PLC 的运行过程及运行结果进行描述和分析总结，据此得出研究结论。

（一）资料收集

资料收集也是本研究的一大亮点，在进行研究设计时，将研究资料进行相关性和结构化设计，而非散沙式随意收集。根据研究需要笔者设计在教学设计过程、实施过程、教学评价过程、教学反思过程进行了连续的大量资料收集，形成证据链，构成证据包（如图 3-2-2），包含视频、音频、PPT、文档等类型资料，以达到三角互证。此证据包设计为其他质性的研究者提供一种结构化的收集范式，为收集和初步分析资料减轻了工作量。

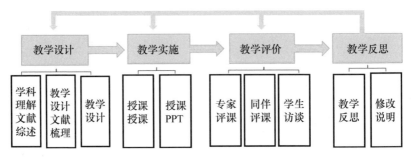

图 3-2-2　证据包内资料内容

1. 访谈

陈向明提到"访谈"[1]，研究者为解决研究问题而寻访、访问与研究相关的人员，通过深入的交谈去探查研究背后的东西的活动。有学者认为访谈是一种研究性交谈，研究者通过口头交流的方式从其他相关人员处收集资料的研究性方法[2]。依据访谈的开放性程度可以分为结构式访谈、半结构式访谈和无结构式访谈。本书主要是半结构式访谈，研究者先设计了一个粗放式访谈提纲，根据研究过程的需要，与受访者进行交谈，并随着访谈的具体情况进行灵活调整。

本书根据 PCK 要素有针对性地对化学教育硕士进行访谈，比如对于 OTS（科学教学价值取向）上进行探查，设计问题："这个主题下，你觉得授课的重点、难点是什么？它的学科本原是什么？根本原因是什么？你怎么知道的呢？你最希望学生了解什么？"然后不断根据问答情况进行追问。

为做到三角互证，还对 PLC 成员中的一线教师、专家及授课班级的学生进行了访谈。收集了访谈资料 103 份。访谈过程全程录音，同时访谈者会进行访谈的简要记录。

---

① 陈向明：《质的研究方法与社会科学研究》，教育科学出版社 2000 年版，第 165—170 页。

② 李作章：《本科课堂教学质量标准研制及实施研究——以 D 大学为个案》，博士学位论文，东北师范大学，2018 年，第 82—85 页。

2. 课堂观察

PCK 是实践中所能体现出的默会知识，通过被研究者的行为进行观察分析才能够深入挖掘出被研究者的 PCK 状况。本研究采用参与式观察为主，非参与式观察为辅的方法，依据四位化学教育硕士科学态磨课过程中课堂教学为主要研究资料，辅以教学视频、设计文本、教学 PPT、学科理解口头报告和文本等资料进行 PCK 探查。教育硕士的授课、汇报和 PLC 评课与提供建议过程全程录像，辅以拍照编码整理。

3. 教学反思

反思是教学提升的重要手段，只有深入剖析在实践过程中的客观和主观变化，尤其是被研究者的个体的感性认识或者感受，通过反思可以得到深刻的提升，从思维过程落实到文本，从现象到经验到理性及理论的高度。

本书四位化学教育硕士在不同阶段进行反思累计共到达 58 人次，化学教育硕士 J 进行了四次，而教育硕士 Q、Y、Z 分别进行了 18 次反思并进行了教学改进说明。

综上所述，根据研究需要在教学设计过程、实施过程、教学评价过程、教学反思过程进行了大量资料收集，形成证据链，构成证据包（如图 3-2-2），包含视频、音频、PPT、文档等类型资料共计 634 份，将资料进行文件编码以待分析。

（二）资料整理

"资料搜集时要持续地从资料中抽提出研究相关主题和相关发展内容，并无固定的规律，这也研究者在研究中较为艰难的一个环节。"①这是在质的研究中一个难度较大的一个方面，故此研究者在研究过程中，需要将收集的资料不断进行整理、然后补充收集、再整理、再收集。按照被研究者、时间、地点、事件、资料类型、时长等对共计 634 份资料进行文件编码整理。如表 3-2-1。

---

① 王秀秀：《初中校本教研中教师合作的案例研究》，博士学位论文，华东师范大学，2018 年，第 105—109 页。

表3-2-1

资料文件整理编码

被研究者	时间	地点	文件名	类型	是否需做实录	待处理	备注	文件编码
Z	2015.4.8	高校202室	2015.4.8入学复试复试金属的腐蚀与防护说课及讲课8min	视频	是	补充	说课及讲课-Z-氧化还原反应	Z-FSWK-1
	2016.9.10	高校203室	氯教学设计文献综述	文档		补充	设计综述-Z-氯	Z-GF-SJZS-1
	2016.9.10	高校204室	氯学科理解文献综述	文档		补充	学科理解综述-Z-氯	Z-GF-XKLJ-1
	2016.9.15	高校205室	氯 教学设计	文档			教案-设计-Z-一稿	Z-GF-JXSJ-1
	2016.9.15	高校206室	氯 课件	PPT			教案-PPT-自磨-Z-第一次	Z-GF-JXSJ-PPT
	2016.9.15	高校207室	氯 磨课1 10min	视频	是		授课-氯-Z-第一次	Z-GF-SK-1
	2016.9.25	高校208室	氯 磨课2	视频	是		授课-氯-Z-第二次	Z-CF-SK-2
	2016.9.25	高校209室	氯 评课1	视频	是	补充	评课-氯-Z-第一次	Z-CF-PK-1
	2016.9.30	高校阶梯教室	氯 考核3 7min	视频	是	补充	授课-氯-Z-第三次	Z-CF-SK-3
	2016.9.30	高校阶梯教室	氯 评课2	视频	是		评课-氯-Z-第二次	Z-CF-PK-2
	2016.10.1	高校图书馆	氯 反思1	文档			反思-氯-Z-第一次	Z-CF-FS-1
	2016.10.10	高校202室	电解池教学设计文献综述	文档			设计综述-Z-电解池	Z-ZS-JXSJWX-1
	2016.10.10	高校203室	电解池综述汇报+点评	视频			综述-Z-电解池	Z-ZS-ZSHB-1
	2016.10.10	高校204室	电解池学科理解文献综述	文档			学科理解综述-Z-电解池	Z-ZS-XKLJ-1

续表

被研究者	时间	地点	文件名	类型	是否需做实录	待处理	备注	文件编码
	2016.10.20	实践基地会议室	2016.10.10Z 一线1次 电解池 教学设计1	文档			教案-设计-Z-一稿	Z-ZS-JXSJ-2
	2016.10.20	实践基地会议室	2016.10.20Z 一线1次 电解池 课件1	PPT			教案-PPT-Z-一稿	Z-ZS-PPT-2
	2016.10.20	实践基地会议室	2016.10.20Z 19min 一线1次 电解池 磨课1	视频	是		授课-电解池-Z-第一次	Z-ZS-SK-2
	2016.10.20	实践基地会议室	2016.10.20Z 一线1次 电解池 评课1	视频	是		评课-电解池-Z-第一次	Z-ZS-PK-2
	2016.10.20	实践基地会议室	2016.10.20Z 一线1次 电解池 改进说明1	文档			改进-电解池-Z-第一次	Z-ZS-FSGJSM-2
	2016.10.28	高校202室	2016.10.28Z 专家2次 电解池 教学设计2	文档			教案-设计-Z-二稿	Z-ZS-JXSJ-3
	2016.10.28	高校202室	2016.10.28Z 专家2次 电解池 课件2	PPT		补充	教案-PPT-Z-二稿	Z-ZS-PPT-3
	2016.10.28	高校202室	2016.10.28Z 专家2次 电解池 磨课2	视频	是		授课-电解池-Z-第二次	Z-ZS-SK-3
	2016.10.28	高校202室	2016.10.28Z 专家2次 电解池 评课2	视频	是		评课-氯-Z-第二次	Z-ZS-PK-3
	2016.10.28	高校202室	2016.10.28Z 专家2次 电解池 改进说明2	文档			改进-电解池-Z-第二次	Z-ZS-FSCJSM-3
	2016.11.5	实践基地会议室	2016.11.5Z 一线3次 电解池 教学设计3	文档			教案-设计-Z-三稿	Z-ZS-JXSJ-4
	2016.11.5	实践基地会议室	2016.11.5Z 一线3次 电解池 课件3	PPT			教案-PPT-Z-三稿	Z-ZS-PPT-4
	2016.11.5	实践基地会议室	2016.11.5Z 一线3次 电解池 磨课3	视频	是		授课-电解池-Z-第三次	Z-ZS-SK-5

然后将授课视频、评课视频、反思视频、访谈录音等音视频材料逐字逐句转化成文本材料，并进行文本规范化，这个过程耗费了研究者大量的精力。同时还要将教育硕士的教案、教学设计、教学课件 PPT、反思文本、改进说明等大量的文字材料，都进行了编号归类。如：教育硕士 Z 在知识期的教学设计第二稿，即编号为 Z-ZS-JXSJ-2，以此类推。

在众多的资料中进行筛选、整理，并挖掘出其深层的内涵和价值，这是一项巨大的工程。马林诺夫斯基说看起来乱的、无序的资料在研究者不断地进行深度剖析下才能够实现有序且清晰。[①] 整理的过程中不断实现对个案的深度理解。

（三）资料分析

质性研究中资料分析主要包括组织、说明和解释资料，以研究者对情境、节点模式、主题、类别和规则进行定义的形式，最终使资料鲜活起来。[②]

1. 资料编码分析

将整理归类的资料反复回看、回味，熟悉后对大量无序的、杂乱无章的资料进行关键词编码。编码时依据研究问题、研究框架和关键词，初步寻找各类别编码资料之间的内在联系。

本书中 PCK 片段的划分，是要求必须完成一个有意义的化学教学任务，同时必须包含有两个以上的 PCK 要素。接着对 PCK 片段进行"OTS（科学教学价值取向）""KAS（学生学习评价知识）""KSU（学生理解科学知识）""KSC（科学课程知识）""KISR（科学教学策略知识）"编码，并统计、描述和分析。

如在 Q 的电解池主题下授课片段进行编码。

【教学片断】

【师】通过这两个实验[KISR]，我们能够知道，向水中加入氯化铜、氯化钠，影响了水的电解[KSC]。那么同学们通过刚刚的分析[KISR]，是否也能

---

① 谢淑梅：《师范生教师专业身份建构的叙事研究》，《伊犁师范学院学报》（社会科学版）2017 年第 1 期。

② 陈向明：《质的研究方法与社会科学研究》，教育科学出版社 2000 年版，第 257 页。

够解释，为什么向水中加入硫酸，加入氢氧化钠，以增强溶液的导电能力[KSC]，不影响水的电解呢？哪位同学来解释一下？

【生】当加入硫酸时候，阴极上的阳离子主要就是氢离子，所以氢离子放电生成氢气。阳极附近的阴离子是硫酸根离子和氢氧根离子，氢氧根离子放电生成氧气，总反应就是水通电生成氢气和氧气[KSC]。所以在水里加入硫酸，没有影响水的电解。加入氢氧化钠的时候，钠离子不放电，也一样。

【师】很好。因为氢离子的放电能力比钠离子强[OTS、KSC]，氢氧根离子的放电能力比硫酸根离子强[OTS、KSC]，所以电解硫酸或电解氢氧化钠都相当于是电解水[KSC、OTS]，仍然是生成氢气和氧气。那同学们把电解水的总反应方程式和电极反应式写上[KISR]。（Q-ZS-SK-1）

教师总结刚做过的实验，说"通过这两个实验"是典型的化学实验教学策略，"向水中加入氯化铜、氯化钠，影响了水的电解"，这是结论性的内容，将前面的实验事实归纳为一般规律，其中既有"归纳"这样的学习策略，也有"影响水的电解"这样的课程知识。对于教育硕士们63节课的教学文本、103份访谈、63份评课、58份反思等共计634份资料进行编码。

2. 不断比较与深描分析

本书基于"扎根理论"在资料与资料之间、理论与理论之间不断对比，再利用资料与理论之间的相关性抽提出有关属性。深度描述则是深入地探寻事物的本质，触其内核的方法。[①] 深度描述是要通过不同的视角细致深入分析，通过刻画相关者的语言、行为、观点等完整呈现其状态与心理。

对教育硕士 J 的 PCK 发展进行分析研究，构建 PLC 干预模型。应

---

① 解书：《小学数学教师学科教学知识的结构及特征分析》，博士学位论文，东北师范大学，2013年，第72—79页。

用该 PLC 干预模型连续作用于化学教育硕士 Q、Y、Z，收集处理资料后，以不同干预时期和干预阶段呈现同一主题下 3 位教育硕士的 PCK 发展，进行连续比较。

在质的研究过程中研究者常常要转身扎回"事情本身"，反复扎入关于现象与事实等的数据中，深入去发现与分析并抽提结论，反映其重要意义。最后再深入揭示其意义，从描述、诠释中得到思考与启迪。

3. 具体分析

资料分析过程是一个艰苦的过程，如何进行合理有效的编码？如何发现资料后面的故事？面对众多杂乱无序的"线索"，如何让它们变得逻辑清晰？绝对是巨大的挑战。

通过第二章的文献综述的论述，本研究的具体分析模型是根据 Park 的 PCK-Map 改编的 PCK-Map 进行。为使 PCK-Map 更加清晰，在绘制 PCK-Map 时，将不同要素之间联系频率分别用虚线和实线、不同粗细线条以及不同颜色进行表示。如对化学教育硕士 J "离子反应"主题下的某次干预后进行 PCK 分析，并绘制出 PCK-Map，如图 3-2-3。

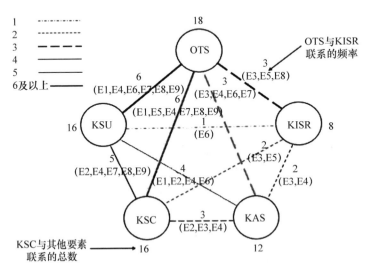

图 3-2-3　化学教育硕士 J "离子反应"主题磨课的 PCK-Map

将所得的 PCK-Map 进行比较分析，首先看 PCK 各要素的频次特点，然后分析要素间的联系，并找出其影响因素。

第三节 研究的信效度与研究伦理

一 研究的信效度

研究信度问题是指研究的可重复问题，也就是研究者完整重复研究过程就可以得到完全相同的结果。[1] "目前质的研究者对质的研究普遍认同其不强调证实事物，不强调其以同样的方式完全重复，因此无需关注其研究信度。"[2]本书采用质的研究方法，质的研究方法具有浓厚的个性色彩，存在个人偏好，即使是同一份资料，不同研究者也会观察到不同现象，得到不同结论，找出不同原因，所以本研究不奢求信度。但本研究中的 PLC 干预模式还是可以推广的，虽不能得到完全相同的结果，但得到相似的结果还是可以。

研究效度问题是指质的研究的真实性。在研究中会有许多主观及客观因素导致分析"失真"。例如访谈时，研究对象可能会主观地怕被看扁，而说一些冠冕堂皇的话，而不吐露真实想法。

基于此，研究者付出大量时间和精力，进行证据链和证据包设计，尽力全方面收集原始资料，通过三角互证从研究方法、资料、受访者等多角度去提高研究效度。但由于访谈、观察等本身可能就有被研究者和相关研究者自身的偏好与偏见，三角互证也不能完全避免效度的不足。[3]

---

[1] Yin, R. K., *Case Study Research: Design and Methods*, Thousand Oaks, CA: Sage, 2009, pp. 40–46.

[2] Maxwell, J. A., "Understanding and Validity in Qualitative Research", *Harvard Educational Review*, No. 62, 1992, pp. 279–300.

[3] Maxwell, J. A., "Understanding and Validity in Qualitative Research", *Harvard Educational Review*, No. 62, 1992, pp. 109–114.

在研究过程中，研究者时常与研究对象在一起，关系亲密，一直与他们一起学习，共同探讨科学态磨课中的一些困惑，甚至业余时间一起吃喝玩乐，一起对某些权威教师进行"攻击"，研究者成功打入研究对象内部，形成"统一战线"，导致研究对象已经忽略了研究者的真实身份。且研究者经常把收集的原始证据资料，尤其是观察与描述的记录与研究对象一起回看，通过研究对象的认同来提高证据资料的客观性。

二 研究伦理

质的研究中尤其关注研究中所涉及的伦理问题。本书的研究时间相对较长，大约两年半时间，不可避免地会打扰到教学论专家教师、一线优秀教师和教育硕士同伴等的正常学习和生活，很荣幸，在研究中得到了大家的大力支持和谅解。而研究者也本着尽可能降低对 PLC 成员的干扰的情况下，保证研究资料的全面和权威性。

本研究属于质的研究，需要大量的录制视频、音频，研究者秉承着自愿原则、保密原则、公正合理原则、公平回报原则、不给参与者带来损害的原则，与高校教学论专家、高中一线优秀化学教师和教育硕士同伴构成了 PLC，PLC 成员均为自愿参与、愿意配合并积极参与其中。

具体在研究中，充分考虑研究对象与 PLC 其他成员的真实感受，在整个研究过程中都有进行告知，并征得大家的同意。同时保护个人隐私，对有关的研究对象的姓名、地名、单位名以及高中学生所在班级和姓名等都进行处理。此外，还要关注整个研究过程中所涉及的所有人员的感受，既要营造温馨和谐的氛围，还要提供严肃的学习讨论的环境。还会给予研究对象一定的回报，比如在实践基地，协助她们与基地学校沟通、实践指导教师沟通等，成为她们的坚实的靠山。还有在一些节日请她们吃饭、空闲时间聊天等，大家相处融洽、随意，被研究者可以没有心理负担地说出真实感受和想法，也保证了研究的真实性和可靠性。

第四章　PCK 发展分析模型和 PLC 干预模型构建

东北师范大学对教育硕士培养进行改革的总规划是搭建课程平台、实践平台和研究平台，实现在职业环境中促进教育硕士的全面发展。教育硕士培养改革的最大亮点是从传统"课程学习+教育见习+教育实习+论文研究"的阶段化、模块化组合的培养模式到职业环境中"体验—提升—实践—反思"① 为主线的教育硕士培养模式转换，通过对体验—提升—实践—反思贯通一体化设计，实现对教师职业理解与体验、实践能力发展、教育实践研究、自我反思能力提升的相互促进，为具有创造力的卓越教师奠定基础。②

东北师范大学针对本科毕业生在就业后存在的问题、新手教师在教学中出现的问题以及新时代下基础教育对高素养教师的需求，并借鉴国内外高校硕士培养改革的成果与改革经验，提出职业环境下"进阶式"培养方式，划分出"规范期""知识期"和"素养期"，制定了三个时期的"进阶式"培养目标，并建立了培养目标达成度的考核制度。由职业环境中的一线在职优秀教师与高校教学论专家形成"双导师"，使

---

① 高夯、魏民、李广平、秦春生：《在职业环境中培养教育硕士生——东北师范大学全日制教育硕士生培养综合改革的实践与思考》，《学位与研究生教育》2018 年第 1 期。

② 高夯、魏民、李广平、秦春生：《在职业环境中培养教育硕士生——东北师范大学全日制教育硕士生培养综合改革的实践与思考》，《学位与研究生教育》2018 年第 1 期。

实践与理论完美结合，促进教育硕士的专业发展。

本书根据不同时期全日制教育硕士的培养目标制定出不同时期化学教育硕士培养的 PLC 干预目标，形成 PLC 干预机制而构建 PLC 干预模型。同时构建 PCK 发展分析模型，然后基于 PCK 视角检验和修正 PLC 模型，形成化学教育硕士培养的 PLC 干预范式。

第一节 PCK 发展分析模型构建

一 PCK 内涵与要素界定

美国学者 Park 在 Magnusson 理论框架的基础上进一步研究与分析，基于科学学科领域开展了连续的 PCK 研究，并构建了 PCK 五角模型结构，确定 PCK 是科学教学价值取向（Orientation to Teaching Science，OTS）、学生理解科学的知识（Knowledge of Students Understanding in Science，KSU）、科学课程知识（Knowledge of Science Curriculum，KSC）、科学教学策略知识（Knowledge of Instructional Strategies and Representation for Teaching Science，KISR）、科学学习评价知识（Knowledge of Assessment of Science Learning，KAS）五要素的整合，且五要素间相互联系、相互影响。本书的理论框架和分析方法主要借鉴了她的 PCK 理论。[①] 此理论框架成为这之后的研究者借鉴的主要 PCK 理论框架。

Park 的研究表明"科学教学策略知识"和"学生理解科学知识"处在 PCK 的核心；PCK 的各个要素频次与 PCK 整体水平呈正向相关，即教师 PCK 水平与 PCK 中各要素频次、各要素间联系密切相关。

（一）PCK 内涵界定

本研究是探索在 PLC 连续干预下化学教育硕士的 PCK 发展，由此

---

① Park, S., Oliver, J. S., "National Board Certification（NBC）as a Catalyst for Teachers' Learning about Teaching: The Effects of the NBC Process on Candidate Teachers' Pck Development", *Journal of Research in Science Teaching*, Vol. 45, No. 7, 2008, pp. 812-834.

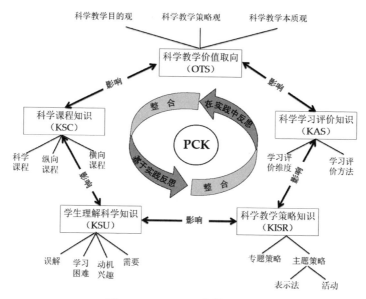

图 4-1-1　PCK 五角模型结构

构建促进化学教育硕士 PCK 发展的 PLC 干预模型，描述 PLC 干预下化学教育硕士 PCK 的发展过程，并构建教育硕士 PCK 成长路径。所以，本研究将根据 PCK 理论和已有研究，在众多学者的研究基础上，结合本研究的目的，确定 PCK 内涵为：在特定教学价值取向下，教师在特定情境下、依据对特定学生、特定学科和特定主题的学科知识的深入理解，选择核心策略和表征方法，将把特定主题的教学知识转化为学生易于理解知识的过程所必备的专有知识。

综合众多学者包括 Park 等在各自研究中所提及频率最高几种的 PCK 要素，发现主要集中在学科教学价值取向、课程知识、有关学生理解的知识、评价学习的知识、教学策略知识[①]。

本研究中重点关注的也是 PCK 的这五要素，国外的科学学科也包括化学，虽然本研究是以化学教育硕士的 PCK 发展为主，亦完全借鉴

---

① 解书：《小学数学教师学科教学知识的结构及特征分析》，博士学位论文，东北师范大学，2013 年，第 63—67 页。

了 Park 确定的科学教师 PCK 五角模型，包含五要素，即科学教学价值取向（OTS）、学生科学理解的知识（KSU）、科学课程知识（KSC）、科学教学策略及表征的知识（KISR）以及科学学习评价知识（KAS）。

这些要素之间并不是孤立存在，彼此之间具有一定的联系，互相影响，整合成了 PCK 表征模型，基于对化学教育硕士连续干预下的 PCK 研究，对 PCK 各要素所包含的内容进行了重新界定。

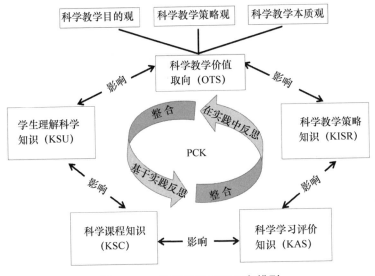

图 4-1-2　修订后的 PCK 五角模型

（二）PCK 要素界定

国内外学者们对 PCK 各要素下所包含具体内容的研究也有很多，依据本研究的视角，在学者们的研究结果基础上进行了细致的界定。

1. 科学教学价值取向（OTS）

科学教学价值取向缩写为 OTS。一些学者将其表述为"学习的观点"、教学的概念、统领性观念、学科定位知识①，等等。本书也认同 OTS 是统领性观念，课堂教学的取向，完全取决于教师自身所具备的

---

① 解书：《小学数学教师学科教学知识的结构及特征分析》，博士学位论文，东北师范大学，2013 年，第 63—67 页。

教学信念、观念。结合 Park 的科学教学价值取向包括教学目的、教学决策和科学本质，本研究将其上升一个层面，界定为观念，即教学目的观、教学决策观和科学本质观。

教学目的观按照发展时期可以分为四个阶段，即人文主义的教学目的观、实用主义教学目的观、国家主义教学目的观、科学—人文主义教学目的观。综合所有教学目的观，无非就是注重个人价值、服务社会、发展科学造福人类。在基础教育中素养取向的课堂教学，最重要的是发展学生为未来社会服务的自我价值，提升学生的学科核心素养，促进学生自主学习。所以，本书的教学目的观念就是要还课堂主体于学生，教师首先心中要有本主题的教学目的是什么？能发展学生什么素养？就化学教学取向而言，有知识取向、能力取向和素养取向。无论哪种观念，都是以促进学生发展为主。本书中如果课堂学习主体是学生，并能够发展学生解决真实情境下陌生问题能力才属于本研究中的界定范畴。如果不能体现学生的主体地位的活动，也无法促进学生解决问题能力，就认作 OTS 在"教学目的观"处有缺失。

教学决策是教师内部的认知思维过程，国外学者认为教师信念是教师进行教学决策的指导性统领观念；有学者界定教师信念为教师对于教学、对于价值观、对于教学内容、对于学生、对于教育过程的态度和对于知识的信念，而且需要通过教师行为来推断教师信念。[1] 也有学者认为教师教育理论知识、学科专业知识和教师实践知识等都潜移默化的影响教学决策；[2] 反之，这些知识也可以反映教师的决策观念。教学决策观念是统领整个课堂教学的所有决策的高位观念，决定着教学内容的选择和组织、教学策略的选择和实施等。教学决策观的描述则主要通过课堂教学观察、教学设计等进行挖掘，就会出现一句话、某一教学行为或

---

① Tabatha, Dobson Scharlach, "These Kids Just aren't Motivated to Read: The Influence of Preservice Teachers' Beliefs on Their Expectations, Instruction, and Evaluation of Struggling Readers", *Literacy Research and Instruction*, No. 3, 2008.

② 宋德云、李森：《教师教学计划决策现状的调查与分析》，《教师教育研究》2011 年第 4 期。

者一个词语同时包含两个或以上要素。如课堂教学中进行讨论，选择适合该主题的核心教学策略（KISR），而学生讨论活动本身就意味着教师教学决策是发展学生自主学习、发展学生高阶思维等观念（OTS），由此也可以证明 KISR 和 OTS 联系很紧密。

科学本质观念相对容易界定，科学学科，尤其是化学学科界定化学是在分子原子水平研究物质变化，所以既有宏观的可观察的现象等，也要挖掘微观本质、科学本原。本书中，教育硕士在进行课程标准、化学教材分析时，就教学内容进行"学科理解"深度挖掘科学本原。当教师试图用微观结构、科学本原解释反应现象和变化时，或者学科理解报告中有教学内容相关的科学本质，即可以认定教师课堂科学本质观念外显，编码为 OTS。

2. 科学学习评价知识（KAS）

科学学习评价知识缩写为 KAS。Novak 指出在课堂教学活动中不仅有教师、学习者、学科内容和学习环境，还要有学习评价。[1]课堂上教师对学生的评价足够改变一个学生对学习的兴趣、增强学习动力、提高学习自信心，所以教师要明晰评价的维度，需要评价的内容。通过学生学习效果的评价可以合理调整教学决策。科学的学习评价也是对学生通过学习而发展的学科核心素养进行价值判断，依据学习目标对学习的科学知识和学习的效果进行价值判断和反思的活动。科学学习评价从教学过程上看可分为结果性评价和过程性评价；从评价功能上看可分为诊断性评价和发展性评价[2]；从评价基准上看可分为相对性评价、绝对性评价与个体内差异评价；从评价分析方法上又可分为定性评价和定量评价；从评价者主体上看又可分为他人评价与自我评价。[3]

① 解书：《小学数学教师学科教学知识的结构及特征分析》，博士学位论文，东北师范大学，2013 年，第63—67页。

② 郑长龙：《基于"教、学、评"一体化理念的化学学习评价设计》，《中学化学教学参考》2018 年第 11 期。

③ 解书：《小学数学教师学科教学知识的结构及特征分析》，博士学位论文，东北师范大学，2013 年，第63—67页。

本书是对教育硕士在 PLC 干预下的 PCK 发展研究，所以界定的科学评价是课堂中过程性、素养取向的科学评价，既要有诊断，还要有形成性的发展评价。如果仅仅是课堂中教师回应式的"好""对"等，都不在本研究的界定范围内。

3. 科学课程知识（KSC）

科学课程知识缩写为 KSC。加拿大学者 F. Elbaz 研究教师实践知识时把教师的课程知识也看作实践性知识，包括明确问题、组织和开发课程知识、评价等课程知识。[1]

课程知识是在教学设计时从学科知识中选择和组织给学生的学科知识[2]，可以是"以文本的方式体现在课程计划、课程标准和教材中的知识，也包括教师在教学设计时引入的知识"。学者们充分发挥着自己的能力，不断地补充着科学课程知识的内涵，从一般教学法课程知识和学科课程知识两组分到有学者提出的七组分不断增加，但是作为教师的 PCK 来说，并不是科学课程知识越全越好。尤其作为素养型教师，要区别于一般教师，必须将特定主题与整体课程结构化，区分核心概念与核心知识，设计匹配的教学情境和教学活动。Geddis 等人把这种深入剖析课程叫作"课程特色"，而东北师范大学郑长龙等，将其定义为"学科理解"。所谓化学学科理解，是指教师对化学学科知识及其思维方式和方法的一种本原性、结构化的认识。[3] 教师依据对课程中主题的理解和教学目的，会在教学决策时删去某主题的一些内容，所以本书中的"科学课程知识"特指化学学科下的特定教学主题的纵向和横向课程知识。纵向知识不仅仅是课程标准和教材内容，而是指将课程标准和教材内容结构化、建构学科认识模型、抽提学科认识思维和学科观念，且能进行远迁移解决实际问题。

---

① Elbaz, F. , "The Teacher's Practical Knowledge: Report of a Case Study", *Curriculum Inquiry*, Vol. 11, No. 1, 1981, p. 43.

② 郭晓明：《论中国课程知识供应制度的调整》，《华东师范大学学报》（教育科学版）2005 年第 2 期。

③ 郑长龙等编著：《化学课程与教学论》，东北师范大学出版社 2018 年版，第 207 页。

4. 学生科学理解知识（KSU）

学生科学理解的知识缩写为 KSU。教与学最重要的两个主体，教是为了学生更好地学，所以一切都要基于学生而进行。

学生在特定主题学习时有哪些前概念、前知识？还有哪些迷思概念、疑惑或者错误概念？又有哪些已有经验？在该主题学习中会遇到哪些困难？学生思维和学习能力处于什么水平？学习特点是什么？涉及本主题学会有哪些学习动机、兴趣？

了解这些有利于教师采取恰当的教学策略，帮助学生厘清迷思概念、克服学习困难、发展知识与技能。素养取向的课堂更重视学生建构过程，所以教师关于学生理解科学的知识了解可以帮助教师选择合适的特定主题的核心教学策略，选择和组织教学内容、将其结构化并建构认识模型，而达到有效教学，发展学生学科核心素养。

本书重点关注发展学生核心素养的重要影响因素，即已有学习经验，包括已学且掌握的知识、此阶段学生已有迷思概念辨析，还有学生最近发展区，包括学生现有理解能力和学习能力。

5. 教学策略知识（KISR）

科学教学策略缩写为 KISR。科学教学策略是教师科学教学中在目标指引下而采用的核心教学策略与表征，即在特定学科内的特定主题教学时使用的特定教学方式与方法。① 而策略（strategies）与表征（representation）是存在区别的，"策略"具有较大范畴，无论是教学设计，教学内容选择、教学活动设计等；还是教学行为的实施；抑或是课堂教学时具体教学方法等都是教学策略范畴。② 表征则是教师在特定主题下的教学中为呈现教学内容，以促进学生理解相关内容而采用具体的如类比、推论等方法。所以表征可以看成是微观的策略。

---

① 解书：《小学数学教师学科教学知识的结构及特征分析》，博士学位论文，东北师范大学，2013 年，第 63—67 页。
② 解书：《小学数学教师学科教学知识的结构及特征分析》，博士学位论文，东北师范大学，2013 年，第 63—67 页。

　　科学的教学策略是教师为了使学生深入明晰科学知识而选择的合理的方法、技能与活动。根据课程内容要求和学生的学习特点，某教师认为某知识适合用讲授法，会选择讲解陈述的教学策略，而另一教师可能认为探究法好，就会创设情境和问题激发学生高阶思维和探究兴趣而实现探究活动。

　　本书界定教学策略包括特定学科和特定主题的核心教学策略，也包括教学知识的表征，以下统称为科学教学策略。

二　PCK-Map 分析框架界定

　　为了清晰地观察化学教育硕士在 PLC 干预下素养取向 PCK 发展，本研究借鉴了 Park 的 PCK-Map，通过描绘 PCK 要素点的发展和 PCK 各要素的联结紧密程度，来描述化学教育硕士 PCK 发展，寻找 PCK 发展路径。

　　Park 在 2012 年发表的文章中，以高中生物教师的 PCK 研究中构建的 PKC-Map 进行了分析，对教师的 PCK 要素联结和频次进行统计。

　　为了明晰 PCK 各要素的相互联系与整合情况，采用 LeCompte 和 Preissle 的枚举方法，绘制 PCK-Map。首先划分 PCK 片段，将此 PCK 片段中通过编码确定的各 PCK 构成要素及其联系映射在 PCK 五角模型中，即该 PCK 片段的 PCK-Map。例如，在第一个 PCK 片段中（标注为 E1），已经确定 OTS、KISR 和 KAS 是 PCK 片段中构成要素，则用一条虚线连接将三个要素两两相连，如图 4-1-3 所示。

　　该 PCK-Map 中任意二者之间的联系紧密程度可能并不相同，本研究中借鉴 Park 研究也不考虑联系强度，把单次联系数都计为 1。在数字旁写上（E1），表示这是在第一个 PCK 片段中这两个要素间的联系。然后将研究中其余的 PCK 片段进行同样处理，叠加到同一张 PCK-Map 上。PCK-Map 上要素间联系频率可以通过线段统计并标记出来，单一要素的总频次是各要素间联系频次总和，标记在要素旁并最终得出该教师的 PCK-Map。

　　如图 4-1-4 所示，Park 研究生物教师 Sandy 在"光合作用"这一

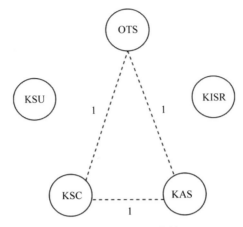

图 4-1-3　一个 PCK 片段中的 PCK-Map

主题的 PCK-Map 映射图。

　　可以发现利用这种研究方法各要素的总频次会被重复统计，而且联系没有权重，所以一些研究者进行了修订，东北师范大学解书博士论文中，利用 Park 的 PCK-Map 进行修订，包括要素的联系总数计数方式和联系权重方面，将此分析模型命名为 PCK 要素关系结构图（Structure of Elements Map，简称 PCK-SoEM），并利用其对数学教师的 PCK 进行分析研究。发现数学教师的 PCK 现状有四种：自主整合型 PCK、机械整合型 PCK、松散缺失型 PCK、低效缺失型 PCK。[①]

　　本书只为研究 PLC 干预下教育硕士的 PCK 发展，关注的是 PLC 干预和 PCK 的关系，关注 PCK 要素有没有发展、联系是否紧密，并不关注单一 PCK 要素，所以还是采用 Park 的原有分析模型进行分析。为使 PCK-Map 更加清晰，在绘制 PCK-Map 时候，将不同要素之间联系频率分别用虚线和实线、不同粗细线条以及不同颜色进行表示。如对教育硕士 J "离子反应" 主题下的某次干预后进行 PCK 分析，并绘制出 PCK-Map，如图 4-1-5。

----

① 解书：《小学数学教师学科教学知识的结构及特征分析》，博士学位论文，东北师范大学，2013 年，第 84—94 页。

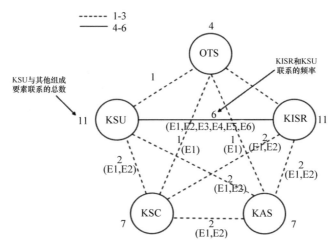

图 4-1-4 特定教学片段下 Sandy 老师的 PCK 映射①

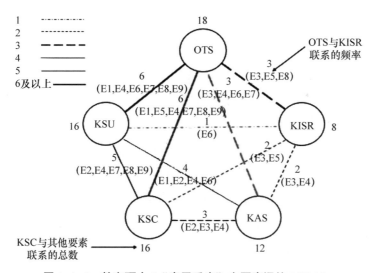

图 4-1-5 教育硕士 J "离子反应" 主题磨课的 PCK-Map

① Soonhye, Park, Ying-Chih, Chen, "Mapping Out the Integration of the Components of Pedagoical Content Knowledge (PCK): Examples From High School Biology Classrooms", *Research in Science Teaching*, Vol. 49, No. 7, 2012, pp. 922–941.

本书借鉴 Park 的 PCK 五角模型和 PCK-Map 对化学教育硕士在 PLC 干预下的学科教学知识进行研究。在研究过程中也发现，PCK 要素频次增加，仅仅是统计数目增加，并不代表 PCK 发展提升程度大，还需要进入原始资料，结合具体情况进行深描、深入分析，方可进一步相对精确判断 PCK 的发展情况。

第二节　PLC 干预模型的构建

新时代国家教育对教师专业发展提出新的要求，要求改善教师工作方式和工作处境，要求教师能在协同合作中相互支持、相互学习以达到共同发展，加速经验型教师走向研究型教师，强调要尤其重视过程中学科教师反思。由此，基于共同发展建立专业学习共同体（PLC）是教师专业发展的时代需求，目前世界教师组织现状亦呼唤 PLC 的合理组建与完善。

当前，教育界里教师最直接参与的专业共同体组织是各学科组、年级组以及教研组，在组内开展集体备课、展示授课、听评课等常规活动，一般组织者控制全局，其他教师则被动地参与，活动的内容与形式也相对单一，集体备课流于形式，听评课碍于情面，都在敷衍应付唱赞歌，行政管理性压制专业性发展。[1] 新时代教师专业共同体（PLC）本着平等自愿的原则，以其灵活性着力有效提升教师专业素养，成为教师专业发展的不二选择。无论是职前教师专业成长还是在职教师的专业提升，都不能忽视教师的主动性，不能脱离教育实践。职前教师专业素养快速发展，需要改革培养模式、创新课程与教学、优化实践方式、构建协同培养机制。[2] 由此，由东北师范大学高校搭建理论学习平台和教学

---

[1]　张昭：《教师专业共同体的构建》，硕士学位论文，华东师范大学，2011 年，第 12—16 页。

[2]　张昭：《教师专业共同体的构建》，硕士学位论文，华东师范大学，2011 年，第 14—16 页。

实践平台，组建专业学习共同体（PLC），多方联合共同促进教育硕士专业发展。

笔者在东北师范大学教育硕士培养改革的实践平台上，组建化学学科教育硕士发展的 PLC 团队。那么，发展化学教育硕士专业素养的 PLC 应该由哪些成员构成？化学教育硕士专业发展过程中，因发展目标的不同，可以分成哪些 PLC 干预阶段？在不同干预阶段中 PLC 如何干预？为此，在化学教育硕士培养改革设计中，首先应构建可成为范式 PLC 干预的理论模型。

PLC 理论模型对教育硕士培养是否有效？存在哪些不足？本章研究的内容是在 PCK 视域下通过实践应用，对 PLC 理论模型进行检验，并进行完善修正，构建可用作干预范式的 PLC 干预模型。

一 PLC 团队的组建

（一）理论基础

PLC 具有坚实的理论基础，群体动力理论基础、情境学习理论和自组织理论为"专业学习共同体"奠定了理论基础。

1. 群体动力理论（Group Dynamics Theory）

群体动力学理论是行为组织学中最经典的理论，是美籍德国心理学家库尔特·勒温（Kurt Lewin）提出来的，从动态和系统视角分析了群体中人与环境交互影响。

群体动力理论在教育活动中具有重要意义，明确教师自身发展需求等内因是核心因素，明确群体组织形式动力、群体多数动力、公约动力等在个体成长过程中的重要作用，再有群体组织中个体差异会生成群体发展耗散力。[1] 团队可以形成规范学习；成员关系融洽；成员自愿、自发并主动参与学习。[2]

---

[1] 王涛：《群体动力理论视域下的高校创业教育模式研究》，《教育与职业》2014 年第 15 期。

[2] 宋亦芳：《基于群体动力理论的社区团队学习研究》，《职教论坛》2017 年第 9 期。

2. 情境学习理论（Situational Learning Theory）

杜威提出情境学习在教育中的重要性，引起了教育界的广泛关注。人类学视角的情境学习理论的三个核心组成，即实践共同体、合法的边缘性参与以及学徒制。[①] 从不同层面展示情境学习理论和实践研究已渗透到基础教育、高等教育、远程教育、网络教育等领域。[②] 情境学习理论也成为各种学术团体构建的坚实理论基础。

教育硕士专业发展不能仅仅依靠理论学习，一定要在职业情境下或真实情境下的实践中"做中学"。

3. 自组织理论（Self-Organization Theory）

自组织理论是自哲学家康德（Immanuel Kant）提出的"自然演化中存在的趋目的性"理论发展过来的。[③] 是由"耗散结构论""协同学""突变论""超循环论""分形理论"组成，主要是研究复杂系统（如思维系统、社会系统、教育系统等）的发生与发展。[④]

教育硕士专业成长是在群体中自觉且主动地开展学习活动中逐渐发展的。自组织理论为发展教师专业素养提供了充分开放的组织理念提供了有效路径和新的视角。

（二）促进教育硕士专业发展的 PLC 组建

PLC 中既有学习者也有助学者，两者之间在一定的时间与空间里是随时互换身份的。而本研究中学习者是学习主体、被培养者和参与者，助学者是引导者、指导者和组织者，在教育理论平台和教学实践平台中可以角色调换。如何组建 PLC 呢？

PLC 作为一种实体，同时也可以作为一种理念，组织团队的共同发

---

① ［美］丁·莱夫，E. 温格：《情境学习：合法的边缘性参与》，王文静译，华东师范大学出版社 2004 年版，第 42—53 页。

② Mc Lellan, H., *Situated Learning Perspectives*, Englewood: Educational Technology Publications, Inc, 1996.

③ 吴彤：《自组织方法论研究》，清华大学出版社 2001 年版，第 61—65 页。

④ 张达：《自组织理论视角：城市混合社区管理中的现实问题与路径分析》，硕士学位论文，重庆大学，2013 年，第 17—20 页。

展。组建 PLC 有哪些策略呢？潘洪建、仇丽君提出学生 PLC 组建，首先确立学习共同体构建标准，其次是依据兴趣组建 PLC，并制定 PLC 活动的规程。① 而在教师专业成长中 PLC 组建中有人提出，首先从整体上构筑一个政府支持、社会参与、学校主导的环境，其次正确认识和处理教师自身和他人的关系，并且建立共同愿景培养团队精神以及营造合作文化氛围增强合作意识。

东北师范大学全日制专业学位教育硕士培养改革，取得了高校支持，并且依据教育硕士发展将带动国家教育的发展而改变我国教育现状的共同愿景，同时教育硕士专业发展需要理论引领和实践引领，由此组建教育硕士为主要学习者和高校教育专家（教学论教师）、中学优秀教师为指导者的专业学习共同体（PLC）。

高校教学论教师是国家学科教育的专家，无论教育理论还是教学实践均具有很高的水平，为教育硕士以及一线优秀教师的成长都可以提供很高的指导。但由于高校所处环境并非职业环境，教育理论无法在实际教学中达成高效指导作用，所以引入中学一线优秀教师加入教育硕士培养团队；与中学合作为教育硕士提供职业环境，由一线优秀教师针对真实授课进行经验指导，让教育硕士在真实的教学环境、有真实的学生参与的课堂中，体验真正的课堂教学实践，提升专业素养。但大多数一线优秀教师的教育理念不高，目标指向试题和反思，忽视中学生的素养发展，所以与高校教学论专家配合，在 PLC 中充分发挥自己的优势，在教育硕士成长的同时达到自身的发展，以达到 PLC 共同成长。

基于东北师范大学教育硕士培养改革中 PLC 干预的总策划，研究者组建化学教育硕士培养的专业学习共同体，并保证其组成相对稳定，保证其干预机制的顺利实施。在东北师范大学化学学院化学

① 潘洪建、仇丽君：《学习共同体研究：成绩、问题与前瞻》，《当代教育与文化》2011年第 3 期。

教育研究所，邀请两位教学论教授和两位教学论老师构成高校学科（化学）教学论专家教师团队（以下简称教学论专家，代码 A）；然后选择东北师范大学附属中学作为实践基地，邀请东北师范大学附属中学的一位化学特级教师和两位高级教师构成高中一线（化学）优秀教师团队（以下简称一线优秀教师，代码 B）；选择东北师范大学化学学院郑长龙教授的化学教育硕士（代码 C）构成了 PLC 团队（如图 4-2-1）。

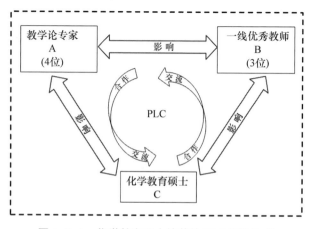

图 4-2-1　化学教育硕士培养的 PLC 团队构成

化学教育硕士为主要学习者，教学论教师与一线优秀教师为助学者，围绕职业环境中提升教育硕士专业发展的根本目标，不断地合作、交流、融合，发挥 PLC 的优势，实现 PLC 功能。

二　干预阶段和干预目标的设计

教育硕士培养学制两年，培养目标也不是一蹴而就即能完成的，将培养目标分解，逐步进阶地实现进阶目标，也就是阶段性目标。相对于同属职前教师的本科师范生培养目标的能规范地进行课堂教学而言，教育硕士最终目标则是能够完美呈现素养为本的课堂教学。

（一）教育硕士培养阶段与培养目标简述

要尽快提升教育硕士以学科素养和教育素养为主的理论素养，发展以教学实践能力和教育实践研究能力为主的关键能力，促进教师职业发展。[①] 东北师范大学根据教育硕士逐步发展教师专业素养的需要，按照培养目标将定位于"教育理论+分散实践+集中实践+论文撰写"培养。

第一学年的教育理论与分散实践实现嵌入式模式，即采取"3+2"培养模式，每周的周一、周二、周五共三天在高校教育理论平台学习，每周的周三、周四两天在教育实践平台进行教学实践。在第二学年时教育硕士将脱离大学校园进入基础教育学校进行集中实习，同时进行毕业论文撰写阶段。

为了教育硕士能够进阶发展，最终达到素养型教师要求，东北师范大学管理团队梳理了教育硕士毕业生的新手教师发展特点和不足，结合教育硕士专业成长特点和教育硕士改革的最终培养目标，将教育硕士在学期间的第一学年分为三个阶段，实现分阶段、进阶式培养，从胜任教师水平到熟手教师水平，最终逐步发展到新时代素养型专家水平阶段。

即期望教育硕士首先是能规范上一堂模拟课，实现胜任的新手教师水平，即完成规范授课。其次是上好一堂达到熟手教师水平的知识取向课；最后是上好一堂专家教师水平的素养取向的化学课（如图4-2-2）。

为达到素养取向课的落实，教学行为的规范和教学知识的结构化必须首先实现，进而实现进阶性最终目标。基于本科时期的理论学习，根据已有研究结果，均可发现，规范性的培养目标无论是否有真实学生、是否参与过实践都是相对比较容易达成的，所需时间无须过长；知识型教学水平是熟手教师的水平，根据已有研究结果，从新手教师到熟手教

---

① 高夯、魏民、李广平、秦春生：《在职业环境中培养教育硕士生——东北师范大学全日制教育硕士生培养综合改革的实践与思考》，《学位与研究生教育》2018 年第 1 期。

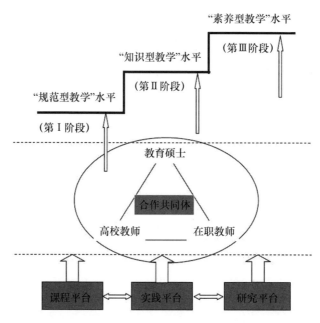

图 4-2-2 东北师范大学教育硕士培养总规划

师的过程，大部分是自然成熟过程，所用时间较长，如果在经验型教师引领下，转化时间就会大大减少。

1. 第Ⅰ阶段——规范期培养目标

教育硕士入学的专业背景并不相同，如 2013 年东北师范大学的化学教育硕士入学师范生与非师范生比例为 5∶2，即使师范类学生，为了考取研究生，几乎放弃本科学校的微格、实践、实习等活动。在入学的面试中可以看出很多学生的教学技能上仅仅可以勉强定义为"胜任"教师，还有一些连胜任都算不上。①②③ 基于此，给予所有学生一个查缺

---

① 张琦：《新手型高中化学教师学科教学知识（PCK）的案例研究》，硕士学位论文，哈尔滨师范大学，2017 年，第 50—52 页。
② 黄艳青：《新手型与专家型教师化学教学设计实施的个案比较研究》，硕士学位论文，西北师范大学，2016 年，第 43—45 页。
③ 曹建平：《新手型初中化学教师学科教学知识（PCK）案例研究》，硕士学位论文，湖南师范大学，2015 年，第 69—74 页。

补漏的机会，完成教学规范性发展，定义为规范期。规范期教育硕士实践的培养目标，如图 4-2-3：

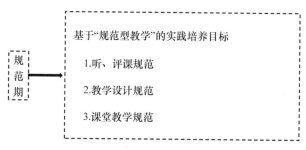

图 4-2-3　规范期教育硕士的实践培养目标

2. 第Ⅱ阶段——知识期培养目标

一些新手教师觉得教学中一个比较困难的事情就是教学内容的选择和组织，如何将教学知识结构化，让学生"知其然"还要"知其所以然"的同时，将其需要知其然的知识结构化成为一个整体，甚至建构认识模型，而不是知识散点的罗列？华东师范大学的王霞对化学新手型教师和化学经验型教师进行 PCK 比较研究，发现化学新手型教师在教学目标的设计上明显体现了新课程理念，但对课本内容理解不够深入，教学重难点辨识不清，不敢脱离教材做任何变动。[①] 而其他学者则发现新手教师，甚至一些熟手教师也不是都能做得到的。

故此第二时期就是以对教学内容知识进行科学选择和组织，进行结构化处理，并最终完成知识取向课堂教学为目标，定义此时期为知识期。此时期要求教育硕士达到以下目标。

3. 第Ⅲ阶段——素养期培养目标

新时代的教育改革大潮已经开始，我国教育要求发展学生核心素养，对未来教师的要求更高，要求教师专业素养、学科素养高度发展，

---

① 王霞：《高中化学新手型教师与经验型教师 PCK 比较的个案研究》，硕士学位论文，华中师范大学，2011 年，第 51—53 页。

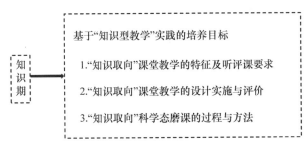

图 4-2-4   知识期教育硕士实践培养目标

才能适应素养的教育需求。那么未来教师应具有什么样的素养？如何使学科核心素养在课堂教学中落地？化学教育硕士是马上进入基础教育的一批高素养化学教师，首先就要学习如何设计和实施一堂素养取向的化学课。故将教育硕士入学的第二学期，教育硕士培养目标定位于深入学科本质、学科本原、构建认识模型等，完成一堂专家型教师水平的素养取向化学课的授课。此时期定义为素养期。

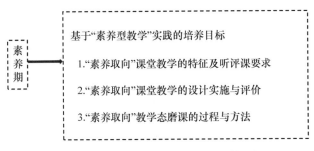

图 4-2-5   素养期教育硕士实践培养目标

由此，教育硕士入学第一学年细化分为三个时期，规范期、知识期和素养期。

（二）化学教育硕士 PLC 干预阶段与干预目标设计

化学教育硕士的培养是依托于东北师范大学全日制教育硕士的培养改革，基于培养改革的总策划，本研究设计了实践平台的化学学科教育硕士在 PLC 干预下发展专业素养的干预阶段和干预目标。

东北师范大学全日制教育硕士培养改革是针对数学、中文、英语、化学和地理五个学科的整体规划，提出了三个阶段的进阶式培养时期和培养目标。化学教育硕士培养可以根据本学科的学科特点和入学的教育硕士特点进行具体设计，依据东北师范大学教育硕士培养改革划分的教育硕士培养的三个时期，化学教育硕士 PLC 干预也划分为三个时期，即规范期、知识期和素养期。

1. 规范期 PLC 干预目标制定

东北师范大学教育硕士培养改革是以最后呈现的"果"作为培养目标，并且是听课、备课、授课和教研等全方位的制定。化学教育硕士培养则需要落实到具体的培养过程和干预手段，而本研究是实践平台，主要从备课和授课两方面制定 PLC 干预目标。

规范期是从教育硕士入学至第四周末，在高校中的预实践时期。

规范期 PLC 干预主要是基于教学技能规范性提升，包括规范性备课、教学设计体例规范性、教学语言规范性、知识科学性、板书规范、表征方式方法规范等等。基于任务驱动，由高校教学论专家进行理论引导，提升教育理论基础。同时由教育硕士同伴、教学论专家进行听、评课、讨论与交流，针对教学规范性进行指向性建议指导。经 PLC 干预，最终化学教育硕士将能够规范地完成一节"模拟课堂"授课教学。

2. 知识期 PLC 干预目标制定

知识期是从教育硕士入学第五周开始至第一学期结束，实行"3+2"的培养模式，既有理论平台也有"职业环境"的实践平台，实现"高校+实践基地"交叉嵌入式学习。

根据教育硕士培养改革制定的知识期的培养目标，教育硕士将能够流畅地完成一节知识取向型"真实课堂"授课教学。本书制定的化学教育硕士知识期干预目标是指导化学教育硕士知识取向课的设计、实施能力提升，包括对学科知识的本原性和结构化驾驭等，并熟练掌握科学态磨课的整个流程。

3. 素养期 PLC 干预目标制定

素养期是从第二学期开始至毕业，继续"教育平台+实践平台"的"3+2"培养模式，于职业环境中经 PLC 干预，教育硕士能够完美呈现一节突显学科核心素养的"真实课堂"授课教学。

素养期化学教育硕士的 PLC 干预目标是指导化学教育硕士素养取向课的设计、实施能力提升，包括学科思维、学科本质与学科观念等素养外显化。

总之，化学教育硕士的 PLC 干预目标是基于全日制教育硕士培养目标设计，从规范期、知识期到素养期进行有目的、进阶性的连续干预。

三　PLC 干预机制的形成

专业学习共同体不仅仅是一个形式的团体，最重要的是运行机制。只有运行机制合理，才能充分发挥 PLC 的功能。本书的教育硕士培养 PLC 的运行更是直接影响甚至决定教育硕士的专业成长，所以必须确定 PLC 在教育硕士培养中干预的运行机制。

汪国新、孙艳雷认为教育共同体运行机制的构建策略中主要就是合建机制和分享机制。合建机制中又包括部署决策、协作决策和沟通决策等决策机制，分享机制中包括激励和制约机制。[①] 教育硕士培养过程是一个长期的过程，更需要周密部署与果断决策。

于友成、许迈进在校企合作共同体运行机制的研究中指出，要使 PLC 中各个主体能够有效耦合以实现 PLC 有效运行，需要从场域供给、动力供给、评价供给等方面保障 PLC 机制运行。[②] 教育硕士培养过程就

[①] 汪国新、孙艳雷：《成人教育共同体运行机制的构建策略》，《职教论坛》2012 年第 33 期。

[②] 于友成、许迈进：《发展视域下拓展性校企合作育人共同体运行机制研究》，《高等工程教育研究》2016 年第 3 期。

培养人的过程，需要教育理论的提升和教学实践的提升，所在场域的真实性对教育硕士专业成长有着重要作用，所以选定大学和中学作为 PLC 运行的主要场所。无论是学习者还是助学者，都需要有评价指导，所以评价机制必须确定，尤其是批判评价和激励评价一定要有视角，能够体现发展性与个性化。

戴锐在思想政治学科的 PLC 研究中提出"共生""共轭"和"共振"的"共效应"运行机制。[①] 也就是 PLC 中各成员应意识到其他成员相互存在，意识到"他者"与本人的统一共存，意识到将自己置身于 PLC 中才能促进自己的发展。PLC 内部成员互相配合、互相影响和互相制约共同促进 PLC 的稳定和谐、共同发展。PLC 成员应在教育需要和自身发展中求寻共同点和结合点，核心问题中把握住共同脉搏，创设和谐的氛围，营造协作的心境，构建 PLC 发展的动力系统，进而实现学术与行动的共同优化与发展，以达到"谐振"出现。

作者认为，PLC 顺利运行、充分体现其价值与功能，前提是有共同价值愿景、以学习为中心、全员平等参与及协作共享，更重要的是 PLC 机制如何科学运行。构建 PLC 不仅仅是找来成员组成即可，还要有统筹规划，如 PLC 什么时候运行？在哪运行？如何运行？

化学教育硕士同伴（C）、一线优秀教师（B）和教学论专家（A）的实践经验和教育理论水平各不同，采用团体协作、共同干预的方式进行干预。基于任务的"做中学"是相对高效的学习，在每一时期均对化学教育硕士布置一个教学任务，根据教学任务，（1）化学教育硕士自行设计教学，在高校教室中进行模拟授课，由 PLC 所有成员进行听、评课，进行干预指导，之后化学教育硕士反思并根据听、评课建议修改教学设计；（2）化学教育硕士再次进行授课，由 PLC

---

① 戴锐：《思想政治教育共同体的运行机制与发展战略》，《思想政治教育研究》2014 年第 6 期。

所有成员听、评课，教育硕士基于听、评课反思，继续进行教学设计修改。

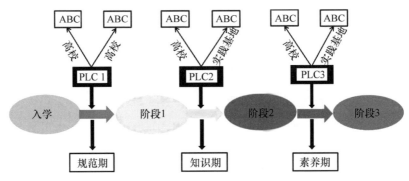

图 4-2-6　化学教育硕士培养的 PLC 干预模型

基于理论构建的干预模型中，设计中包含干预时期、干预阶段、干预地点、干预者以及干预目标，完整地呈现了干预机制。该教育硕士培养的 PLC 干预理论模型在职业环境中对教育硕士分阶段、有目的、有计划地进行干预指导，可以作为培养范式直接应用于任何教育硕士培养中。

四　PLC 干预模型的检验与修正

基于理论构建的 PLC 干预模型是否可行有效？这种 PLC 干预能否成为化学教育硕士专业发展的干预范式？笔者选取了本课题组 2015 级的一位全日制化学教育硕士 J，按照该理论模型进行一系列 PLC 干预，并从 PCK 视角进行质化的个案研究，通过其 PCK 变化及其背后影响因素进行探索，检验给理论模型的可行性。

（一）研究对象选取

当 PLC 干预模型构建完成时，2015 级的教育硕士已经入学接近一年，马上进入集中实习阶段，而 2016 级教育硕士尚未入学，为检验和修正 PLC 干预模型，只能在 2015 级化学教育硕士中进行选择，且由于集中实习在多个省份、城市和初高中，基于方便研究和自愿原则，只能邀请 2015 级的一名化学教育硕士 J 作为研究对象，在其集中实践前一个月和实践期间按照 PLC 干预的理论模型对教育硕士 J 进行干预。

化学教育硕士 J 是东北师范大学 2015 级的学科教学（化学）硕士。J 性格开朗，具有良好的表达能力和沟通能力，且乐于思考，致力于成为一名优秀女教师。本科毕业于西南地区的一所省属师范大学的师范专业，系统地学习了师资课程以及参加过本科教育实践，并且获得过校级教师技能比赛优秀奖，已经具备了一名合格教师的基本素质。

在攻读教育硕士学位期间，包括该同学在内的所有教育硕士均参与了本校全日制教育硕士培育的综合改革，具有很强的教学能力，并同时成为该课题的研究对象。该教育硕士在辽宁省某示范性重点中学进行集中实践，所有授课班级均来自该学校高一年级，该学校生源在其所在市区范围内最好，学生具备很好的学习基础和习惯，所以适用于素养期干预方式。

（二）PLC 组建和干预过程设计与实施

本研究充分利用化学教育硕士 J 的时间，布置了两个化学主题的教学任务，安排两轮 PLC 干预，具体设计如下。

1. 第一轮 PLC 干预过程设计与实施

首先组建了 3 位高校化学教学论教授专家团队（A）、两位一线优秀高级化学教师（B）和包括 J 的两位化学教育硕士（C）构成的 PLC，并布置了以人教版必修模块 1 的"富集在海水中的元素——氯"主题第一课时的课堂授课为核心任务。先给教育硕士 J 三周时间准备教学设计，能够在高校顺利完成自己所设计的模拟授课；然后在高校模拟课堂教学展示，由 PLC 所有成员进行观课、评课，共同讨论分析给予理论与思维等方面干预指导，化学教育硕士 J 依据 PLC 的建议和自己的理解进行反思、修改教学设计；模拟授课熟练后，再展示，PLC 所有成员继续观、评课，讨论分析干预指导，化学教育硕士 J 再反思再修改后，即可进入真实课堂教学展示，并扩大观摩课的人员范围，进行 PLC 与PLC 外人员的评课，教育硕士反思，即可完成一次完整的 PLC 干预过程。

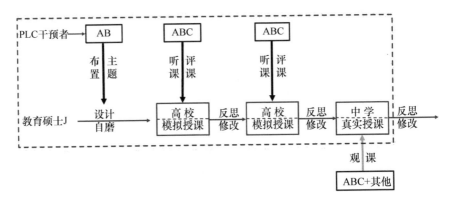

图 4-2-7　PLC 干预理论模型"素养期"应用流程设计 1

虽然设计很完善，但是在真正实施过程来看，存在一定的困难，首先，高校教育专家和中学教师在自身职业中有自己的教学任务，而PLC 基于任务活动一次至少需要半天的时间，PLC 所有成员在同一时间聚齐，有一定的难度；其次，即使 PLC 人员聚齐，但在干预中，因为教育硕士当时的教育理论水平和教学实践水平的限制，所有干预者的干预指导意见无法理解和内化；再次，一个主题的授课任务，历时几乎一个学期，仅仅进行两次 PLC 干预明显不够；复次，团队的成员过少，在干预过程中思想碰撞以及讨论都不够深入；最后，在干预过程中，因为高校教育专家的社会地位和教育界的学术权威，其他干预者没有自信充分表达自己的指导意见与建议。如在 PLC 尝试运行时，化学教育硕士 J 以"氯气"为主题进行模拟授课，听课后 PLC 进行评课的片段如表 4-2-1。

表 4-2-1   PLC 干预评课片段

【教育硕士 Q】我觉得她声音不够洪亮，声调也太平了……
【教育硕士 Y】她的语言不够流畅，教态也不自然……
【中学教师 1】其实她的思路很清晰，她也没正式上过课，这样也不错了……
【中学教师 2】教材里的内容要讲透，还有能够做习题，所以该补充的还是要补充，像新   制氯水的成分、性质等，都是要讲……
【高校专家 1】学科核心素养的体现，不仅仅是知识的呈现，更重要的是发展学科思维和学   科思想。教师自己要清楚"氯气"这部分教学内容的功能与价值……

基于以上原因，调整了 PLC 干预机制，增加 PLC 团队成员人数，同时为教育硕士提供一个充分表达自己观点的平台和机会，安排具有相近教育理论基础和教学实践基础的教育硕士同伴进行互导，然后教育硕士和中学优秀教师共同听课后由中学优秀教师评课指导，最后在 PLC 全体成员共同参与下，主要由高校教学论专家评课，进行专家引领，并且每种干预方式下不同干预者的干预可以根据教育硕士的成长需要而增加干预次数。

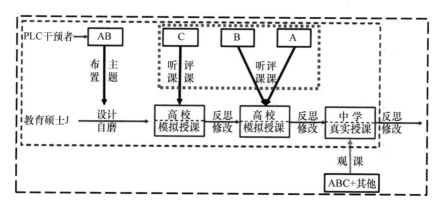

图 4-2-8   PLC 干预理论模型 "素养期" 应用流程设计 2

PLC 团队成员逐渐彼此熟悉，并适应了干预机制后，即可和谐合作，充分发挥 PLC 的功能。

2. 第二轮 PLC 干预过程设计与实施

时间飞逝，经过第一轮的干预后，化学教育硕士 J 进入辽宁省某重点高中进行集中实践。PLC 是教师之间在教学实践过程中，围绕着共同目标和信念，自发、自愿地联系在一起，互相交流和共同学习的团队。[①] PLC 成员的选择尤为重要，因为地域变化，为方便 PLC 机制的顺利运行，保持高校教学论专家和化学教育硕士 J 不变外，重新组建了 PLC 团队。诚挚邀请东北师范大学化学学院的两位教授与一位教师、吉林省化学教研员 Y 教授和辽宁省化学教研员 W 教授等构成专家团队（代码 A）；邀请化学教育硕士 J 实践所在辽宁省某重点高中的化学高级教师两位，作为一线优秀教师团队（代码 B）；邀请与化学教育硕士 J 一同在辽宁省该重点高中实践的化学教育硕士 H 自愿参与到 PLC 团队，与化学教育硕士 J 一起作为化学教育硕士同伴团队（代码 C）。

PLC 团队成员全程参与到教育硕士的教学实践过程，只是在各个阶段的侧重点有所不同，指导过程主要分为三个阶段（见图 4-2-9）。

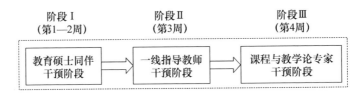

图 4-2-9　PLC 干预阶段及其过程安排

阶段 Ⅰ 主要是教育硕士同伴对该教育硕士在教学规范上的指导和建议，主要集中在 KISR 上的建议，比如板书、PPT 呈现、教姿教态、语音语调等；阶段 Ⅱ 主要是中学指导教师对该教育硕士在 KISR、KSU 和

① Vescio, V., Ross, D., & Adams, A., "A Review of Research on the Impact of Professional Learning Communities on Teaching Practice and Student Learning", *Teaching and Teacher Education*, Vol. 24, No. 1, 2008, pp. 80-91.

KAS 等方面进行指导，比如课堂提问和讨论技巧，学情分析以及课堂练习等方面；阶段Ⅲ主要是课程与教学论专家的建议和指导，主要集中在 OTS、KISR、KAS 等方面，比如促进学生化学学科核心素养发展的课程理念上、整体课堂逻辑的合理性、核心教学策略的选择与使用、认识视角和思路的构建等方面的指导和建议。在此过程中，所生成的所有资料均被收集和记录，具体可参见图 4-2-2。

（三）化学教育硕士 J 的 PCK 发展分析

本部分是以化学教育硕士 J 的第二轮干预下收集的资料研究其 PCK 发展，旨在通过 PLC 干预下教育硕士 PCK 发展的研究来检验 PLC 干预的有效性。即在 PCK 视域下检验 PLC 干预模型的可行性、合理性与有效性。

1. 研究方法

本部分属于工具性个案研究，旨在通过对研究对象在其教学实践中经历不同阶段的 PLC 干预下的 PCK 变化，以此来探讨所构建的 PLC 干预模式在全日制教育硕士培养改革中实施的可行性和成效性。在整个 PLC 干预过程中收集了研究对象的教学设计（JXSJ）、PPT 文稿、课堂教学实录（SK）、教学改进说明（GJSM）和反思日志（FS）以及 PLC 成员的指导建议实录（PK）等。这些资料均作为研究数据进行了编码和分析。在具体数据分析过程中，以课堂教学视频和教学设计作为主要数据类型，其他数据类型作为三角互证对所得结论进一步做有力支撑。

如表 4-2-2 中的具体编码：（1）教学设计编码：J-JXSJ-W1 表示化学教育硕士 J 在阶段Ⅰ中教学设计的 Word 文稿，J-JXSJ-PPT1 表示化学教育硕士 J 在阶段Ⅰ中授课的 PPT 文稿；（2）课堂实录（视频）编码：J-SK-1 表示在阶段Ⅰ中化学教育硕士 J 的授课视频；（3）评课指导（视频）编码：J-PK-1 表示在阶段Ⅰ中 PLC 对化学教育硕士 J 授课进行评课和指导；（4）教学反思编码：J-FS-1 表示在阶段Ⅰ中化学教育硕士 J 对自身教学进行反思的日志，J-FSGJSM-1 则表示在阶段Ⅰ中化学教育硕士 J 对本阶段的教学设计进行进一步修改说明。

表 4-2-2 不同干预阶段下的数据类别和编码

干预阶段	教学设计	课堂实录（视频）		评课指导（视频）	教学反思	
	Word 文本	PPT 文本	授课视频		反思	改进
阶段 I：教育硕士同伴干预阶段	J-JXSJ-W1	J-SK-PPT1	J-SK-1	J-PK-1	J-FS-1	J-FSGJSM-1
阶段 II：一线指导教师干预阶段	J-JXSJ-W2	J-SK-PPT2	J-SK-2	J-PK-2	J-FS-2	J-FSGJSM-2
阶段 III：课程与教学论专家干预阶段	J-JXSJ-W3	J-SK-PPT3	J-SK-3	J-PK-3	J-FS-3	J-FSGJSM-3

本部分所采用的分析方法是美国学者 Park 及其合作者在案例研究中分析教师 PCK 时所用方法[①]，结合 2008 年提出 PCK 五角模型进行分析教师学科教学知识。首先确定 PCK 片段（PCK Episode）；其次对 PCK 片段中各个要素进行计数统计；最后对各个要素进行关联，做出该教师的 PCK-Map 图。为了尽可能降低研究者本人的影响，确保所得结论的可靠性，本研究邀请了另一位熟悉整个研究过程且具备质化研究经验的课程与教学论学者一起进行分析和编码，并与该教育硕士一起对初步结果进行验证和修改。下面是以该化学教育硕士在阶段 I 的教学实践为例，对该过程中的各个类型数据进行分析，来呈现本书对该化学教育硕士 PCK 特征的编码过程，具体见表 4-2-3 所示。

---

① Park, S., Chen, Y., "Mapping out the Integration of the Components of Pedagogical Content Knowledge (PCK): Examples from High School Biology Classrooms", *Journal of Research in Science Teaching*, Vol. 49, No. 7, 2012, pp. 922-941.

表 4-2-3　　　　　　　　PCK 相关要素描述及编码示例

数据类型	具体表现	PCK 要素及其对应关系
教学设计	教学目标（J-JXSJ-W） 1. 认识酸碱盐在水中能够发生电离及电离的原因^{OTS}、理解电解质概念^{KSC}、能够用电离方程式表示酸、碱、盐的电离过程^{KSC} 2. 通过对电离条件的探讨，经历科学探究^{KISR}的过程，进一步理解科学探究的意义^{OTS}，学会应用实验观察的方法获取信息，并运用比较归纳的方法对信息进行加工 3. 体验科学探究的艰辛和喜悦，发展学习化学的兴趣^{OTS}	OTS-KSC OTS-KISR KSC-KISR
课题实录（视频）	教学片段（J-SK1） 【师】请同学们进一步思考一下，产生的这种导电微粒是什么，你能不能试着用化学符号来表示在这一个过程当中氯化钠所发生的变化呢？好，×××，你来说一下。生成的导电微粒^{KSC}是什么？ 【生】钠离子和氯离子 【师】钠离子和氯离子，那么请你到黑板上来用化学符号来表示一下这一过程 （学生板书） 【生】好，很好^{KAS}。我们看到这位同学写的这个式子叫作电离方程式^{KSC}。它表示电离这一变化过程。那么在这一过程中我们提到了一个比较重要的概念就是电离	KSC-KISR KSC-KAS
评课指导（视频）	同伴评课片段（JPK-1） 由于本堂课的主要教学方法是引导启发式教学法，所以整体感觉就是教师在课堂上通过一个个问题，来抓住学生的思维，让学生的思维方向也跟着老师走。但是，让学生说的地方少，多是老师口头阐述，学生能听，但是参与课堂、表达自己观点的机会较少，学生在课堂中的参与程度是不够的	KISR-KSU
教学反思	日志节选（J-FS-1） 我不是太了解学生，仅有的一点了解就是通过平时听课的时候看他们与老师的互动，上次上了一堂课以及一线教师的指导这三个渠道。完全不敢说能够达到了解每个学生的思维习惯，学生的兴趣程度的水平^{KSU}。这也是在备课的时候遇到的一个大难题	KSU

2. 研究发现与分析

（1）化学教育硕士同伴干预阶段的 PCK 特征分析

本阶段主要集中在化学教育硕士实习的起始阶段，主要持续两周，在这里界定为第 1—2 周。以"离子反应"的第一课时为实践授课任务，首先化学教育硕士 J 自行备课，进行学科理解综述报告、教学设计综述报告，并形成教学设计初稿（J-JXSJ-W1），然后同伴面前呈现试讲2—3 次，打磨后形成方案（J-JXSJ-W2）。在此过程中，对该化学教育硕士的教学设计、课堂实录（试讲）、同伴对其评课和建议以及其教学反思等数据进行收集和统计，绘制了同伴干预后 J 的 PCK-Map。

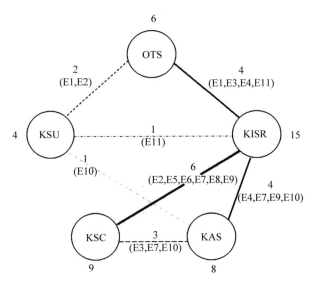

图 4-2-10　教育硕士同伴干预下的 PCK-Map

通过 PCK-Map 可以看出，J 的 PCK 结构主要是以科学教学策略知识（KISR）为核心，与其他 4 个要素进行整合。KISR 与其他要素的整合频次达到了 15 次，尤其是与 KSC（6 次）、OTS（4 次）和 KAS（4次）方面整合比较紧密，而在 KSU 方面仅有 1 次。通过上述分析可以得知，J 在同伴干预情况下，能够较好地根据学科具体内容特点、教学目标以及评价目标，有针对性地选择和使用教学策略，却忽视了现阶段学生的化学学习特点。该阶段教育硕士同伴作为学生进行配合，在课堂上"师生"应答比较顺畅（J-SK1），一切都好像按照既定的"脚本"来演的（J-FS1）。

　　除了 KISR 以外，J 的科学课程知识（KSC）和科学学习评价（KAS）分别与其他要素联系比较频繁，所出现的总频次分别是 9 次和 8 次。然而 J 在学生科学理解知识（KSU）和科学教学价值取向（OTS）方面联系不够紧密。看出 J 能够很好地把握有关"离子反应"的课程知识，在关注学生已有认知上，同为教育硕士的同伴也对此知之甚少，没有给出具体的建议，更多地关注于如何把握所教内容（J-PK1）。

　　（2）一线教师干预阶段的 PCK 特征分析

　　本阶段主要集中在第 3 周，在有指导教师参与下，以同伴作学生进行模拟授课。指导教师在听课后进行评课、议课，这一过程也需要 J 试讲 2—3 次，指导教师进行反复打磨后，形成第一次正式进班授课方案，但与原有设计不同的是，由于实习学校的大力支持，J 获得了在指导教师所在班级进行真实授课的宝贵机会。对各类型数据进行收集和分析，并对其中所涉及的 PCK 要素进行了编码，绘制了一线指导教师干预下的 PCK-Map，具体见图 4-2-11 所示。

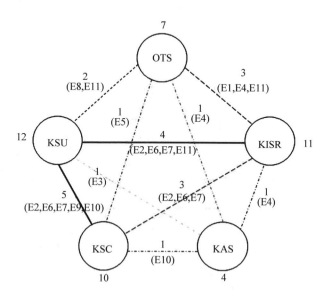

图 4-2-11　一线指导教师干预下的 PCK-Map

根据 PCK-Map 所示，在一线指导教师干预以后，J 的 PCK 结构有所改善，主要体现在以学生科学理解知识（KSU）为核心，并与 KISR（4 次）和 KSC（5 次）要素之间进行密切整合。与上个阶段有所不同，J 在班级进行真实授课。指导教师磨课时发现 J 忽视学生已有知识和经验，建议 J 在课堂上不断地带着学生回顾与离子反应相关的知识，比如酸、碱、盐的概念等（J-PK2 和 J-SK2）。

本阶段 J 的 PCK 结构在科学学习评价知识（KAS）与其他要素之间联系比较弱，发现 J 在真实的课堂中主要采用"嗯，好"，"很好，请坐"等简单回应式评价，没有很好地运用科学学习评价知识有针对性地进行点评（J-SK2）。在其反思日志中，J 提到"一上课堂，我就有点紧张，学生回答完了，我就想着接下来要讲什么。而且，有时候学生回答的，跟我预想的不一样，我当时不知道怎么回应，这跟我们自己练时的情况完全不一样……"（J-FS2）。即 J 在一线教师干预后，虽然 PCK 有所改善，但基于真实的职业环境还是需要与实践进一步融合。

（3）课程与教学论专家干预的 PCK 特征分析

本阶段主要集中在第 4 周，在课程与教学论专家参与打磨后，J 将再一次正式进班授课。专家在听取了经过一线教师指导后 J 真实授课后进行评课、议课等细致深入指导，J 内化反思后形成新的正式进班授课方案（J-JXSJ-W3），在学生的学业水平相近的另一个班级进行真实授课。对各类型数据进行收集和分析，并对其中所涉及的 PCK 要素进行了编码，绘制了课程与教学论专家干预下的 PCK-Map。

根据 PCK-Map 所示，在课程与教学论专家干预以后，J 的 PCK 结构中 5 个要素彼此之间的整合更加紧密，没有明显的缺失。本阶段中 J 的 PCK 结构主要体现在以科学教学策略知识（KISR）为中心，同时与 OTS（4 次）和 KAS（4 次）进行了较强的联系和整合。除此之外，本阶段中 J 的 OTS 要素与 KSC 要素进行了较强的整合（4 次），反而 J 在 KSU 要素的整合程度上有所降低。课程与教学论专家在一开始便让 J 对"离子反应"相关内容进行本原性思考，比如"电解质和电离的概念怎

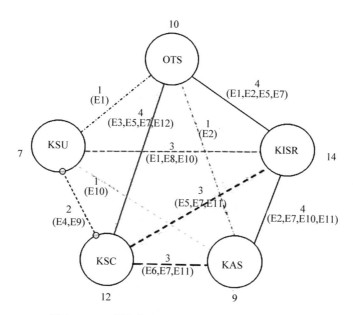

图 4-2-12　课程与教学论专家干预下的 PCK-Map

么来的？这些概念能够帮助学生形成哪些化学学科核心素养？如何在课堂教学中落实这些素养？"等问题（J-PK3）。专家不但从科学教学价值取向上进行了指导，在具体教学实施上，帮助 J 抽提了促进学生理解"电离和离子反应"的认识视角和认识思路（J-PK3 和 J-SK3）。

虽然 J 的 PCK-Map 有效的整合程度提高，但对于不具备充足教学经验的在读教育硕士而言，还要进一步领会"素养为本"的新理念，才能更好地探索和实践"素养为本"的课堂教学设计和实施。

3. PLC 干预下 J 的 PCK 发展研究启示

本部分以化学教育硕士 J 的教学实践作为研究个案，对基于 PLC 干预下的化学教育硕士 PCK 发展进行探索，同时基于干预下 PCK 发展检验 PLC 干预模式的有效性。通过对其教学设计文本、课堂视频实录等多种质化数据进行收集，利用 Park 所构建的 PCK 五角模型与 PCK-Map 分析框架进行分析，所得出的主要结果和启示如下。

（1）在教学实践过程中，化学教育硕士 J 的 PCK 结构不断完善，且各要素之间的联系更加紧密。

从 PCK-Map 上我们可以看到该教师的 PCK 结构由缺乏联系到了各要素之间均有关联。通过对不同类型数据进行分析，可知除了不同干预者的干预侧重点不同外，还缘于在从模拟授课到真实授课的这种教学环境的变化。

除 PCK 变化特征外，J 的 PCK 在三个阶段也呈现出了一些稳定特征，始终关注着对科学课程知识（KSC）和科学教学策略知识（KISR）方面的整合，表明 J 的 PCK 发展始终围绕着"教什么""如何教"这两个基本问题。

（2）3 个 PLC 干预阶段均能够促进化学教育硕士 J 的 PCK 发展，但在作用方式和影响程度上不尽相同。

首先，尽管不同阶段的干预者不同，但均在一定程度上促进了该化学教育硕士的 PCK 发展。其次，在 3 个 PLC 干预阶段，干预者及其方式不同，从而对该教育硕士的 PCK 影响也有所不同。化学教育硕士同伴对化学教育硕士 J 更多侧重在"如何教"上给出建议，而同样忽视了"学生的学"，所表现出的 PCK 特征是要素明显缺失和缺乏整合；一线教师的指导则更多关注于"学生的学"，基于学生已有认知，而恰当选择教学策略；而课程与教学论专家则更加关注"为什么教？为什么学？"，在此基础上，才是"如何教？如何学？学得怎么样？"在化学学科核心素养层面上，对该教育硕士的 PCK 结构进行重新架构。最后，通过对该教育硕士的教学实践进行多类型数据收集和分析发现：4—5周的连续干预能够在一定程度上促进化学教育硕士 J 的 PCK 发展。

（3）通过 PLC 干预下化学教育硕士 J 的 PCK 发展研究，发现 PLC 干预的理论模型具有一定的合理性和可行性。

但在过程中出现了割裂式的干预，当中学在职教师干预指导时，教育硕士是全程仅仅是参与和倾听的，并不发表意见和建议；高校教育专家指导时，在职教师和教育硕士同伴就都自动开启学习模式。不同干预者单独干预，虽然 PCK 每个要素都有所发展，但整体 PCK 没有融合，形成孤立发展。所以，需调整干预机制，形成融合的、共同讨论的氛围，以达到平等、交互交流、PCK 各要素共同发展以及 PLC 成员的共同发展。

（四）PLC 干预模型修正

本章是在全日制教育硕士改革背景下进行和开展的，旨在探索 PLC 干预下的化学教育硕士的教学实践模式中，PCK 的发展以及 PLC 干预模式的有效性。根据本部分研究，可知此 PLC 干预模式在一定程度上促进了化学教育硕士培养中的教育实践和课程学习的有机整合。本部分也为该干预模式进一步对教育实践和课程学习的深度融合，有效地提升化学教育硕士的教学能力，提供了可靠的实证依据和理论基础。

基于对化学教育硕士 J 的个案研究，发现了 PLC 干预的理论模型还需要完善，需要调整干预机制。干预成员增加、干预目标进阶化调整、干预地点合理化、干预过程平等交流、PLC 运行次数增加等。

依据各干预者的特定干预，为使化学教育硕士有充分表达自己思想和观点，特提供专有平台，即化学教育硕士同伴干预阶段。基于 PCK 研究中"科学课程知识"（KSC）和"科学教学策略知识"（KISR）的发展需要，有针对性地加入"学科理解文献梳理"和"教学设计文献梳理"的报告环节，在干预结束后有目的地增加了考核环节，以检验 PLC 干预的效果和化学教育硕士的 PCK 发展情况。

由此构建 PLC 干预的实践模型见图 4-2-13。

本模型是化学教育硕士在教学实践平台的三个时期，三个主题下的三轮 PLC 干预设计，每轮 PLC 干预至少有三次不同干预成员进行干预。

规范期主要 PLC 干预目标是教学技能规范性的提升，包括教学设计体例规范性、教学语言规范性、知识科学性等。在高校，基于任务驱动，由高校化学教学论专家（A）进行理论引导，提升教育理论基础以及增强学科理解能力与教学设计能力；同时由化学教育硕士同伴（C）进行听、评课，增强规范性与反思能力。在高校中的预实践时期，经

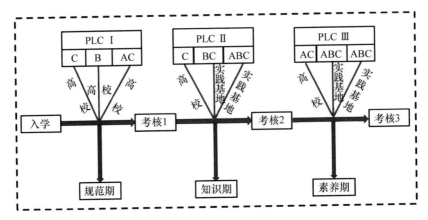

图 4-2-13　修正后的 PLC 干预模型

PLC 干预，最终化学教育硕士将能够规范地完成一节"模拟课堂"授课教学。

知识期干预目标是教育硕士知识取向课的设计、实施能力提升，包括对学科知识的本原性和结构化驾驭等。既有理论平台还有"职业环境"的实践平台，经 PLC 干预，化学教育硕士将能够流畅地完成一节知识取向型"真实课堂"授课教学。

素养期干预目标是教育硕士素养取向课的设计、实施能力提升，包括学科思维与学科素养外显化。在职业环境中经 PLC 干预，教育硕士能够完美呈现一节凸显学科核心素养的"真实课堂"授课教学。此阶段教育硕士培养目标更高，为成为出色的化学教师而努力。

第五章 规范期 PLC 干预下化学 教育硕士 PCK 发展

本章共分为五节。第一节是根据 PLC 干预模型设计并实施 PLC 干预，并以规范期 PLC 干预目标来预设化学教育硕士 PCK 发展目标，规范期结束前进行考核以检验 PLC 干预下化学教育硕士 PCK 发展目标的达成度。第二节到第四节分别以规范期化学教育硕士 Q、Y、Z 的教学设计和课堂授课实录为主资料，教学 PPT、学科理解报告和教学设计报告、教学反思和访谈等为辅助资料研究三位化学教育硕士的 PCK 发展特征。先将教学视频和文书结合起来，按照 PCK 要素进行编码分析，并将 PCK 要素发展绘制成 PCK-Map，进行比较分析。然后观察与描述规范期 PLC 干预中"自磨阶段""同伴磨课阶段""一线教师磨课阶段"和"专家磨课阶段"Q、Y、Z 三位化学教育硕士的 PCK 发展特征，并进行具体分析，总结教育硕士 Q、Y、Z 的 PCK 发展特征。第五节是本章小结部分，通过考核中评委评价化学教育硕士 PCK 目标的达成情况，挖掘规范期影响化学教育硕士 PCK 发展的原因。

第一节 规范期 PCK 发展目标 与 PLC 干预过程

一 规范期化学教育硕士 PCK 发展目标

规范期是入学的前四周。国内外对新手和熟手化学教师课堂教学行为进行比较研究发现，本科毕业的新手教师课堂教学规范性存在很大问题①，如教学知识的科学性、教态规范性、板书规范性与教学用语规范性等有很大不足。②

从本科生教学能力现状的研究中可以发现，本科阶段的微格教学练习时间有限，但短时间内，本科生在教学设计规范性、教学语言规范性、板书规范性等教学技能就会有显著提升。③

东北师范大学全日制教育硕士培养目标是发展教育硕士教学规范性，化学教育硕士 PLC 干预目标设定为对化学教育硕士进行备课和授课规范性干预。根据文献梳理，本科生的微格教学训练为 8—10 周，故 2014 级和 2015 级教育硕士的规范期培训设定时间为 8 周，通过模拟授课关注化学教育硕士的教学规范性发展，发现大多数化学教育硕士在 4 周左右就可达到规范性培养目标。基于此规范期 PLC 干预时间修订为 4 周，以满足大部分化学教育硕士的教学行为到达规范性发展目标的需求。

高校对教育硕士的培养目标是化学专业 PLC 对化学教育硕士干预目标进行设计的基石，而化学教育硕士 PCK 发展目标是培养目标和干预目标的最终成果。化学教育硕士的 PCK 发展能反映 PLC 干预目标的合理性，也能反映高校教育硕士培养的有效性。培养目标、干预目标和 PCK 发展目标三者之间需要整体保持一致性（如图 5-1-1）。

那么，在规范期化学教育硕士在 PLC 干预下的 PCK 发展目标是什么样的呢？

本书修正了 Park 的 PCK 五角模型，仍然保持原有的五要素，即 OTS、KISR、KSU、KSC 和 KAS，PLC 的规范性干预指向的 PCK 要素发展，见表 5-1-1。

① 单媛媛、郑长龙、何鹏：《熟手—新手化学教师"化学键"课堂教学行为特征比较研究》，《化学教育（中英文）》2017 年第 21 期。
② 卢美玲：《职前教师与熟手型化学教师课堂教学行为比较研究》，硕士学位论文，鞍山师范学院，2018 年，第 19—44 页。
③ 段维清：《新手教师微格教学中言语行为的个案研究》，《教师教育论坛》2018 年第 9 期。

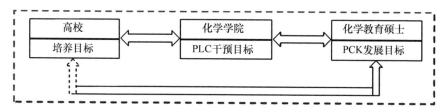

图 5-1-1　培养目标、干预目标和 PCK 发展目标关系

表 5-1-1　　　　　　　PLC 干预目标与 PCK 发展目标关系

PLC 干预目标	PCK 发展目标
能够达到板书规范、表征规范	科学教学策略（KISR）
能够做到实验与演示实验操作规范	
能使用规范教学语音语调等等教态授课	
能科学、准确使用教学用语	科学课程知识（KSC）
能达到教学知识准确科学	
能根据教学知识选择合理教学策略	教学价值取向科学（OTS）
能够合理选择并组织教学内容	

由此可见，PLC 规范性干预目标对应的是化学教育硕士 PCK 的 KSC、OTS 和 KISR 发展。即规范期重点关注发展化学教育硕士 PCK 五角模型中的三个要素的频次和相互联系，如图 5-1-2 所示，PLC 干预也可能引起其他要素发展。

二　规范期 PLC 干预过程

（一）规范期 PLC 干预流程

规范期化学教育硕士主要在高校中进行规范性训练，由 PLC 中教学论专家给化学教育硕士们布置授课任务，授课主题是人教版化学必修一模块第四章第二节"富集在海水中的元素——氯"中氯气的化学性质部分。

化学教育硕士 Q、Y、Z 首先对"氯气"主题合作进行化学学科理

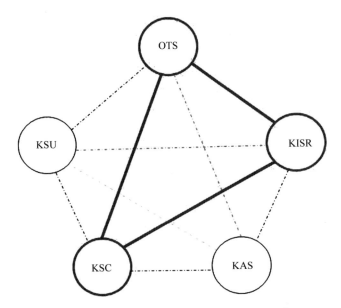

图 5-1-2　规范期化学教育硕士 PCK 发展目标

解文献综述①（Q-GF-XKLJ-1）（化学学科理解，是指教师对化学学科知识及其思维方式和方法的一种本原性、结构化的认识）和教学设计文献梳理（Q-GF-JXSJWXS L-1）。其次是自行进行教学设计（Q-GF-JXSJ-1）并自行模拟授课（Q-GF-SK-1）的自磨阶段。再次是同伴磨课阶段，化学教育硕士同伴在高校微格教室互相听、评课后，进行反思、修改教学设计（Q-GF-SK-2），此环节至少进行三次。复次是专家磨课阶段，现场有三位学科教学专家和教育硕士同伴 Q、Y、Z 参与磨课，经专家针对教学规范性进行干预指导，后在高校进行模拟展示授课，此时期 PLC干预包括自磨、同伴磨课和专家磨课三部分。最后邀请非 PLC 成员的其他高校专家和其他一线优秀教师作为评委，对化学教育硕士进行现场考核评分，评价其规范性训练的结果。

　　PLC 干预下科学态磨课流程如图 5-1-3。

---

① 　郑长龙等编著：《化学课程与教学论》，东北师范大学出版社 2018 年版，第 207 页。

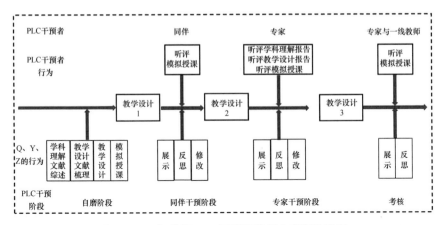

图 5-1-3　规范期 PLC 干预下科学态磨课的流程

（二）规范期 PLC 连续干预过程

规范期的干预是在特定主题下，化学教育硕士同伴、教学论专家连续干预，那么，PLC 到底是如何干预的呢？化学教育硕士同伴干预与专家干预有什么不同呢？

1. 自磨阶段

布置授课主题后，指定化学教育硕士在一周内合作完成学科理解文献综述和教学设计文献梳理，形成文档提交给研究者。再用一周时间独立完成教学设计，熟悉并多次在微格教室单独进行模拟授课，并录制授课视频，之后反思并改进教学设计，初步形成自己满意的教学设计。提交给研究者每一版教学设计、反思和改进报告、模拟授课视频。

2. 同伴干预阶段

某天上午，研究者组织三位化学教育硕士在微格教室进行同伴互磨，化学教育硕士分别进行模拟授课，其他同伴首先扮演学生回答问题或者提出问题配合授课。然后教育硕士同伴们一起对授课者的授课表现进行评价，讨论交流，提出干预建议。同伴干预时候多聚焦于策略的选择、实验的使用、教学知识的科学性、板书的设计等方面。

（1）对策略选择和实验操作干预

化学教育硕士在本科时的教育学老师经常会提起教育改革，提到新课改、新课程理念、素质教育、启发式教学、探究性实验，还有归还学生的课堂主体地位，等等。观摩和参加的化学教学大赛，都是用讨论、实验来表现学生参与课堂教学，不是教师"一言堂"，故此，他们进行教学设计关注比较多的就是设计教学活动、设计教学情境，在评课中关注比较多的也是教学活动的设计和实施。

化学教育硕士 Z 授课中在讲授氯气溶于水的知识时，选择了演示实验的策略。

【教学片段】

【Z 演示】现向这只盛有氯气的集气瓶中倒入一定量的水，充分振荡，大家注意观察实验现象。

【Z 提问】可以看到：氯气的颜色是？

【学生答】变浅。

【Z 提问】溶液呈？

【学生答】浅绿色。

（Z-GF-SK-1）

Z 授课结束后，进入教育硕士同伴干预环节。

【同伴干预片段】

化学教育硕士 Q 认为实验要注意安全，有毒气体使用一定要规范，就提出了质疑："往集气瓶里倒水？如果倒水，就是敞口了，氯气就逸出来了，有毒的气体，不合理吧？倒水也不是教学语言啊！应该是注入水吧？"化学教育硕士 Z 点头，又摇头，记得上高中时候老师就在班级做过氯气实验，于是反驳道："教室里不是还可以进行那个氯气的气味闻法的实验了吗？说明少量没事啊，逸出来也没事呗？"化学教育硕士 Q 摇头说："那是专门就为了闻氯气，看是什么气味，就先讲讲扇气入鼻法。如果你和水溶解一个实验，和钠、铁、铜反应再有实验，肯定不行。要不这个实验在实验室里做？"Z 还是不大服气，继续说道："那后面实验不做了呢，后面的就用视频，这个这么做行不行，因为我就想让学生看看氯气只是部分溶于水。"这时化学教育硕士 Y 说："不是后面的做不做的问题，是这个感觉有问题，我觉得是不重要的实验，用视频或者图片代替能说明问题就行呗！"讨论一会儿后，Q 觉得 Z 还想做这个实验，于是建议："那如果你就想在教室里做这个实验，那咱们改进一下？看能不能让氯气别外逸出，又能把水加进去呢？"Q 想起一个实验是用胶塞向盛放气体的装置中注水的实验，Y 也想起一个连通试管的实验，Z 想到微型实验……想不到好的办法了，于是决定先放一下，继续讨论其他问题，下午再进行分工合作，Q 负责在网上搜文献，Y 和 Z 负责筛选，然后讨论交流，Z 自行修改。

从这里看出，Q 对于"有毒气体"实验的操作提出质疑，Z 以自身老师的授课为基准否定 Q，与 Q 就这个质疑进行了辩论交流，当争执不下时，Y 提出更换教学策略，用实验视频代替演示实验，于是讨论焦点转移到实验装置的选择和创新上，当没有头绪时，就分工进行文献查询，最终解决问题。即经历了图 5-1-4 的干预过程。

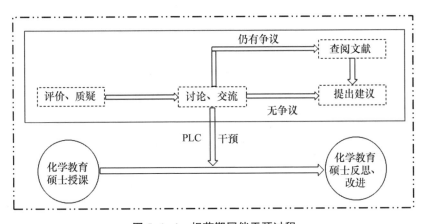

图 5-1-4 规范期同伴干预过程

（2）教学知识科学性的干预

教学知识是否准确，是化学教育硕士们的短板，往往纠不准，模棱两可，语言模糊就会出现科学性错误，不同的同学之间就会出现认识矛盾。Y 说明氯气是化学性质活泼的气体，用结构决定性质的理论。

【教学片段】

【Y 讲述】我们都知道结构决定性质，同学们都比较熟悉氯原子的原子结构，请同学们画出氯原子的原子结构示意图，我们来分析一下氯原子的结构。

【Y 边讲边板书】画好了吧？我们一起看看，氯原子是多少号元素？质子数为……？17，核外有 17 个电子，排布为 2、8、7。最外层有 7 个电子，非常容易得一个电子达到稳定结构，所以，氯气的化学性质就比较活泼，表现为得电子的强氧化性。

【Y 板书】氯气的强氧化性。

（Y-GF-SK-1）

【同伴干预片段】

化学教育硕士 Q 评价："结构决定性质这块，我觉得是有问题的，氯气的结构并不是氯原子的结构，氯原子的性质也不是氯气的性质吧？"Y 同意 Q 的看法，但也有疑问："氯原子的最外层是 7 个电子，没达到稳定结构，所以易得一个电子，一旦构成氯分子了，就通过共用电子对到达了 8 电子稳定结构，都稳定了，化学性质还活泼吗？"一个根本性问题被提出后，现场一片寂静，大家都疑惑了，于是研究者依然告诉大家："想不通的地方做好标记，回去查阅资料，现在讨论下一个问题。"

Q 继续说："最外层 7 个电子能说明易得电子吗？得电子了能说明强氧化性吗？"Z 认为不能："比如碘原子，或者卤素的最后一种元素砹元素呢？"这回 Y 点头表示认同了，于是决定改进这部分。

除此之外，教态上和板书规范性也都有所提及，但在规范期由于大家的不熟悉，又是同学关系，往往是不好意思说不足，这样的"热烈的讨论"也相对较少，大多是点头表现"我听见了，也记下去了"，但是不代表"我认同了"。在研究者的监督和督促下，连续多次的讨论后，大家熟悉了，情况有所好转，至少自己的不同看法可以大胆提出来了。

3. 教学论专家干预过程

经过化学教育硕士同伴的打磨，教学设计基本成型，规范性有了一定的提高。但在知识的科学性、板书和多媒体之间的配合以及教学知识的选择和组织上还是有一定的不足。化学教育硕士将修改后的教学设计熟练后，在专家和同伴面前进行模拟授课。专家磨课阶段，化学教育硕士进行模拟授课，专家与化学教育硕士同伴共同现场听课。

（1）专家调动所有教育硕士参与评价

经过几次共同研讨发现，当教学论专家在场时，化学教育硕士同伴是不敢轻易说话的，怕被连续追问，怕说错，因此真正的感受会有所保留。教学论专家在评课前会先让化学教育硕士同伴发表自己的评价，然后在其基础上进行补充评价，同时评价化学教育硕士同伴评课的科学性。接着解答简单的疑惑，但是有点深度的问题，都不会直接回答，一定要让教育硕士同伴自己去寻求解决路径，找到问题所在。

如在 Q 在氯气与金属反应后进行总结时提到金属活泼性和氯气具有强氧化性。

【教学片段】

【Q 讲授】氯气可以和钠、铁、铜发生化学反应，可以推出氯气的第一点化学性质，与金属反应。

【Q 板书】1. 与金属反应

【Q 讲授】那么，钠、铁、铜的活泼性相同吗？对，因为它们在金属活动顺序表中位置不同。那么，氯气能和活泼性不同的金属反应，说明它的氧化性强还是弱啊？好，强。氯气在与铁反应的时候也体现了这点，能够把铁氧化成最高价的氯化铁。

（Q-GF-SK-3）

教学论专家听后问道："能和钠、铁、铜发生化学反应，就可以推出氯气与所有金属反应?"专家停顿一下,看着大家的反应,又说:"金属的活泼性不同,是因为在金属活动顺序表位置不同?"大家脸上露出疑惑的神情,面面相觑,似乎说"不对吗?"专家看着大家的表情,再问:"能和活泼性不同的金属反应,就说明氯气的氧化性强?"给了大家思考时间后又问想明白了吗? 第一个问题,Q 想清楚了,语言不严密,应该是氯气可以与某些金属反应,而不是全部。第二个问题却没有弄明白,就把求助的眼神投向其他同伴,Z 说:"从字面看,金属活泼性和金属活动性是不同的,记忆里好像也是不同的,好像一个是溶液中与非氧化性酸反应的顺序,一个是电极电势算出来的。"其他人被启发了,开始往这个方向想,但是没有结果……专家说:"这就是学科理解,必须要挖到本质,科学阐述,不能顺嘴随便说,那就回去查。那下一个问题呢? 清楚吗?"Y 和 Z 一起说:"硫也能和它们反应,但不是强氧化剂。"

专家说话时候,化学教育硕士小心翼翼地,不敢说话,怕说错了。而专家却抛出问题后,就是要所有化学教育硕士同伴都参与进来,共同学习进步。

除了教学知识准确性外,专家对教学内容的选择也提出建议:"不用讲太多内容,不要随便增加难度,这节课就讲到氯气与金属反应就行,与氢气反应可以不讲。"对板书的设计、化学表征的规范性等进行了补充评价。

(2) 专家听评"两报告"

如何能够上好一堂课,必须通过相关文献的查阅,能挖出学科的本原,即进行学科理解文献综述,形成报告进行汇报;想要设计一堂好课,不能闭门造车,一定是踩着前人的脚印走的,取长补短。所以在进行教学设计前,就要搜寻相关的文献进行梳理,即教学设计文献梳理,形成报告进行汇报。

①学科理解文献综述报告

教学论专家 Z 老师提出:"学科核心素养的落实,最重要的就是做好学科理解,把握教学知识背后的根,本原性,最本质的魂。把死知识

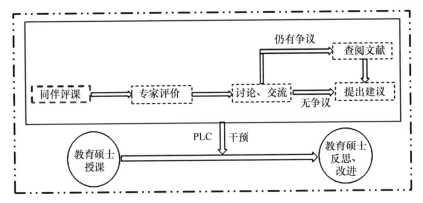

图 5-1-5　规范期专家干预过程

变活，能迁移，能解决问题。"学科理解报告就是根据"氯气"的主题，挖掘相关的化学本原，将其结构化暗含在教学设计中，发展学生学科思维。学科理解知识不是要给学生讲授的知识，而是教师驾驭学科主题授课的内涵底蕴，是教师专业知识之中很重要的一部分。学科理解的深度挖掘，很大一部分依靠大学教材，但绝对不是大学教材的堆积，而是结合中学教学，教学化了的学科知识深度理解。

　　三位化学教育硕士合作的学科理解报告由 Q 进行汇报，第一次做学科理解报告，还抓不住要点，主要看关于氯气的学科理解是否规范。

表 5-1-2　　　　　　　　　　**规范期氯气的学科理解报告**

氯气的强氧化性：
氯的电负性是 3.0，仅次于氟和氧，在化学反应中表现出很强的氧化性，是一种活泼的卤族元素。氯的活泼程度具体体现在与大多数金属和非金属的反应的难易程度、反应速率和现象中。这里主要从原子结构、元素周期律和电极电势分析讨论氯的强氧化性。
原子结构：基态原子的价电子层结构是 ns^2np^5，有 7 个价电子，因此氯原子有获得一个电子形成氧化数为-1 的负离子的倾向，表现出非金属特征。价电子层中存在空的轨道，当同电负性大的元素结合时，它们也参与成键，所以氯可显+1、+3、+5、+7 氧化数，最高氧化数与族数相一致。
元素周期律：同一主族元素，从上到下，氧化性减弱，还原性增强；同一周期元素，从左到右，氧化性增强，还原性减弱。（也可以解释氯气与不同金属和非金属单质反应时的难易程度

　　注：（GF-XKLJBG）。

【规范期专家干预片段】

【专家】先自己说说感觉做得怎么样？这是你们合作的成果吧？

【化学教育硕士】是我们一起做的。感觉抓不住什么东西，到底什么是学科理解？理解什么？我们就从大学教材把有关氯的部分挑出来放一起了。但感觉收获还挺大，以前就觉得将来当高中或者初中老师，大学内容也不讲，没什么用，就没好好学，考试过了就算了。现在回过头来看看大学教材，发现好多东西都挺好的，就是串不起来。

【专家】规范期，大家也是刚刚接触学科理解，之前简单给大家讲了一下，也试着做过，但这确实是挺难。现在就要求大家把学科理解怎么做，体例规范，环节完整，具体内容慢慢感悟，逐渐掌握。大家看，做的是氯气主题的学科理解，首先有几个 Big idea 支撑，比如结构决定性质，那么有什么样的结构，氯气构成？氯元素、氯原子的结构？它们什么关系？决定氯气哪些性质？怎么决定的？

（GF-PK-1）

这是基于学科核心素养落地，教学论专家 Z 教授首次提出，并收录进入《高中化学课程标准》中的最新理念，只有部分教学论专家能做到。

②教学设计文献梳理报告

教学设计文献梳理，也有基本范式，教学论专家根据规范期培养目标做到环节完整、研课规范、内容清晰即可。

专家对研课规范性给予较多的建议，"从教学设计思路进行比较""教学活动设计比较""教学情境创设比较"和"教学策略选择比较"进行化学课的设计研究，即研课规范。

教学论专家干预后，教育硕士对教学内容深度的把握和教学设计的思路都有了一定的认识。除此之外，教学论专家还指出了化学教育硕士同伴没有发现的问题并进行了纠正。

教学设计文献综述

1 ▸ 设计分析报告

2 ▸ 设计思路分析

3 ▸ 亮点采撷

图 5-1-6 规范期专家干预教学设计文献梳理 PPT

第二节 规范期 PLC 干预下化学教育硕士 Q 的 PCK 发展研究

化学教育硕士 Q 毕业于省属师范院校，有着扎实的理论基础和丰富的实践经验，自我效能感很强，乐于思考，勇于创新，还特别会学习，经常找老师聊自己遇到的问题，一脸诚挚地聆听老师的建议，但是特别有思想，绝不盲目听从，消化并内化后，一定会给大家呈现一个惊喜。化学教育硕士 Q 参加过很多教学比赛，自身有一定的 PCK 基础，规范性没有太大问题，她能在规范性干预目标下提升 PCK 整体效果。

一 规范期 PLC 干预下 Q 的 PCK-Map 特点分析

将化学教育硕士 Q 的自磨模拟授课视频文本（Q-GF-SK-1）、化学教育硕士同伴磨课视频文本（Q-GF-SK-2）以及专家磨课后考核文本（Q-GF-SK-3）结合模拟授课视频进行 PCK 编码、统计，绘制 PCK-Map 进行分析。干预情况、PCK 片段以及 PCK-Map 如表 5-2-1 所示。

表 5-2-1 规范期 Q 的 PCK-Map

PLC 干预			PCK 发展		
阶段	主干预人	参与人员	PCK 片段	PCK 要素	PCK-Map
自磨阶段	无	Q	E1 钠与氯气反应	KISR KAS	
			E2 铜与氯气反应	KISR KAS	
			E3 铁与氯气反应	KSC KSU KAS	
			E4 氯气具有强氧化性	KSC KAS	
			E5 氯气与非金属反应	KISR KSC KAS	
			E6 对燃烧的认识	KSU KSC	
同伴磨课	同伴	同伴、Q	E1 钠与氯气反应	KISR KAS	
			E2 铜与氯气反应	KISR KAS	
			E3 铁与氯气反应	KSC KISR KSU KAS	
			E4 氯气具有强氧化性	KSC KAS	
			E5 氯气与非金属反应	KISR KSC KAS	
			E6 对燃烧认识	KSU KSC	

续表

PLC 干预			PCK 发展		
阶段	主干预人	参与人员	PCK 片段	PCK 要素	PCK-Map
专家磨课后考核	专家	专家、同伴、Q	E1 钠与氯气反应	KISR　KAS	
			E2 铜与氯气反应	KISR　KSU KSC　KAS	
			E3 铁与氯气反应	KSC　KSU OTS　KISR	
			E4 氯气具有强氧化性	KISR　KSC KAS	
			E5 对燃烧的认识	KSU　KSC OTS	

PCK-Map 图示（节点与连线）：
- OTS 5
- KSU 8
- KISR 7
- KSC 8
- KAS 3
- 连线标注：2(E3,E5)、2(E3,E5)、1(E3)、2(E2,E3)、1(E2)、3(E2,E3,E5)、2(E2,E3)、1(E2)、2(E1,E2)、2(E1,E2)

对表格呈现的内容进行分析发现，PLC 的干预共分为三个阶段，一是自磨阶段，没有其他 PLC 成员参与；二是同伴干预阶段，由化学教育硕士同伴进行听、评课；三是专家干预阶段，学科教学专家和教育硕士同伴参与，但是进行评课和提供教学建议的主要还是专家。通过分析绘制的化学教育硕士的 PCK-Map，PCK-Map 中主要包含三方面内容，即 PCK 片段数、PCK 要素频次、PCK 要素联系数和 PCK 要素分布。具体分析发现如下。

1. 从 PCK 片段上看，经专家干预后减少了"氯气与非金属"的反应部分，教育硕士 Q 在自磨阶段和专家磨课阶段的主要授课内容略有变化。

化学教育硕士 Q 在同伴干预后，教学设计几乎没有变化，仅仅在某些规范性上有所调整，而专家干预后，反而删减了氯气与氢气反应部分。在听模拟授课时，发现化学教育硕士 Q 的课程内容太散，关联度不强，于是教学论专家建议："规范期的培养目标决定只要教育硕士能规范地上一堂课就可以，内容多少不必考虑。增加了内容，你讲起来反而乱，全是散点，莫不如就抓住一点，充分完整讲出来。"（Q-GF-PK-1）化学教育硕士 Q 提道："专家说内容不必过多，所以为了能好一些地驾驭这节课，我就只选了氯气与金属反应的部分。我自己设计的时候有氯气与非金属的反应，讲的时候就感觉内容太多，讲不透，又太琐碎了，所以后来就把氯气与非金属的反应去掉了，感觉还挺好。"（Q-GF-FS-1，Q-GF-FT-1）而这部分删除后模拟授课整体感觉一体化，逻辑关系也比较清晰。

2. 从 PCK 要素看，在"铁与氯气反应"和"对燃烧的认识"的 PCK 片段中，渗透了科学本质观，OTS 要素不再缺失，有趣的是观察到 KAS 专家干预后 KAS 频次反而减少。

对于评价部分，专家建议道："模拟授课过程，同学要进行配课，但是不能是'神配课'，需要考虑学这节课内容的学生能不能回答，能不能理解，那对应你的评价就不要简单回应，如果这样'好''很好'的评价，反而感觉是老师的口头语了，可能造成即使学生不回答，你也会说'好'等。"（Q-GF-PK-1）化学教育硕士 Q 减少了一些评价后，在访谈中说："因为都是我的同学配课，她们都会，所以我的评价也都是'嗯''对''好'这样的低级评价，怕她们说错了，影响我讲课，老师评课后，我还是不敢让同学说可能错误的答案，我怕我跑偏了，就尽可能地减少这样的口头语。"（Q-GF-FS-1，Q-GF-FT-1）

在"对燃烧的认识"片段中，发现专家干预后化学教育硕士 Q 对"燃烧"认识的深度不同了，并给了认识视角。课程论专家建议道："氯气与金属的三个代表性反应，现象都涉及燃烧，那你在进行燃烧概念扩展时不能只拘于宏观现象和物质在燃烧范围内的分类，什么样的物质能做助燃剂？一定是氧气和氯气吗？别的物质行不行？什么行？应该进入微观本质，比如物质特征、氧还性质、反应类别等。"（Q-GF-PK-1）经过深入思考，化学教育硕士 Q 有了新的认识："在我自己的心目中，今天提到的燃烧和初中的燃烧相比，就是助燃剂不一样了，多个氯气，扩展一下就行了，听了老师的评课，我才知道，还有高锰酸钾、浓硝酸都可以使某些物质燃烧，所以就得把燃烧本质找到，首先我自己构建个模型，以后遇到这样的情况从哪想，怎么想。"（Q-GF-FS-1，Q-GF-FT-1）

3. PCK-Map 看，各阶段的 PCK 要素频次有所不同。把表 5-2-1 中的各干预阶段的 PCK 要素频次进行统计。

最突出的是在专家干预后体现科学本质，在教学价值取向上不再是缺失的，其次是学生学习评价上，专家干预后频次反而降低。

表 5-2-2　　　　　规范期 Q 的各干预阶段要素总频率统计　　　　单位：次

规范期干预阶段	OTS	KISR	KSC	KAS	KSU
自磨阶段	0	4	6	6	3
同伴干预阶段	0	7	7	8	4
专家干预阶段	5	7	8	3	8

研究发现通过同伴干预 KISR 增加相对明显，由 4 次增加到 7 次，KSC 由 6 次到 7 次，KSU 由 3 次到 4 次，KAS 由 6 次增加到 8 次，似乎除了 OTS 都在提高，但程度不同。具体看来，不尽如此。如 KAS 增加，在授课过程中可以看到的都是"很好""对"等诊断式评价或者回应式评价，次数尽管增加，却不是真正的发展。

【教学片段】

【师】铁与氯气在点燃的条件下生成了哪种物质呢？

【生】氯化铁

【师】好，配平。

（Q-GF-SK-1）

这种评价对学生的发展没有任何促进作用，Q 的 PCK 也无法说明得到发展。

当专家干预后，除了 KAS 外，其他要素频次都有所增加。那么，KAS 减少，能否说明评价发展反而退步了呢？具体看授课过程，发现 Q 依然都是简单评价，专家干预后，适当减少了这种评价。在访谈中她说："（教学论专家）老师在给我们上课时，说到一个中学老师，讲课时候只顾自己讲，学生说什么也不理学生，回答得对不对也不说，我就想我别这样，所以，学生说了我就要说一下。后来，老师又说我的是低级回应式评价，多了反而像口头语，必须注意。所以，我又刻意地不说'好''对'了。"（Q-GF-FT-2）

由此可见，要素频次增加和减少并不能说明 PCK 的具体发展如何，有时候，频次降低反而是一种发展。所以，PCK-Map 只能粗略表示出变化，PCK 的发展还要根据资料具体分析。

4. 从 PCK-Map 上看，PCK 要素之间联系紧密程度不同，专家干预后在各 PCK 片段中与其他要素的联系均有所增加。

将 Q 的各干预阶段的 PCK-Map 中的各要素联系数统计分析，见表 5-2-3。

表 5-2-3　　　　　　　规范期 Q 的各干预阶段要素联系数统计

干预阶段	OTS-KISR	OTS-KSC	OTS-KSU	OTS-KAS	KISR-KSC	KISR-KSU	KISR-KAS	KSU-KSC	KSU-KAS	KSC-KAS
自磨阶段	0	0	0	0	1	0	3	2	1	3
同伴干预	0	0	0	0	2	1	4	2	1	3
专家干预	1	2	2	0	2	2	2	3	1	1

同伴干预后增加了 KSC 与 KISR（联系数从 1 变成 2）、KISR 与 KAS（联系数从 3 变成 4）之间的联系，其他要素间联系没有变化，且 OTS 与 KISR、KSC、KSU、KAS 的联系是缺失的。教学论专家干预后增加了 OTS、KISR 和 KSC 三者之间的联系，却减少了 KAS 和 KSC、KAS

和 KISR 之间的联系。可以看出同伴依然关注 KISR 和 KSC，即关注的仍然是"教什么"和"怎么教"；专家更多的是关注所教内容的功能和价值，在"为什么这样教""这样教有什么意义"等的基础上考虑"教什么"和"怎么教"的问题。

化学教育硕士 Q 的教学设计是"通过观察实验视频从氯气与金属 Na、Cu 反应中推断出氯气与 Fe 可以反应，且反应生成三价的氯化铁，然后与氢气反应，扩展燃烧的定义"，没有考虑化学学科核心素养的落实，只是考虑讲什么和怎么讲。即讲什么，讲的是书本知识，不落实素养。怎么讲，一种只考虑自己讲，基于教的教，不是基于学生学的教，另一种是用什么策略讲。

【访谈片段】

【问】你觉得这节课的重点是什么？

【化学教育硕士 Q】就是氯气与金属、与水、与氢气和碱的反应啊。

【问】就打算把这些知识点一个一个呈现出来吗？

【化学教育硕士 Q】对啊，不就是一个一个扎实了，方程式记住了就行了。

【问】（课程专家）Z 老师上课时，讲到化学学科素养，讲了学科理解什么的，结合氯气主题你有什么想法吗？

【化学教育硕士 Q】你不提真没想到啊，以前就想着怎么把书上内容讲给学生，Z（专家）老师总提什么学科本原、知识结构化什么的，但我也没想过去挖学科本原，再说什么是学科本原啊，还是不懂的。

（Q-GF-FT-1）

化学教育硕士 Q 自磨时 PCK 有 6 个片段，但是在专家干预后进行展示时候只有 5 个 PCK 片段，这是因为化学教育硕士 Q 的考核展示比较优秀，没有完全展示就被专家叫停，所以 PCK 片段减少一个。即最后的一个 PCK 片段是有关"通过对学生已有燃烧的基础，总结出氯气也是一种助燃剂"，其中既涉及了"燃烧"这个学生已有知识和迷思概念（KSU），还涉及了对本节课所学氯气的化学性质内容进行抽提，拓宽了燃烧概念的外延（KSC），故在专家干预后增加了KSU-KSC的联系。

二 规范期 PLC 干预下 Q 的 PCK 各要素发展分析

经过自磨、同伴磨课和专家磨课后，化学教育硕士 Q 的 PCK 各要素有显著变化，尤其是针对规范期的 PCK 发展目标有飞速提升。

（一）专家干预后，化学教育硕士 Q 在科学教学价值取向（OTS）上有明显发展

科学教学价值取向（OTS）在教育硕士 PCK 发展中占有统领性地位。化学教育硕士最关注教学内容的呈现，没有意识到化学学科核心素养的落实，既没有教学内容选择观，也没有教学策略观的体现，更没有想过知识的内在联系和本原性问题。通过 PCK-Map 可以看，从磨阶段 OTS 为 0，到专家干预后变为 5，且与 KSU、KSC 都呈现了较弱的联系（联系次数为 2），与 KISR 呈现很弱的联系（联系次数为 1）。

化学教育硕士 Q 带着自己的初次教学设计，志忑地走进录播室，没有 PLC 团队也没有学生听课的情况下，略带紧张地进行模拟授课。将收集的所有资料进行分析，发现化学教育硕士 Q 完全按照教材的内容和顺序进行授课，缺乏对教学内容的选择和组织，也没有根据教学内容对教学策略有所选择，科学教学价值取向（OTS）在整节课中都没有体现，是缺失的。教学设计（Q-GF-JXSJ-1）中在教学本质观方面有提到要对燃烧本质进行教学，让学生深入了解燃烧。

但对模拟授课（Q-GF-SK-1）过程进行观察发现，化学教育硕士 Q 从燃烧现象出发指出"任何发光发热的化学反应都是燃烧"，去除有氧气或空气的限制条件，但燃烧的科学本质却没有落实到物质实质和反应本质上。

【教学片段】

【师】我们今天所学的内容涉及了几个燃烧反应，在初中我们已经

学过有关燃烧的内容，我们知道氧气或空气是助燃剂，那么请同学们再看看我们今天所学的内容，有氧气或空气的参与吗？那么又是哪种物质起到了助燃剂的作用呢？

【生】氯气。

【师】氯气。氯气可以是助燃剂，在以后的学习中我们还会学到在氮气、在二氧化碳以及更多的物质中的燃烧的反应，所以物质不是只有在氧气或空气中才能燃烧，任何发光发热的剧烈的化学反应都是燃烧。

（Q-GF-SK-1）

课堂中提到的燃烧的拓展，除此处涉及外再无其他，而此处化学教育硕士 Q 是从助燃剂和燃烧现象视角出发，即物质的类别与宏观现象进行分析，并没有从可燃物与助燃剂之间反应的本质上进行分析。同时化学教育硕士 Q 在板书上把氯气的化学性质一条一条罗列，也没有显现出燃烧的本质特点，甚至没有体现出拓展后的燃烧的概念。

教学论专家建议"删减氯气与非金属的反应性质部分，把燃烧的内涵扩展开来，从"助燃剂"到"强氧化剂"，从氧化还原反应两个视角给燃烧内涵进行扩展。Q 通过内化后，重新修改教学设计，有意识地尝试去做了燃烧的本质解析。

【教学片段】

【师】在初中学过燃烧，我们知道氧气或空气是助燃剂，那么请同学们再看看我们今天看到的燃烧，有氧气或空气的参与吗？那么又是哪种物质起到了助燃剂的作用呢？助燃剂起到什么作用？燃烧的本质是什么呢？

【生】氯气。

【师】氯气。氯气可以是助燃剂，在以后的学习中我们还会学到在氮气、在二氧化碳以及更多的物质中的燃烧的反应，所以物质不是只有在氧气或空气中才能燃烧。前面我在学习反应分类时候，尤其是氧化还原反应时候，提出氧化还原的视角从初中的物质视角，到元素化合价视角，最后到电子视角，从多视角分析物质和反应。那么，对于燃烧反应，同学们可以从哪些视角进行分析呢？

【生】从物质分类和反应现象。

【师】好。那我们先尝试从物质分类进行分析，氯气、氧气等从化合价分析属于哪类物质？

【生】强氧化剂。

【师】强氧化剂。那么这几个反应有属于什么反应类型呢？氧化还原反应。现象呢？

【生】剧烈的发光发热。

【师】所以，什么是燃烧？就是有强氧化剂参加的有剧烈的发光发热现象的氧化还原反应是燃烧反应。

（Q-GF-SK-2）

该 PCK 片段中发现，化学教育硕士 Q 引导学生从已有"燃烧的可燃物与助燃剂"进行了分析，再从"助燃剂"的特点分析，抽提出"燃烧"的概念。化学教育硕士 Q 经过自我反思后，在燃烧的科学本质上有所体现，表现在原燃烧概念基础上，基于氧化还原视角对燃烧反应的反应物进行物质类别分析。在教学价值取向上有很大的进步，但是仍然还不是很深刻。

专家干预时介于规范期的培养目标，对燃烧本质的问题稍稍提到，Q 就马上敏感起来燃烧的科学本质（OTS），于是进行学科理解文献查阅，进行了教学反思，教学设计修改，主动自觉地去追寻科学本质。专家干预后，化学教育硕士 Q 在反思中提到："在我自己的心目中，今天提到的燃烧和初中的燃烧相比，就是助燃剂不一样了，多了氯气，扩展一下就行了，听了老师的评课，我才知道，还有什么高锰酸钾啊、浓硝酸啊都可以使某些物质燃烧，所以就得把燃烧本质找到，首先我自己构建个模型，以后遇到这样的情况从哪想，怎么想。"（Q-GF-FS-2）她不仅仅在"燃烧"这一个概念上有了自己的想法，还想构建一个认识模型，迁移到其他情况时能利用这个模型进行科学本原化、科学本质的探查，实属难得。

同时，专家干预时候提道："教材内容编排是有目的的，考虑一下教材中为什么要先进行 Na 与 Cl_2 的反应，然后是 Fe，最后是 Cu 的？但是一定按照教材讲吗？你有什么想法？"（Q-GF-PK-2）经过思考，化学教育硕士 Q 改变了教学知识前后顺序。

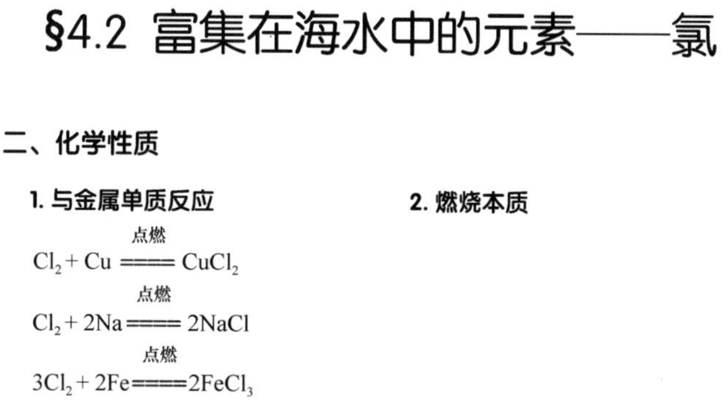

§4.2 富集在海水中的元素——氯

二、化学性质

1. 与金属单质反应

$$Cl_2 + Cu \xrightarrow{\text{点燃}} CuCl_2$$

$$Cl_2 + 2Na \xrightarrow{\text{点燃}} 2NaCl$$

$$3Cl_2 + 2Fe \xrightarrow{\text{点燃}} 2FeCl_3$$

2. 燃烧本质

图 5-2-1　规范期自磨阶段 Q 教学设计片段 1

她认为："在所有金属元素中选择这三种元素，除了可以考虑按照金属活动顺序，从活泼金属到中等活泼金属再到不活泼金属的顺序，也可以从区域的角度去想，中等不活泼金属 Cu 能与 Cl_2 反应，活泼金属 Na 也能，那中间的金属是不是就都可以呢？再给出 Fe 的，相当于给学生一个模型，区域性、区间性，同时也体现了 Z 老师说的化学中的'是否所有的……都……'的科学探究思维。"（Q-GF-FT-3），这样的选择也明显表现出化学教育硕士 Q 的教学内容选择和组织观念（OTS）的提升。

（二）PLC 干预下化学教育硕士 Q 的科学知识准确性（KSC）有所发展

教学内容是承载一切能力、素养的载体，若要课堂发展学生学科核心素养，就要对"科学课程知识"（KSC），包括横向知识和纵向知识进行充分了解，深入发掘。规范期主要教学用语科学规范、教学知识准确科学，包括横向知识和抽提化学学科一般规律等。

通过 PCK-Map 发现，化学教育硕士 Q 的 KSC 从自磨阶段的频次 6 到同伴干预的 7 再到专家干预后的 8，变化不大但有所提升。

化学教育硕士 Q 在进行氯气分别与金属钠、铜反应后，让同学们进行比较分析，先得出与铁反应，然后归纳出"氯气可以和大多数金属反应"，并在后面的学习中继续带学生抽提出"氯气具有强氧化性"等。专家磨课阶段依然没有对科学课程知识方面进行评价，仅仅针对教学内容可以上升到素养取向做了相关建议。Q 将整堂课知识仅仅以知识散点呈现，关键的思维和抽提的规律等重要内容在板书上并没有重点呈现。所以，化学教育硕士 Q 在教学课程学科知识的处理、素养认识模型的抽提、所学内容的结构化还不是很到位。从板书设计上看（如图 5-2-2）：

§4.2 富集在海水中的元素——氯

二、化学性质

1. 与金属单质反应

$$Cl_2 + Cu \xrightarrow{\text{点燃}} CuCl_2$$

$$Cl_2 + 2Na \xrightarrow{\text{点燃}} 2NaCl$$

$$3Cl_2 + 2Fe \xrightarrow{\text{点燃}} 2FeCl_3$$

2. 与非金属单质反应

$$Cl_2 + H_2 \xrightarrow{\text{点燃}} 2HCl$$

3. 燃烧本质

图 5-2-2　规范期自磨阶段 Q 教学设计片段 2

本教育硕士 Q 把"氯气"主题下的教学重点和难点都确定成逐个知识散点，这些知识的内在联系是什么则没有呈现。

表 5-2-4　　规范期自磨阶段 Q 教学设计片段

【教学重点】	Cl_2 的化学性质（与金属、非金属反应）
【教学难点】	Cl_2 的化学性质（与金属、非金属反应）

注：（Q-GF-JXSJ-2）。

（三）PLC 干预下教育硕士 Q 的 KISR 发展极快

课堂教学策略是每位教师尤其是职前教师都很关注的"怎么教"，用什么方式、方法、策略讲，所以职前教师和新手教师尤其关注课堂教学活动的设计、表征方法等。

化学教育硕士 Q 在规范期的元素化合物的主题下，想到比较多的就是化学实验，并用化学方程式进行表征，因属于模拟授课，所以考虑比较多的还是实验视频。在本次授课过程中，但凡涉及氯气的化学实验，都采用了实验视频或者图片手段来呈现。

化学教育硕士 Q 的教学教态、语音语调都很规范，很有教师范儿，在自磨阶段就表现很优秀。化学教育硕士同伴在观课后建议："化学方程式的书写最好让在黑板上书写，而不是仅仅在 PPT 上展示，还有书写时生成符号'━━'不能一次就写出来，要先写一条，配平完成才能填第二条。"（Q-GF-PK-1）教学论专家也提道："元素符号的书写不应该像英文一样写成斜体、手写体，板书的标题标号是三段式，不应该随意，标号后面有没有标点符号，什么时候是'顿号（、）'，什么时候是'点（.）'什么时候是'句号（。）'，作为化学教师，这是必须要规范的。"（Q-GF-PK-2）由此，经同伴和教学论专家干预后化学教育硕士 Q 的在化学表征（KISR）上有了改进。

化学教学中教师会根据实际情况进行教学策略的选择，包括教学活动选择、教学情境创设等，比如学生讨论、学生实验、演示实验和实验视频展示等。化学教育硕士 Q 对选择化学实验视频展示帮助学生认识氯气化学性质："本节课是非金属元素化合物知识中比较重要的一节课，所以在教学过程中更侧重于相应知识点的落实。例如在实验探究中，由于模拟课堂教学的局限性，本应让学生自主动手实验，增强学生的自主能动性，但是我只能采用多媒体演示实验，现象直观，学生易理解并记住。"（Q-GF-FS-2）

化学实验是化学中最重要的探究和证明手段，当资源不足或者条件有限时，可以用模拟实验或者实验视频替代。化学教育硕士 Q 在授课中边播放铜丝在氯气燃烧的实验视频，边讲解，教学论专家说道："实验视频在播放时候不要讲解，因为学生在观看时候会伴随思考，讲解会干扰学生……"（Q-GF-PK-2）之后化学教育硕士 Q 进行了认真的记录，考核中完美纠正了这些不足。

（四）PLC 干预对 KSU 和 KAS 有一定促进

规范期化学教育硕士的 PCK 发展目标是 PCK 中的 OTS、KISR 和 KSC，但 PCK 各要素之间并非孤立的，直击化学教育硕士 PCK 这三个要素时干预也必然会影响其他要素的发展。

1. 化学教育硕士 Q 的 KSU 发展明显

规范期是在高校中模拟备课和授课，并没有真实的学生参与课堂，但所有的教学内容的选择和组织，教学策略的选择和实施，都和学生已有知识、已有经验、迷思概念、学习兴趣和最近发展区等息息相关。

化学教育硕士 Q 对真实学生的了解是肤浅的，虽也没有具体分析"氯气"主题下的学生的学情特点，但化学教育硕士 Q 从教育学、心理学视角泛泛地分析了学生现阶段的具体情况。

学生已有的知识，主要利用所学的教材知识进行分析以及梳理文献的方式，作为自己对学生理解科学的情况的了解。首先 Q 认为，学过了就是学生已有知识，对学过和学会的区别缺乏一定认识；其次 Q 认为前面学过的所有知识都算成"氯气"主题下的学生已有知识，没有关注"相关"的"学生已有知识"；最后认为迷思概念应该是老师讲错的概念，所以对燃烧这样一个迷思概念没有和学生原有知识做关联。Q 的认知本身就存在一定误区。

【教学设计文献梳理片段】

学生已有知识：

初中已经学习了非金属单质氧气的化学性质和氯的原子结构示意图，本节以前已经学习了化学实验的基本方法、物质的分类、离子反应、氧化还原反应和金属及其化合物的知识。

学生的障碍点分析（1）：

氯水的成分以及氯气跟水反应原理在教学中历来是困扰大部分学生学好化学的拦路石。

障碍点突破（1）：

帮助学生联系学生的生活实际来理解次氯酸等物质。

（Q-GF-JXSJSL-1）

教学论专家磨课阶段重点干预课堂教学规范性，也会因为对化学教育硕士 Q 教学内容等的指导而涉及学生已有知识。化学教育硕士 Q 在进行铁和氯气反应时直接告诉学生生成了氯化铁，认为这就是"实验事实"，事实知识学生记住就行了。教学论专家指出："铁和氯气反应一定生成氯化铁吗？学生知道铁有变价，那到底生成什么？怎么讲，是先讲铁有变价，和氯气生成三价铁还是先看实验？要根据学生的兴趣点和障碍点进行选择。"（Q-GF-PK-2）于是化学教育硕士 Q 深入思考后，更改了教学设计，针对学生已有知识和兴趣点提出几个关键问题，激发学生思考，再进行实验视频播放。PCK-Map 中则明显表现了 KSU 的发展。

2. 化学教育硕士 Q 的 KAS 因其他要素发展而变化

化学教育硕士 Q 在对学生科学学习评价方面，有意识地努力去做评价。但是抓不住要点，无论是什么样的问题，学生回答后的评价都属于简单回应式评价。当然，为了模拟课堂的顺利进行，为了让"学生"能说出她要的答案，她还和教育同伴"彩排"一下，使得课堂按照预想顺利进行，并且只要学生有回答或操作，Q 就进行评价，"好""非常好"是最常用的评价语言。"（课程专家）老师在给我们上课时，说一个老师，讲课时候只顾自己讲，学生说什么也不理学生，回答对不对也不说，我就想我别这样，所以，学生说了我就要说一下。"（Q-GF-FT-2）由此可见仅有评价意识还是不够。在专家的指导下，意识到评价的方式和是否应该评价有了一定的认识，可是具体实施的时候还是不能把握，应该怎么评价，评价什么。学生回答问题后，Q 保证她会对学生进行评价，并认为当她要接过来话语权的时候也应该有句话，所以把

"好""嗯""很好"作为连接语言，并形成了习惯，甚至自己也不知道是想评价学生说得对、说得好，还是为了把话接过来。

访谈中化学教育硕士 Q 说："老师，学生本来……这就是模拟课，他们（教育硕士同伴）假装学生配课，就感觉怪怪的，让他们回答完问题后，我就不知道该怎么做了。然后呢，他们又都回答对了，我就觉得我只能说'嗯''很好'什么的（不好意思的样子），就当作他们说完了，该我接着讲课了……但是老师说了，不要那么多废话，评价要有质量，我好像做不到啊（不好意思的表情）。"（Q-GF-FT-2）

化学教育硕士 Q 觉得就是因为没有真实学生，如果有真正的学生，她的这些问题可能就不是问题了，所以在 PCK-Map 看，KAS 有变化，而且是频次是减少的，却也说明化学教育硕士 Q 在"学生学习评价知识"方面是有一定的发展的。

第三节　规范期 PLC 干预下化学教育
硕士 Y 的 PCK 发展研究

化学教育硕士 Y 毕业于省属师范院校，有着比较扎实的理论基础和一定实践经验，自我效能感很强，属于被动勤奋学习类型，如果老师提出建议，她都会进行修改，自己的想法较少，其自身有一定的 PCK 基础，规范性没有太大问题，她在规范性干预目标下的 PCK 提升并不显著。

一　规范期 PLC 干预下 Y 的 PCK-Map 特点分析

将化学教育硕士 Y 的自磨模拟授课视频文本（Y-GF-SK-1）、化学教育硕士同伴磨课视频文本（Y-GF-SK-2）以及专家磨课后考核文本（Y-GF-SK-3）结合模拟授课视频进行 PCK 编码、统计，绘制 PCK-Map 进行分析。干预情况、PCK 片段以及 PCK-Map 见表 5-3-1。

表 5-3-1　　　　　　　　　　　　规范期 Y 的 PCK-Map

PLC 干预			PCK 发展		
阶段	主干预人	参与人员	PCK 片段	PCK 要素	PCK-Map
自磨阶段	无	Y	E1 氯气物理性质	KSU　KAS	
			E2 氯气和钠反应	KISR　KAS	
			E3 氯气与铁反应	KISR　KAS	
			E4 氯气与铜反应，总结得出能与金属反应	KSC　KAS	
			E5 氯气强氧化性	KSU　KSC	
			E6 燃烧新认识	KSU　KSC	
同伴磨课	同伴	同伴、Y	E1 氯气物理性质	KISR　KSC KSU	
			E2 氯气和钠反应	KISR　KAS	
			E3 氯气与铁反应	KISR　KAS	
			E4 总结得出能与金属反应	KISR　KSC	
			E5 氯气强氧化性	KSU　KSC	
			E6 燃烧新认识	KSU　KSC	

PLC 干预			PCK 发展		
阶段	主干预人	参与人员	PCK 片段	PCK 要素	PCK-Map
专家磨课	专家	专家、同伴、Y	E1 氯气物理性质	KISR KSC KSU KAS	
			E2 氯气和钠反应	KISR KAS	
			E3 氯气与铁反应	KISR KAS OTS	
			E4 总结得出能与金属反应	KISR KAS KSC	
			E5 氯气强氧化性	KSU KSC KAS	
			E6 燃烧新认识	KSU KSC KAS	

对表格呈现内容进行分析发现，PLC 干预共分为三个阶段，一是自磨阶段，没有其他 PLC 成员参与；二是同伴干预阶段，由化学教育硕士同伴进行听、评课；三是专家干预阶段，学科教学专家和教育硕士同伴参与，但是进行评课和提供教学建议的主要还是专家。通过分析绘制的化学教育硕士的 PCK-Map，具体发现如下。

1. 从 PCK 片段上看，化学教育硕士 Y 在科学态磨课阶段的主要授课内容几乎没有发生变化。

在听化学教育硕士 Y 的模拟授课时，教学论专家对化学教育硕士 Y 说过："Y，你的内容有物理性质部分，整体比较完整，内容不必删减。"（Y-GF-PK-1）所以化学教育硕士 Y 在专家干预教学设计几乎没有改变，反思中写道："专家说我的内容比较完整，也不必过多，所以我的教学内容也就没有改动。而且刚刚'背'熟练了，要改的话，我怕自己记不住，不熟练（不好意思地笑）。"（Y-GF-FS-1，Y-GF-FT-1）

2. PCK 要素看，化学教育硕士 Y 在 PLC 干预下的 PCK 全面提升。

教学论专家在听化学教育硕士 Y 的模拟授课时，发现 Y 只是自己在背书，背教学设计，语调并不很适合课堂教学，语速很快，和其他教育硕士既没有语言交流也没有眼神交流。教学论专家评价："模拟授课过程，是模拟'真实授课'，想象成你在班级授课。但是 Y 你的模拟授课几乎就是自己在讲，语速太快，填鸭式的课堂问题很大啊，这也不关注学生啊，你得需要注意了。"（Y-GF-PK-2）但是化学教育硕士 Y 参加过多次比赛，这不像她应该具备的教师素养。在访谈中化学教育硕士 Y 说："因为紧张，加上都是我同学配课，他们都会，所以我一问问题，感觉大家就都说出来了，所以就没有叫同学回答。老师评课后，我还是不敢让同学说可能错误的答案，我总怕耽误时间，不敢叫学生答（有点不好意思），而我一紧张，语速就快！"（Y-GF-FS-1，Y-GF-FT-1）

在"对燃烧的认识"片段中，针对自磨阶段 OTS 的缺失，教学论专家干预中重点指出对"燃烧"认识要有深度："Y，你也是和 Q 一样，需要进行燃烧概念扩展，从本质上探讨燃烧。也不能只拘于宏观现象和物质在燃烧范围内的分类，重复的我就不说了。"（Y-GF-PK-2）但是化学教育硕士 Y 由于自身的水平和能力有限，给出了在初中概念基础上的扩展，没有进行本质探讨："在老师评课后，我也想把燃烧的本质挖掘一下，但是，查了文献，还是觉得这样更直观，有利于学生记忆，反正也不是重点内容。"（Y-GF-FS-1，Y-GF-FT-1）化学教育硕士 Y 的科学本质观方面依然有缺失。

3. 从 PCK-Map 看，PLC 干预后各 KSC 和 KISR 要素总频次提高显著，但 PCK-Map 上可以看出，教育硕士 Y 在 OTS 上提升幅度最小。

表 5-3-2　　　　　规范期 Y 的各干预阶段要素总频率统计　　　　单位：次

规范期干预阶段	OTS	KISR	KAS	KSC	KSU
自磨阶段	0	3	5	3	3
同伴干预阶段	0	4	5	3	4
专家干预阶段	2	7	10	8	7

发现通过同伴干预 KISR 和 KSU 总频次稍有增加，均由 3 次增加到 4 次；OTS、KSC 和 KAS 都没有发生变化，总频次分别为 0 次、3 次和 5 次。如 KAS 总频次虽然较多，但在授课过程可以看到的都是"很好""对"等诊断式评价或者回应式评价，总频次尽管增多，却不是真正的发展。可以看出化学教育硕士同伴依然以怎么教为核心进行干预。

专家干预后 OTS 总频次从 0 次增加到 2 次，以 KAS 与 KSC 增加为核心，各要素都有所发展，可以看出专家干预是针对 Y 与学生的互动上，进行教学策略的干预指导。

化学教学论专家在听课后，评价："知识点之间逻辑关系一点没有结构化，你这是完全照书讲，没有教学内容选择和组织过程，没想过怎么讲更合理吗？"（Y-GF-PK-2）回来反思后，化学教育硕士 Y 说："我记得我的化学老师在讲课时候就是这样，讲完一个知识点，就说'我们接着学习什么什么'，没想过还要把知识结构化了，串成线。以前，就想着怎么把书上内容讲给学生，没想过去挖什么学科本原，怎么结构化的，现在老师说了，我也觉得特别对，但是就是不知道怎么做，又怎么融入教案里。"（Y-GF-FT-2）

这里可以看出 Y 没有考虑化学学科核心素养的落实，只是考虑讲书本知识，不仅不关注科学本原，就连教学内容如何选择和组织都没有考虑，专家干预后变化也不是很多，所以 OTS 依然比较单薄。

4. 从 PCK-Map 上看，PCK 要素之间联系紧密程度不同，专家干预后在各 PCK 片段中都减少与其他要素的联系，要素之间联系紧密程度有小幅度提升。

将 Y 的各干预阶段的 PCK-Map 中的各要素联系频次数统计分析，见表 5-3-3。

表 5-3-3　　　　规范期 Y 的各干预阶段要素联系频次数统计　　　　单位：次

干预阶段	OTS- KISR	OTS- KSU	OTS- KSC	OTS- KAS	KISR- KSU	KISR- KSC	KISR- KAS	KSU- KAS	KSC- KAS	KSU- KSC
自磨阶段	0	0	0	0	0	0	3	1	3	2
同伴干预	0	0	0	0	1	0	3	1	3	2
专家干预	1	0	0	1	1	2	3	3	3	3

同伴干预后增加了 KSU 与 KISR（联系频次数从 0 次变成 1 次）之间的联系，且 OTS 与 KISR、KSC、KSU、KAS 的联系是缺失的。教学论专家干预后增加了 KISR 和 OTS、KSC 以及 KAS 之间的联系，KSC 和 KSU 之间的联系也有所增加，其他要素间联系没有变化。可以看出同伴依然是关注 KISR 和 KSC，即关注的仍然是"教什么"和"怎么教"；专家更多的是关注所教内容的功能和价值，在"为什么这样教""这样教有什么意义"等的基础上考虑"教什么"和"怎么教"的问题。

二　规范期 PLC 干预下 Y 的 PCK 各要素发展分析

经过自磨、同伴磨课和专家磨课后，化学教育硕士 Y 的 PCK 各要素有一定变化，尤其是针对规范期的 PCK 发展目标有所提升。

（一）专家干预后化学教育硕士 Y 在 OTS 上稍有提升

自磨阶段化学教育硕士 Y 在科学教学价值取向（OTS）上是严重缺失的，化学教育硕士同伴对其并没有促进作用，即使专家在 PLC 干预阶段已经明确指出，Y 体会到"燃烧"的科学本质，却没有实现 OTS 的快速发展。

当化学教育硕士 Y 第一次紧张走进录播教室展示自己的初次教学设计，没有 PLC 团队也没有学生听课的情况下，完整地完成了模拟授课。同伴干预后仅仅针对 PPT 做了少许改动，接着是学科教学论专家和教育同伴听课，由专家进行评课并提出建议。将收集的所有资料进行编码、分析，结果发现在科学教学价值取向（OTS）仅仅在氯气与铁的反应时，略有改变，表现出教学内容的组织，在整节课中再没有体现，即是相对薄弱的。

化学教育硕士 Y 在教学设计（Y-GF-JXSJ-1）中明确指出对燃烧本质进行教学，但在流程中对燃烧本质的解释是助燃剂的视角，很明显没有达到科学本质的要求。

【教学设计片段】

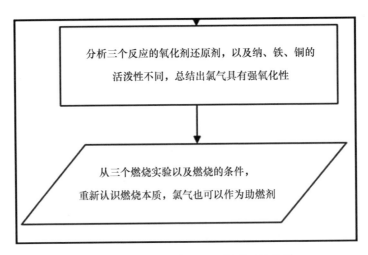

分析三个反应的氧化剂还原剂，以及纳、铁、铜的活泼性不同，总结出氯气具有强氧化性

从三个燃烧实验以及燃烧的条件，重新认识燃烧本质，氯气也可以作为助燃剂

图 5-3-1　规范期自磨阶段 Y 教学设计片段 1

专家干预后模拟授课（Y-GF-SK-3）过程进行观察，发现燃烧的科学本质依然没有落实到物质实质和反应本质上。

【教学片段】

【师】我们刚才的三个实验都属于燃烧反应。以前学过，燃烧需要哪三个基本条件呢？

【师】这三个反应的可燃物就是钠、铁、铜，反应前在酒精灯上加热就是为了达到它们的着火点，那么助燃剂是什么呢？我们之前学过的助燃剂就只有氧气，那这三个反应有氧气吗？没有，那助燃剂是什么呢，大家想一下。对，就是氯气。也就是说不仅是氧气，氯气也可以作为燃烧反应的助燃剂。以后我们学习的其他物质也可以作为助燃剂。（Y-GF-SK-2）

课堂中提到的燃烧的拓展，只在该 PCK 片段处有所涉及，并且是从助燃剂和燃烧现象视角出发，即物质的类别视角进行分析。同时板书上氯气的化学性质一条一条罗列，也没有显现出燃烧的本质特点，甚至没有体现出拓展后的燃烧的概念。

（二）PLC 干预下化学教育硕士 Y 的 KSC 显著提升

化学教育硕士 Y 在教学设计和实施时，最关注的还是知识本身，并且只关注教材中的内容，没有加入自己的思想和视角。在氯气与金属的反应中，教材中是在分别列举了氯气与金属钠、铁、铜反应后，然后归纳出"氯气可以和大多数金属反应"，并抽提出"氯气具有氧化性"等。化学教育硕士 Y 自己对教材如此编排没有任何异议，也没有思考教材如此编排的意图。

化学教育硕士 Y 将整堂课知识点都以知识散点呈现，关键的思维和抽提的规律等重要内容在板书上并没有重点呈现。教育硕士 Y 在教学课程学科知识的处理、素养认识模型的抽提、所学内容的结构化都需要尽快加强提升。

化学教育硕士 Y 把"氯气"主题下的教学重点和难点都确定成为逐个知识散点，没有呈现这些知识的内在联系到底是什么。

【教学设计片段】

表 5-3-4　　　　　　规范期自磨阶段 Y 教学设计片段 2

【教学重点】	Cl_2 的化学性质
【教学难点】	Cl_2 的化学性质

注：（Y-GF-JXSJ-1）。

专家干预后能理解教材编写意图，当问及这节课的重点是什么？你的教学设计教学顺序是什么？为什么这样做？时；化学教育硕士 Y 回答道："就是氯气的化学性质呗，也就是氯气和钠铁铜反应的条件、现象和产物，还有化学方程式的书写。我先讲了氯气和钠，然后和铁，最后是和铜反应。我就按照书上的顺序，因为不能把和所有金属的反应都讲了，就选了三种代表性的，活泼的、中等活泼和不活泼的，这样在这个范围内的就都能反应。"（Y-GF-FT-1）

从访谈中可以看出，Y 并没有进行深入的教材分析、课标分析，且教学设计中的教材分析并不深入。教材中这样安排顺序，其实可以为学生构建多视角，比如可以按照金属活动顺序，选取代表性金属与氯气反应，并由此抽提出氯气可以和大多数金属反应，具有氧化性，且强氧化性；也可以先选择金属钠和金属铜与氯气反应，然后让学生进行证据推理，推测氯气与铁的反应，进行实验验证，再基于此抽提出氯气可以和大多数金属反应，具有氧化性且是强氧化性。

表 5-3-5　　　　　　规范期自磨阶段 Y 教学设计片段 3

【教材分析】	本课题为新课标人教版高中化学必修 1 第四章《非金属元素及其化合物》中的第二节"富集在海水中的元素——氯"（第一课时）从研究方法看，氯气是典型的非金属，本节学习化学特有的科学方法"结构决定性质，性质影响其存在制备和应用"，对以后研究其他非金属及其化合物具有指导意义。从教育目的看，氯及其化合物在生活、生产上具有广泛的应用，研究它更具有现实意义

注：（Y-GF-JXSJ-1）。

化学教育硕士 Y 在 KSC 提升主要表现在科学知识规范准确上，在进行氯气与铜反应实验视频展示时，讲解"铜和氯气反应，产生黄色烟雾""将黄色烟雾导入盛有水的集气瓶中，溶液蓝色"，等等，看似无足轻重，但是里面包含着严重的科学错误，"烟"是固体小颗粒，"雾"是小液滴，产物状态不同，现象不同。烟雾不能直接从导管导出，因其在导管中遇冷凝结为固体，易于堵塞导管；而氯化铜溶于水的颜色和浓度与络合反应有关，不是单纯的蓝色，需要说明浓稀溶液表面络合情况。专家指出这些问题后，化学教育硕士 Y 立即记下，反复理解并记忆，后面考核时表现很好。

（三）PLC 干预下化学教育硕士 Y 的 KISR 明显提升

在规范期的"元素化合物"的主题下，化学教育硕士 Y 想到的比较多的就是化学实验，因为属于模拟授课，所以考虑比较多的还是实验视频。在模拟授课过程中，但凡涉及化学实验的，都采用了实验视频手段来呈现。自磨阶段和专家磨课阶段化学教育硕士 Y 的教学策略知识没有拓展，专家没有对化学教育硕士 Y 的教学策略进行评价和提出建议。化学教育硕士 Y 自身的有关教学策略的理论基础相对比较匮乏，能想到的策略就是化学实验。

【教学反思片段】

本节课属于非金属元素化合物知识，具有代表性的非金属元素是氯，非金属的性质一般就看能和哪些物质反应。由于是模拟课堂教学，本应属于学生实验也只是采用多媒体演示实验，这样形象直观，学生容易理解。

（Y-GF-FS-2）

【访谈片段】

【问】你考虑过哪些策略或者方法能帮助学生落实本节课的教学内容了吗？

【化学教育硕士 Y】我也考虑了，但是我觉得化学主要还是实验吧？除了实验我也想不出别的合适的了。

【问】是想不出合适这节课的教学策略呢，还是就不清楚教学策略有哪些？

【化学教育硕士 Y】（不好意思的样子）其实，我真的不清楚教学策略包括什么，比如讲授式和启发式和探究式是不是教学策略？

（Q-GF-FT-2）

化学教育硕士 Y 在教学策略方面的缺失很严重，亟须补充有关教学策略的理论基础和实践经验。

化学教育硕士 Y 尽管参加过一些比赛，但是基本规范还是有很多不足，初次试讲时，板书水平较差。

经专家干预后尽管字仍然不美观，但是相对整齐，板书合理，教态端庄大方。访谈中化学教育硕士 Y 说："我曾经参加很多比赛，而且还获了奖，自认为教学能力应该差不多，结果，专家老师一评课，才发现自己有很多不足，需要改进的地方太多了，只能说本科时的老师太宽容了。我要努力了。"（Y-GF-FT-3）

经过努力，克服教学教态等规范性的不足后，在考核中化学教育硕士 Y 获得了很高的评价。

（四）PLC 干预对化学教育硕士 Y 的 KSU 和 KAS 的影响

PLC 连续直接对化学教育硕士 PCK 这两个要素进行的干预也必然会影响其他要素的发展。

1. 化学教育硕士 Y 的 KSU 稍有提升

由于本规范期中没有真实接触学生，化学教育硕士 Y 对学生的了解是肤浅的，但是对如何了解学生比较熟悉，化学教育硕士 Y 从教育学、心理学视角分析了学生现阶段的具体情况。

表 5-3-7　　　　　　规范期自磨阶段 Y 教学设计片段 1

【学生分析】	高一学生求知欲强，思维敏捷，好奇心重，记忆力强，并且大多数的学生已具备一定观察、比较、分析和动手能力

注：（Y-GF-JXSJ-1）。

化学教育硕士 Y 本身对于在教材中本节内容之前学过哪些知识有一定关注，但是对学生理解科学知识关注度明显不够，甚至是忽视。教育硕士 Y 对学生的具体情况考虑得很少，主要还是考虑自己完成教学任务，对学生已有知识如何、是否有迷思概念并不太看重，还是觉得按照教材、课标、教学进度走就行，不会因为某位同学或某些同学而有所改变。

【访谈片段】

【问】你觉得你对上本主题的校内中学生了解吗？你应该了解学生哪些方面呢？

【化学教育硕士 Y】我觉得如果在学校当真正的老师，我可能会看看学生之前学的和氯气相关的知识记没记住吧？但我也觉得即使学生没记住，按照教学进度该讲哪还得讲哪吧？

（Y-GF-FT-1）

在教学论专家提出针对学生学习化学的学情等方面进行科学态磨课时，化学教育硕士 Y 觉得还是可以在理论层面上做到的，所以"KSU"有所提升。

2. 化学教育硕士 Y 的 KAS 没有提升

化学教育硕士 Y 对学生的科学学习评价仅限于让学生回答问题，学生回答后，只给予低级回应。因为没有真实学生，也没有教育硕士同伴配课，化学教育硕士 Y 自己觉得有点把握不好，所以在后几个 PCK 片段中就不再假设学生参与而叫答，而 Y 自己并没有意识到在这方面有什么问题，教学反思围绕教学内容和教学行为进行。

在学科教学专家和教育硕士同伴参与的情况下进行展示模拟授课，教育硕士同伴也进行了配课时，Y 对学生科学学习的评价依然没有改变。

【访谈片段】

【问】我看你在前面讲氯气物理性质和氯气与钠、铁反应时候都叫了学生回答问题，但是后面就都是你自己讲了，怎么不叫学生回答了呢？

【化学教育硕士 Y】老师在给我们上课时，说要注意和学生互动，所以我就叫了学生回答，自磨的时候吧，也没有学生，假装叫学生感觉怪怪的，后来就不叫了，想自己讲完算了。等考核时候，前面也就叫同学回答了。但是吧，后面感觉反正也不是真正的学生，叫起来回答问题也没有多大意义，然后，还容易笑场，还有，我还容易紧张怕他们忘词。再就是练熟了原来设计，之前没叫（学生），后来就没叫（学生）。

（Y-GF-FT-1）

尽管化学教育硕士 Y 的 PCK-Map 中 KAS 频率较高，但实际化学教育硕士 Y 对学生学习的评价上还有缺欠，仅仅考虑到和学生互动，没有深刻认识到评价的重要意义，并且对学生学习的评价也很低级，所以，PLC 连续干预下化学教育硕士 Y 的 KAS 并没有发展。

第四节 规范期 PLC 干预下化学教育 硕士 Z 的 PCK 发展研究

化学教育硕士 Z 毕业于省属非师范院校，没有任何理论基础，也没有实践经验，很不自信，但是自主学习能力很强。在任务布置下来后，主动不断地向化学教育硕士 Q 与 Y 请教，借鉴两位同伴的教学设计。如果老师提出建议，她都会认真思考，多次进行修改，努力提升自己。虽然规范性存在很大问题，但在 PLC 干预下，PCK 提升尤为显著。

一 规范期 PLC 干预下 Z 的 PCK-Map 特点分析

规范期的所有干预过程与 Q、Y 相同，且同时进行。现将干预情况、PCK 片段以及 PCK-Map 见表 5-4-1。

表 5-4-1　　　　　　　　　　　　规范期 Z 的 PCK 发展 Map

PLC 干预					PCK 发展
阶段	主干预人	参与人员	PCK 片段	PCK 要素	PCK-Map
自磨阶段	无	Z	E1 氯气物理性质	KISR　KSU　KSC　KAS	 OTS 8 KSU ── 1/E1 ── KISR 6 4(E1,E2,E5,E6)　2(E1,E4) 3(E1,E5,E6)　3(E1,E3,E4) KSC ── 4(E1,E4,E5,E6) ── KAS 9　　　　　　　　11
			E2 氯气和钠燃烧	KSU　KAS	
			E3 氯气和铁燃烧	KISR　KAS	
			E4 氯气与铜燃烧	KISR　KAS　KSC	
			E5 氯气具有强氧化性	KAS　KSC　KSU	
			E6 燃烧总结	KSC　KSU	
同伴磨课	同伴	同伴、Z	E 氯气物理性质	KISR　KSU　KSC　KAS	 OTS 8 KSU ── 1/E1 ── KISR 6 4(E1,E2,E5,E6)　2(E1,E4) 3(E1,E5,E6)　3(E1,E3,E4) KSC ── 4(E1,E4,E5,E6) ── KAS 9　　　　　　　　11
			E2 氯气和钠燃烧	KSU　KAS	
			E3 氯气和铁燃烧	KISR　KAS	
			E4 氯气与铜燃烧	KISR　KAS　KSC	
			E5 氯气具有强氧化性	KAS　KSC　KSU	
			E6 燃烧总结	KSC　KSU	

PLC 干预		PCK 发展		
阶段	主干预人 / 参与人员	PCK 片段	PCK 要素	PCK-Map
专家磨课	专家 / 专家、同伴、Z专家	E1 氯气物理性质	KISR KSU KSC KAS	
		E2 氯气和钠燃烧	KSU KAS OTS	
		E3 氯气和铜燃烧	KISR KAS	
		E4 氯气与铁燃烧	KISR KAS KSC	
		E5 氯气具有强氧化性	KSC KSU KISR OTS	
		E6 燃烧总结	KSC KSU OTS KISR	

对表格呈现内容进行分析发现，PLC 干预也分为自磨阶段、同伴干预阶段和专家干预阶段三个阶段。通过分析绘制的化学教育硕士的 PCK-Map，具体发现如下。

化学教育硕士 Z 的教学 PCK 片段为 E1 到 E6，共六个，里面包括了氯气的物理性质和与金属发反应以及燃烧内容。具体发现如下。

1. 从 PCK 片段上看，化学教育硕士 Z 在自磨阶段和专家磨课阶段的主要授课内容几乎没有发生变化。

在专家听课后进行评课时，在教学内容上给予了 Z 肯定："Z，你的内容有物理性质部分，整体也是比较完整的，内容不用增减。"（Z-GF-PK-1）化学教育硕士 Z 的教学设计就没再发生变化，但在教学设计规范性和教学语言科学性、教态规范性等有很大的提高。

【访谈片段】

【问】从自磨阶段开始到考核展示，发现你的教学设计几乎没变化。

【化学教育硕士 Z】：因为专家老师说我的那个内容完整，所以我在教学内容上也就没有改动。后面时间主要就是继续练习熟练，注意教态和板书，改改 PPT。

（Z-GF-FT-1）

2. PCK 要素看，发现有趣的是同伴干预后化学教育硕士 Y 没有丝毫变化，而专家干预后 PCK 显著提升。

【访谈片段】

【问】我发现教育硕士同伴干预后，你的教学设计几乎没变化，但是在处理每个教学活动时，你没有想从教学策略啊、教学活动啊，或者教学难度上变化一下吗？

【化学教育硕士 Z】说实话，我的教学设计是借鉴了 Q 和 Y 的，我没有自己的想法，我觉得她们的都很好，我想不出来怎么能更好。

【问】那专家老师干预后，为什么你的教学设计整体框架变化也不大？

【化学教育硕士 Z】我看老师说内容可以了，我自己又没有想法。我原来也没学过教学论，没上过微格，就算想，也不知道从哪下手。但是内容组织变化了，我原来觉得那么说话好像没有什么问题，但是老师一说，感觉还是差很多，确实是大问题，所以就试着用教学语言。

（Z-GF-FT-1）

在"对燃烧的认识"片段中，针对自磨阶段的 OTS 的缺失，专家干预中重点指出对"燃烧"认识要有深度，但是化学教育硕士 Z 由于自身的水平和能力有限，自认为已经给出了在初中概念基础上的扩展，觉得做到了本质探讨；同时对教学内容进行重新选择和组织，教学策略根据老师的建议进行了改变，考核时表现令人觉得很惊喜。

3. 从 PCK-Map 看，同伴干预时各 PCK 要素频次没有变化，专家干预后 PCK 呈现显著发展。化学教育硕士 Z 自磨和同伴磨课阶段 OTS 缺失，专家干预后显著丰富，整个 PCK-Map 十分完美。

表 5-4-2　　　　　　规范期 Z 的各干预阶段要素总频次统计　　　　单位：次

规范期干预阶段	OTS	KISR	KAS	KSC	KSU
自磨阶段	0	6	11	9	8
同伴干预阶段	0	6	11	9	8
专家干预阶段	8	12	8	11	11

发现通过同伴干预所有要素的频次都未发生变化，但是各要素除了 OTS 缺失外，都很丰富。KAS 总频次虽然较多，但在授课过程中可以看到的都是"很好""对"等诊断式评价或者回应式评价，总频次尽管比较多，却不是真正的发展。KSC、KSU 和 KAS 是主要要素核心，看出教育硕士同伴基于学生情况关注教什么和学生学得怎么样为核心进行干预。

专家干预后 OTS 和 KISR 总频次激增，分别从 0 次到 8 次和从 6 次到 12 次变化，除了 KAS 减少外，其他要素也都增加。可以看出专家干预是以教学价值和怎么教指导干预比较充分，各要素都有所发展。有趣的是，KAS 频次怎么反而减少了呢？通过课堂观察发现，Z 怕自己讲不明白，学生听不明白，经常会问一些简单的问题，由学生回答，然后以"嗯，对""好"等进行回应，专家干预后，要求其注意学生的最近发展区，进行规范的提问，规范的评价，Z 努力克服这些问题，降低无效评价，结果是 KAS 频次降低了，但确实是有了真正的发展。

【访谈片段】

【问】你觉得老师上一节好的化学课，设计时需要在哪些方面重点下功夫？或者说你认为在课堂上老师把教学重心放在哪呢？

【化学教育硕士 Z】我觉得还得是知识吧？（不自信）所谓的技能，可以在课后练习的，而情感态度价值观考试也不考，常态课里不会重视吧？我记得我的高中老师就这样讲课。书上有的讲，书上没有的但考试有的，那就加上。

【问】这节课，你讲了氯气的物理性质、与金属反应和燃烧概念的深化，那它们之间有什么关系呢？在你的教学中，我发现你是一条一条地讲，说完了与钠的反应，那我们接着学习氯气与铁的反应等，你考虑过它们的内在联系吗？

【化学教育硕士 Z】没想啊（震惊的样子），就觉得书上就这样一个一个的，我把书上内容讲给学生，别落下内容就行了。没想过还有什么学科本原、化学本质的，后来老师说了，我也觉得特别对，但是就是我也不知道它本原是什么啊？也不知道怎么做，又怎么融入教案里（无助的样子）。我听了一些化学老师的课就是这样，讲完一个知识点，就说："我们接着学习什么什么"，没想过还要把知识结构化，还要考虑什么联系。嗯，我觉得也没说联系吧，就是氯气的性质，不同视角有物理性质有化学性质呗（不好意思的样子）。

（Z-GF-FT-1）

化学教育硕士 Z 关注教学知识，但是关注的是书上的、习题中的和考试中的考查知识，没有考虑学科本原提升学生学科核心素养后，学生更会做题，更会考试。但经过专家干预后，聪慧的 Z 听取了专家的建议，又借鉴了 Q 和 Y 的教学设计，所以，考核时所表现的 PCK-Map 出乎意料的完美。

4. 从 PCK-Map 上看，同伴干预 PCK 要素之间联系紧密程度松散，专家干预后在各 PCK 片段中增加各要素的联系，要素之间联系紧密程度有小幅度提升。

将 Z 的各干预阶段的 PCK-Map 中的各要素联系频次数统计分析，见表 5-4-3。

表 5-4-3　　　　规范期 Z 的各干预阶段要素联系频次数统计　　　　单位：次

干预阶段	OTS-KISR	OTS-KSU	OTS-KSC	OTS-KAS	KISR-KSU	KISR-KSC	KISR-KAS	KSU-KAS	KSC-KAS	KSU-KSC
自磨阶段	0	0	0	0	1	2	3	4	4	3
同伴干预	0	0	0	0	1	2	3	4	4	3
专家干预	2	3	2	1	3	4	3	2	2	3

专家干预后增加了 OTS 与 KISR、KSC、KSU、KAS 的联系频次，KISR 与 KSU（联系频次数从 1 次变成 3 次）之间的联系。教学论专家干预后增加了 KISR 和 OTS、KSC 以及 KAS 之间的联系，KSU 和 KSC 之间的联系也有所增加，其他要素间联系没有变化。专家更多的是关注所教内容的功能和价值，在"为什么这样教""这样教有什么意义"等的基础上考虑"教什么"和"怎么教"的问题。

同伴干预后没有发生任何变化，是很值得探究的。在问及 Z"为什么在同伴干预后没有修改自己的教学设计"时，Z 表达出的是"我的教案本来就是她们俩的综合，都是她们自己比较认可的内容，所以建议就少"，由此可见，虽然自己没有很多想法，但是能够借鉴，虚心学习是可以提高教师的 PCK 发展的。

二　规范期 PLC 干预下 Z 在 PCK 各要素发展分析

经过自磨、同伴磨课和专家磨课后，化学教育硕士 Z 的 PCK 各要素有显著变化，尤其是针对规范期的 PCK 发展目标有飞速提升。

（一）专家干预后，化学教育硕士 Z 在科学教学价值取向（OTS）上有明显发展

通过 PCK-Map 可以看出自磨阶段 OTS 频次为 0 次到专家干预后变为 8 次，且与 KISR、KSC 都呈现了较弱的联系（联系次数为 2 次），与 KSU 呈现了弱的联系（联系次数为 3 次）。

化学教育硕士 Z 在自磨阶段和同伴磨课阶段除了教态外几乎在任何

方面都没有改变。当化学教育硕士 Z 第一次走进录播教室展示自己的初次教学设计时，缺少自信，语言不流畅。即使没有 PLC 团队也没有学生听课的情况下，还是勉强地完成了模拟授课。课后仅仅进行了些许的 PPT 的改动，化学教育硕士 Z 在科学教学价值取向（OTS）上是严重缺失的。

教学论专家和教育硕士同伴听课，Z 表现得更为紧张，语速加快，眼神飘忽，但也完整地完成了模拟授课的展示，由专家进行评课并提出建议。教学论专家 PLC 干预后，化学教育硕士 Z 在教学内容的组织上提出了认识视角："非金属的化学性质通性，从非金属的原子结构进行分析，大多表现为氧化性，分别与某些金属、某些非金属、氢氧化物和某些盐等发生反应。"（Z-GF-SK-3）而实现 OTS 的发展。

化学教育硕士 Z 在教学设计（Z-GF-JXSJ-1）中明确指出"对燃烧反应的定义进行升华"，没有想过要进行燃烧反应的科学本质探索。

【教学设计片段】

从三个反应以及燃烧的条件，对燃烧反应定义做了一个升华，任何发光发热的剧烈的化学反应都是燃烧反应

图 5-4-1　规范期自磨阶段 Z 教学设计片段 1

教学论专家干预时提过"这里的燃烧还是初中课本上提到的燃烧吗？有什么不同？你可以从什么视角去分析？"（Z-GF-PK-2），化学教育硕士 Z 进行文献梳理后，增加了物质类别视角，在考核授课（Z-GF-SK-3）过程中进行观察发现，化学教育硕士 Z 对燃烧反应定义的升华体现在助燃剂的视角。

【教学片段】

【师】我们再来分析下这三个反应。可以看到，这三个反应都是……？

【生】燃烧反应。

【师】思考一下以前在学习燃烧反应定义时，助燃剂是？

【生】空气或氧气。

【师】这三个反应有氧气或空气参加吗？那三个反应的助燃剂是？

【生】氯气。

【师】这就说明以前我们对燃烧反应下的定义是狭义的。助燃剂不仅可以是氧气或空气，氯气也可以，包括以后我们要学习到的某些气体也可以作为助燃剂。可以说，任何发光发热的剧烈的化学反应都是燃烧反应。

（Z-GF-SK-2）

除此之外，专家干预后化学教育硕士 Z 在教学内容选择和组织上也体现了 OTS 的发展，能够领会教材编写意图，在三种金属与氯气反应时，框架看还是教材顺序，授课时化学教育硕士 Z 提道："氯气具有氧化性，可以和大部分金属反应，这大部分金属是哪些呢？活泼些如何呢？我们同学熟悉常见金属的活泼性顺序表，那我们一起来看一下。"（Z-GF-SK-3），这样将教学内容按照金属活泼性的逻辑关系联系在一起。

（二）PLC 干预下化学教育硕士 Z 的科学知识准确性（KSC）显著发展

通过 PCK-Map 发现，化学教育硕士 Z 的 KSC 频次从自磨阶段的 9 次到专家干预后的 11 次，频次变化不大，但通过具体分析发现却有很大变化。

1. 化学教学知识具备逻辑线索

化学教育硕士 Z 在自磨时进行教学设计和实施中最重视的还是教材本身，没有体会教材编排意图，只是按部就班把教材内容完整呈现出来而已，没有加入自己的思想和视角。在氯气与金属的反应中，教材中是分别列举了氯气与金属钠、铁、铜反应，然后归纳出"氯气可以和大多数金属反应"，并抽提出"氯气具有氧化性"等。将整堂课知识都以知识散点呈现，关键的思维和抽提的规律等重要内容在板书上并没有重点呈现。化学教育硕士 Z 在教学课程学科知识的处理、素养认识模型的抽提、所学内容的结构化都需要尽快加强提升。从板书设计上看：

【教学设计片段】

表 5-4-4　　　　　　　规范期自磨阶段 Z 教学设计片段 2

【板书设计】

§4.2　富集在海水中的元素–氯

一　物理性质
　　黄绿色　气体　有刺激性气味　密度比空气大　可溶于水（体积比 1∶2）
二　化学性质
　　（1）与金属反应

$$2Na+Cl_2 \xrightarrow{\text{点燃}} 2NaCl$$

$$2Fe+3Cl_2 \xrightarrow{\text{点燃}} 2FeCl_3 \qquad\qquad 强氧化性$$

$$Cu+Cl_2 \xrightarrow{\text{点燃}} CuCl_2$$

注：（Z-GF-JXSJ-1）。

　　化学教育硕士 Z 把"氯气"主题下的教学重点和难点都确定成为逐个知识散点，这些知识的内在联系是什么没有呈现。

　　2. 科学知识学习视角清晰呈现

　　教材中对于"氯气与金属反应的化学性质"部分的安排顺序可以为学生构建多视角，比如可以按照金属活动顺序，选取代表性金属与氯气反应，并由此抽提出氯气可以和大多数金属反应，具有氧化性，且强氧化性；也可以先选择金属钠和金属铜分别与氯气反应，然后由学生进行证据推理，推测氯气与铁的反应，进行实验验证，再基于此抽提出氯气可以和大多数金属反应，具有氧化性，且强氧化性。化学教育硕士 Z 自磨阶段对教学知识的视角没有感觉，只是泛泛地表达本部分重难点，没有学习视角的明显体现。

【教学设计片段】

表 5-4-5　　　　　　　　规范期自磨阶段 Z 教学设计片段 3

【教学重点】	Cl_2 的化学性质
【教学难点】	Cl_2 的化学性质

注：（Z-GF-JXSJ-1）。

【访谈片段】

【问】你觉得这节课的重点是什么？你的教学设计教学顺序是什么？为什么这样？

【化学教育硕士 Z】就是氯气的物理性质和化学性质呗，嗯，氯气和钠铁铜三种反应的条件、现象和产物，还有化学方程式的书写更重要一些。我先讲了氯气和钠，然后和铁，最后是和铜反应。我就按照书上的顺序，因为不能把氯气和所有金属都讲了，就根据金属活动顺序选了三种代表性的，活泼的、中等活泼和不活泼的，那这个范围内的就都能反应。

（Z-GF-FT-1）

教学论专家干预后化学教育硕士 Z 能领会其中一种意图建构视角，已经有很大提升。

3. 化学知识的科学性提高

教学论专家干预后，化学教育硕士 Z 对于氯气的相关知识才有了较深的认识，比如在授课中提到"氯气是一种化学性质活泼的气体"，利用结构解释氯气很活泼，化学教育硕士 Z 认为"氯原子最外层有 7 个电子，易得一个电子，表现氧化性，所以化学性质活泼"（Z-GF-SK-2），乍一听似乎合理，结构决定性质，可是氯原子的结构能决定氯气的化学性质吗？专家指出："好的化学教师是不可以给学生造成迷思的，你说的每一句话都是科学准确的，你的推断证据要充足有力，过程清晰。你用氯原子的结构说明氯气的性质,你觉得合理吗?氯气性质应该由氯分子的结构决定……"(Z-GF-PK-2)又提出几个问题如"氯气的沸点是高还是低?是易液化还是难液化?""氯气的稳定性和氯原子的稳定性是一回事吗?""金属氯化物都是离子晶体吗?"等。

化学教育硕士 Z 认真思考,查阅文献,发现自己存在很大问题。通过视频回放自己的教学过程,逐字逐句修改自己的教学语言,力求做到科学准确,效果特别明显。

(三)PLC 干预下化学教育硕士 Z 的科学教学策略(KISR)发展极快

在规范期的"元素化合物"主题下,化学教育硕士 Z 根据氯气物理性质和化学性质想到的比较多的就是化学实验,因为属于模拟授课,所以主要考虑实验视频。但在物理性质学习中,有实物展示,并演示氯气溶于水的实验,相对比较有创意。而其他涉及的化学实验均采用实验视频手段来呈现。

1. 专家干预后教学活动选择合理

化学教育硕士 Z 自身的有关教学策略的理论基础相对比较匮乏,所说的策略 Z 认为就是化学实验。"本节课我主要采取了启发和实验探究的教学方法,整个课堂分为两个板块,按照学生的思维特点进行教学。在教学重点——氯气的化学性质时,我通过三个探究实验来总结第一个化学性质。第一个实验是学生以前已经学过的,将新旧知识充分联系起来,有利于调动起学生学习的积极性,易于集中学生的注意力,再顺势引出后面两个探究实验,分别是氯气与铁以及氯气与铜的反应,让学生通过观察实验视频,描述其实验现象,这样可充分训练学生的观察能力以及语言表达能力,并且对实验现象有深刻的记忆。本节课从老师事先收集好的一瓶氯气展示引出,中间通过回忆以前所讲内容,新旧知识联系起来,最后通过三个化学反应条件,对燃烧反应的定义做了一个升华,一堂完整的课凸显出来。"(Z-GF-FS-2)这节课内容属于元素化合物知识中的典型非金属元素性质部分,化学实验是最好的化学情境。教育硕士 Z 经专家干预后利用实验视频展示氯气与金属反应,并能充分利用视频资源，激发学生兴趣、激发学生思考。

2. 教学行为规范性极大提高

化学教育硕士 Z 认为自己是"非师范专业出身"，所以"师范功底太薄"，在自磨和同伴磨课中都很缺乏自信，不敢说话，语音语调、教态、板书设计、书写等都不规范，存在极大问题。

教学论专家在化学教育硕士 Z 授课过程中逐字逐句地指导，包括"板书设计的最基本的一点，就是主副板书，你可以选择 1+1 或者 2+1，但不能整体连成一片"（Z-GF-PK-2）"元素符号书写，尤其注意的是角标大小、组合元素符号小写字母的大小还有氯元素（Cl）的 l 不能写成 l……"化学教育硕士 Z 非常认真地记下来，并努力改变，当规范期结束考核时，倒是真正地让大家惊艳了一把，教态特别端庄大方、板书美观合理、书写工整、科学用语规范，变化极大。

（二）化学教育硕士 Z 的学生理解科学知识（KSU）有较大发展

由于本规范期中没有真实接触学生，化学教育硕士 Z 对可能听这个主题的真实学生并不了解。但从文献上知道需要了解现阶段的学生已有知识和能力，同时还要知道学生的好奇心、兴趣点、思维特点等，于是从已有知识和学习经验视角以及教育学、心理学视角分析了学生现阶段的具体情况，对于刚刚成为化学教育硕士的 Z 来说，已属很难得，而且做得还比较充分。

【教学设计片段】

表 5-4-6　　　　　　　规范期自磨阶段 Z 教学设计片段 4

【学生分析】	对于高一新生，在初中阶段对非金属的性质已经有了初步的了解，前面又系统学习了金属的性质和非金属的性质，如钠、铁、硅等，基本上可以运用原子结构的基本理论分析元素的性质。学生应该可以依据氯元素的原子结构示意图得知氯元素最外层有 7 个电子，可推测出氯是一个活泼的非金属元素。通过前面的学习，学生应该已初步具备实验探究能力，对实验的观察、分析和表达能力。本节课可通过对实验的观察、探究、总结等提升他们的能力

注：（Z-GF-JXSJ-1）。

化学教育硕士 Z 本身对于在教材中本节内容之前学过哪些知识有一定关注，另外自身还很要强上进，即使老师们还没有讲的重要教育理论，教育硕士 Z 也知道恶补作为未来教师所欠缺部分。

【访谈片段】

【问】你觉得你对上本主题的校内中学生了解吗？你应该了解学生哪些方面呢？

【化学教育硕士 Z】我觉得如果在学校当真正的老师，我可能会了解学生之前学过哪些和这节课要学习的氯气相关的知识吧，可能我还会提前检验一下学生掌握到什么程度，要不课上会出现问题吧（有点疑惑的表情）？

（Z-GF-FT-1）

化学教育硕士 Z 对学生的具体情况思考比较多，主要还是考虑课堂教学的圆满完成，学生是关键因素。所以对学生已有知识如何、是否有迷思概念看得比较重，由此可见，化学教育硕士 Z 在学生理解科学知识方面做得较好，但是视角、方式、方法方面应该加强干预指导。

第五节　规范期化学教育硕士 PCK 目标达成及影响因素分析

化学教育硕士 Q、Y、Z 在规范期以"氯气"为授课主题，经历自磨、同伴磨课和专家磨课干预三个阶段，那么化学教育硕士的 PCK 发展目标是否已经达成呢？影响其 PCK 发展的因素有哪些？

一　规范期 PLC 干预下化学教育硕士 PCK 发展目标达成

自磨阶段，三位化学教育硕士的 PCK 都明显不足，她们的科学教学价值取向方面（OTS）都明显缺失，且每个 PCK 片段中的 PCK 要素不丰厚。同伴干预阶段，主要针对教学知识的准确性，少量干预教学技能方面。PCK 变化都不大，主要表现在教学知识准确性。专家干预阶段，三位化学教育硕士的 PCK 在 OTS 和 KISR 上都有显著提升，其他方面也有明显发展，化学教育硕士 Y 发展相对慢。

从 PLC 干预目标看，基于教育硕士原有理论基础和实践基础，PLC 团队设置了这样一个时期"规范期"，目的是为了所有化学教育硕士能成为一名合格化学教师而预留的准备阶段，实际就是对某些教育硕士进行"查缺补漏""强化训练"。那么，经过规范期的连续干预后，教育硕士的 PCK 发展目标是否已经达成呢？干预效果如何呢？

规范期干预目标是化学教育硕士能够规范地上一堂化学模拟课。包括教学中知识的科学性、教学语言的规范性、板书和多媒体使用的规范性、实验操作的规范性以及教态的规范性等。

为检验 PLC 干预是否有效，化学教育硕士的 PCK 发展目标是否达成，特请东北师范大学研究生院协助，聘请 PLC 团队以外的高校教学论专家两名和一线高级以上优秀化学教师三名组成评委组，对化学教育硕士规范期培养成果进行验收。由化学教育硕士进行模拟授课，评委在成绩单上现场打分并给予评价。如图 5-5-2，最后成绩取五位教师的平均分，保留小数点后一位。

图中列出 PLC 干预目标的观察点，给出评分细则，可以看出，此表格的评委教师给化学教育硕士的规范期成绩都在 80 分以上，与其他 4 位评委教师给分一起取平均分后，所有化学教育硕士考核成绩都在 85 分以上。

一线优秀教师评委 F 老师说："我是第一次参加这种考核，我感觉这批硕士的表现太优秀了，足以超过我们学校的大部分教师，我们一些教师教书教了很多年，教学水平比较高，但是规范性真不敢恭维。这些硕士的表现可圈可点，绝对有教师范儿。语言、图、方程式写得太好了。"

教学论专家 G 说："这些学生的教学技能都很强，我多年来做咱们

2016 级化学教育硕士教学技能考核成绩表

说明：本次考核主要考察规范期教育硕士规范性是否达标，每项分值的总分在表格中，请评委认真打分，并合总分。考核结果计算所有评委平均分。

姓 名	教学知识（15分）	教 态（15分）	教学语言（15分）	板 书（15）	化学实验（15）	三重表征（15）	多媒体（10）	总分
纪	11	13	12	13	14	13	10	86
风	10	14	13	12	14	12	9	86
李	13	14	14	14	14	14	10	93
齐	13	14	14	13	14		10	92
王	12	11	12	11	14	13	9	83
	13	13	13	13	14	15	9	90
		11	13	12	14	14	9	84
	13	14		13	14	14	9	91
	14	14	14	14	14	13	10	93

图 5-5-2　规范期化学教育硕士考核成绩

省、市地区化学教学大赛的评委，但教学技能这一块，我觉得都可以参加比赛了！尤其是那位（Q）、那位（Z），我特别欣赏，绝对有教师气场！尤其是教态，放在一线中间，绝对没人发现是准教师，真不错!"

由此可见，规范期的 PLC 干预目标已经达成，规范期化学教育硕士的发展目标也已经达标，也说明了规范期的干预是合理高效。

二　PLC 干预下化学教育硕士 PCK 发展因素分析

三位化学教育硕士自磨时教学设计体现了原有教学设计和实施能力的基础，Q、Y 是化学教育师范专业出身，有一定的理论基础和实践经验，设计一堂常规的规范课还是比较容易。而 Z 是非师范专业出身，完全凭借自学和曾经高中化学教师对她影响进行备课和授课。为什么反而比 Y 的 PCK 发展提升得显著呢？

1. 不同专业背景对教育硕士的 PCK 影响不同

自磨阶段的 PCK 状况体现的是教育硕士在本科阶段的 PCK 水平，化学教育硕士 Q 和 Y 依据本科教学中教育理论与实践经验，设计一节规范课还是没有问题的，但不得不说的是，如果是素养取向下的 PCK 现状则明显比较糟糕。

在布置任务时候，笔者和三位化学教育硕士进行了交流。

【会议记录片段】

【问】给你们定了讲课的题目是"氯气"，主要讲氯气的化学性质部分，觉得难不？有什么疑问可以问。

【化学教育硕士 Q】老师，要求讲到什么程度啊？有什么要求啊？就设计一堂常态课，我觉得应该没问题，我本科的时候实践过，还参加过一些比赛，我觉得我可以的。

【问】参加比赛？什么比赛？都比什么？

【化学教育硕士 Q】就是教学技能大赛。有学校组织的、有省里的，还有国家的。嗯，有的是微课，就讲 10—15 分钟的，还有的说课，也就几分钟。这些材料我还留着呢。

【问】嗯，挺好。Y，那你呢？

【化学教育硕士 Y】啊，老师，我也觉得没问题（设计和实施氯气主题课），我也参加过实践和实习，嗯，也参加过比赛，就是学校的（本科院校）和省里的，国家的没参加过。

【问】嗯，那你呢？（用眼神示意 Z）

【化学教育硕士 Z】我啊？（有点不好意思，不自信）我没学过教育理论的课，我就是在考研时候看了一些，然后就复试时候做了一节课，我用了很长时间，费了挺大劲，我怕我做不好。不过，我也会努力做的。

（GF-RWH-1）

在化学教育硕士自磨之后，又召集三位化学教育硕士进行了一次沟通，以访谈形式进行。

【访谈片段】

【问】说说你是怎么设计这节课的？设计中都呈现什么内容？为什

么这么呈现呢？在进行教学设计时你比较关心的是什么？

【化学教育硕士 Q】我看了课标、教参和教材，按照大学老师教的设计流程规范地做的，体例也是有模板的，就是先写教材分析、学情分析，然后是教学目标、教学重难点，后边就是教学过程了。嗯，说课的我也会（笑）。在大学时候吧，就觉得什么无机、有机、物化、尤其是结构，太难了，太深了，我觉得高中也不用讲那么深，就没那么认真学（不好意思），然后自己要上课时，其实不怎么担心教态什么的，主要担心知识讲错了，讲浅了。我觉得我还是挺关注教材和后面习题的。还有就是大学老师说，不能填鸭式，要学生自主学习，深度参与什么的，所以，就想能用什么教学策略，有点创新，但是还是有点费劲呢。(Q-GF-FT1)

【化学教育硕士 Y】我自己设计这节课的时候，就按照本科时候老师教的微课的格式来的，需要有教学目标、教学重难点、教材分析、学情分析等，我一样也没少啊。但是我自己其实更重视的是教材知识点，怎么组织，怎么讲出来。你看，我要讲氯气的化学性质吧，这节课的重点就是化学性质啊，难点也是化学性质啊，虽然也不难。其次，就是想做点实验什么的，创新实验，给学生创设情境。(Y-GF-FT1)

【化学教育硕士 Z】老师，说起来有点难过（眼睛红了），我大学是学计量的，但是我就想当老师，所以考了这里的研究生。研究生复试是我第一次在人前讲课，我完全不知道该怎么办！（问：考研究生时候不是需要考"微课设计"吗，你不应该自己学过么？）嗯，老师，我自己学的，买了资料看的，但是这些资料说法也不一。我知道我的教学设计里得包括什么教材分析、学情分析和教学目标的，但是，到了具体的知识（具体的主题课）那，我就不知道该做点什么。（问：那氯气这节课，你怎么设计的？）这节课，（思考一会儿，貌似下定决心），其实我就是听了 Q 和 Y 讲之后，把她俩的综合了一下，我觉得好的地方借鉴过来了，我的教学设计的稿子也是照着她们写的。(Z-GF-FT1)

由此可见，本科为师范专业背景的化学教育硕士 Q、Y 的 PCK 是有一定基础的。虽然有缺失，但在"学生理解科学知识"（KSU）"科学课程知识"（KSC）和"科学教学策略"（KISR）有一定的认识，只是水平较低而已。而本科为非师范类背景的 Z 则表现为 PCK 严重缺失。

在专家干预时，化学教育硕士 Q、Y 能快速捕捉到任何对自己有促进作用的点滴，之后 Q 迅速进行调整，PCK 出现了明显变化，PCK 要素呈现相对全面；Y 意识到而行动没有跟上，觉得自己的授课基本满足本阶段的培养目标，那就可以了，PCK 也没有发展。而 Z 则只能接受专家提出的具体建议，且不知道进行如何改动，故 PCK 没有发展。

由此可见，师范专业背景导致化学教育硕士 PCK 发展相对较快，而非师范专业背景导致化学教育硕士 PCK 发展受限。

2. 自我效能感对 PCK 发展促进作用较强

班杜拉对自我效能感的定义是指"人们对自身能否利用所拥有的技能去完成某项工作行为的自信程度"。班杜拉指出，即使个体知道某种行为会导致何种结果，但也不一定去从事这种行为或开展某项活动，而是首先要推测一下自己行不行，有没有实施这一行为的能力与信心，这种自我效能感也直接影响了化学教育硕士 PCK 发展。

规范期专家在评课时候，毫不吝啬地赞扬了化学教育硕士 Q 思维的敏捷、教学规范等，同时对 Q 后续表现给予了厚望。而对 Y、Z 的表现也给予了肯定，同时也指出了她们需要努力的方向。

【访谈片段】

【问】通过这次磨课，感觉有哪些收获？专家的点评对你有什么帮助？你都按照老师的建议进行改进了吗？如果再给一个元素化合物主题比如"钠的化学性质"，能不能做好？仔细说说呗。

【化学教育硕士 Q】收获？我觉得太大了，我从没想过老师可以这么细的评课和指导，我大学时候都是自己设计，找老师帮忙看看，主要就靠自己去揣摩。现在才真切地感到有自己的导师真好，针对我自己的问题进行的指导，让我有豁然开朗的感觉。但是自己再做，可能还做不到那么好。这次得到老师表扬，太开心了，所以虽然还有很多不足，老师说可以不改了，我还是努力地接受老师的提议，修改了一下，但是……反正，老师表扬了就开心吧！如果讲钠的化学性质，我觉得我应该比氯气的性质要强。我能深入地做学科理解报告，找到点感觉，应该比这个好得多吧？我觉得！（自信地笑着）（Q-GF-FT-2）

【化学教育硕士 Y】我觉得收获挺大的，嗯，在那个，氯气与金属反应那，我自己感觉金属活动顺序表里能和氯气反应的就选三个代表性的，还是常见金属，就从活泼、中等活泼和不活泼的，按照顺序讲出来就行了，结果老师说了区间的问题后，感觉是好多了。还有就是燃烧，我觉得是大家都知道是燃烧就行了，没想到还有这么多说法在，真是长知识了（笑着说）。如果再设计一堂课呢，肯定比现在的好啊！至少我会通过学科理解认识科学本质了（不好意思地笑）。（Y-GF-FT-2）

【化学教育硕士 Z】收获很大，也是第一次得到老师的这么细的指导，感觉自己欠缺得太多，老师磨课说的，我很多都是不懂的。我有心想改改教学设计，却不知道从哪下手！（无助的眼神看着我）像老师说的，得"恶补"吧，我一直觉得自己是门外汉，老师说我现在总算是摸到门了，特别特别的开心！和 Q、Y 比，我觉得自己差太多了。嗯，如果设计钠的化学性质，我觉得自己能比现在好，至少我知道了一般流程和规范性的东西了，但是说达到素养课，我估计不行。我还得再学习学习，练练！（不好意思的样子）。（Z-GF-FT-2）

从与三位化学教育硕士的访谈中发现，化学教育硕士 Q 自我效能感很强，在专家磨课后自发地、自信地修改了教学设计，从而得到了更多肯定。化学教育硕士 Y 自我效能感比较高，但经过专家评课，发现自己有很多不足，所以略受打击，失去自信，后面发展就慢了。而教育硕士 Z 自我效能感比较差，缺乏自信，即使专家磨课给出了具体建议，也没有修改教学设计。专家的肯定对 Q、Y 的 PCK 发展也起到了重要的促进作用。

第六章 知识期 PLC 干预下化学教育硕士 PCK 发展

本章共分为五节。第一节是根据 PLC 干预模型设计并实施 PLC 干预，并以知识期 PLC 干预目标来预设化学教育硕士 PCK 发展目标。知识期结束前进行考核以检验 PLC 干预下化学教育硕士 PCK 发展目标的达成度。第二节到第四节分别以知识期化学教育硕士 Q、Y、Z 的教学设计和课堂授课实录为主资料，教学 PPT、学科理解报告和教学设计报告、教学反思和访谈等为辅助资料研究三位化学教育硕士的 PCK 发展特征。先将教学视频和文本结合起来，按照 PCK 要素进行编码分析，并将 PCK 要素发展绘制出 PCK-Map，进行比较分析。再观察与描述知识期 PLC 干预中"自磨阶段""同伴与一线教师磨课阶段""专家磨课阶段"和"专家与一线教师综合磨课阶段"Q、Y、Z 三位化学教育硕士的 PCK 发展特征，并进行具体分析和总结。第五节是本章小结部分，通过考核中评委评价化学教育硕士 PCK 目标的达成情况，并挖掘知识期化学教育硕士 PCK 发展的影响因素。

第一节 知识期 PCK 发展目标与 PLC 干预过程

一 知识期化学教育硕士 PCK 发展目标

知识期是入学第五周开始至第一学期结束，东北师范大学全日制教育硕士培养目标是发展教育硕士深入理解学科知识，完成知识取向教学；化学教育硕士 PLC 干预目标是促进化学教育硕士对化学学科知识进行学科理解，化学教育硕士能上好一堂知识取向的真实化学课。主要体现课堂教学中学科知识的科学性以及学科知识的结构化等。

化学教育硕士的 PCK 发展目标又是什么呢？

知识期 PLC 的干预又指向 PCK 的哪些要素发展呢？见表 6-1-1。

表 6-1-1   PLC 干预目标与 PCK 发展目标关系

PLC 干预目标	PCK 发展目标
能合理运用帮助学生理解教学知识的教学策略	科学教学策略（KISR）
能合理创设理解教学知识的化学实验等情境	
能发展知识取向教学内容与教学策略选择观	科学教学价值取向（OTS）
能清晰呈现化学教学知识的逻辑性	科学课程知识（KSC）
能将化学教学知识进行结构化	
能够了解学生理解科学知识的前知识和障碍点	学生理解科学知识（KSU）
能够了解学生基于电解池的已有学习经验	

由此可见，PLC 知识期干预目标对应的是化学教育硕士 PCK 的 OTS、KSC、KSU 和 KISR 发展。即规范期重点关注发展化学教育硕士 PCK 五角模型中三个要素的频次和相互联系，如图中红色区域所示，PLC 干预也可能引起其他要素发展。

二 知识期 PLC 干预过程

（一）知识期 PLC 干预流程

经过规范期考核合格后，化学教育硕士进入实践基地进行"3+2"培养模式，即周一、周二、周五在高校学习，周三、周四进入实践基地实践。本阶段三位化学教育硕士的实践基地为东北师范大学附属中学，它是吉林省重点高中，在吉林省人民的心中是最好的高中，学校教学资

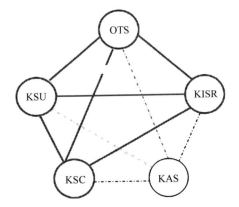

图 6-1-1　知识期化学教育硕士 PCK 发展目标

源好，教师素养高，学生能力强，是吉林省所有适龄学子心目中的知识殿堂。

　　知识期布置的授课任务为人教版选修四模块中第四章第三节"电解池"第一课时部分。"电解池"属于原理类主题，其中涉及较多的微观反应原理，一直是教师教的难点和学生学的难点。化学教育硕士 Q、Y、Z 首先需要进行学科理解文献综述和教学设计文献梳理，然后进行"知识取向"的教学设计，并模拟授课，经过一线听评模拟授课、专家听评学科理解报告和教学设计文献梳理报告以及模拟授课、专家与一线教师共同听评模拟授课干预等 PLC 连续干预，教育硕士每次干预后都进行反思、改进，再进行模拟授课等，接着在高中进行真实授课，由 PLC 所有成员和其他非 PLC 成员共同观摩，展示后进行评课，教育硕士现场进行深入反思，最后在高校进行考核，由东北师范大学研究生院代为邀请非 PLC 成员的高校专家和一线优秀教师作为评委，对化学教育硕士进行现场考核评分，评价其强化训练的结果，检验是否达成知识期的目标。

　　计划干预过程如下图，但由于时间的协调问题，对三位化学教育硕士的干预顺序和人员会有所改变。PLC 干预下科学态磨课流程如图 6-1-2 所示。

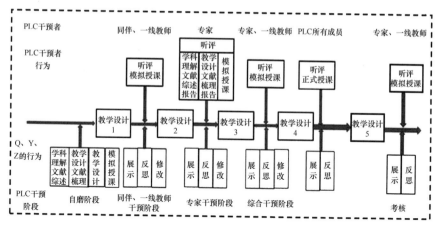

图 6-1-2　知识期计划 PLC 干预流程

（二）知识期 PLC 连续干预过程

知识期的干预是在特定主题下，化学教育硕士同伴、教学论专家连续干预，那么，PLC 到底是如何干预的呢？化学教育硕士同伴干预与专家干预有什么不同呢？

1. 自磨阶段

布置授课主题后，指定化学教育硕士在两周内合作完成关于电解池的学科理解文献综述和教学设计文献梳理，形成文档提交给研究者。再用一周左右时间独立完成教学设计，熟悉并多次在微格教室单独进行模拟授课，并录制授课视频，之后反思并改进教学设计，初步形成自己满意的教学设计。提交给研究者每一版教学设计、反思和改进报告、模拟授课视频等证据资料。

2. 同伴干预阶段

某天上午，研究者组织三位化学教育硕士在东北师范大学附属中学的自习教室进行同伴磨课。化学教育硕士分别进行模拟授课，其他同伴首先扮演学生回答问题或者提出问题配合授课，然后化学教育硕士同伴们一起对授课者的授课表现进行评价，讨论交流，提出干预建议。

同伴干预依然聚焦于策略的使用、实验的使用、教学知识的科学性、板书的设计等方面，被干预者觉得同伴的干预只能起到扮演学生的作用，化学教育硕士因为自身的发展，对同伴知识取向的建议并不是很认同，采纳得很少，但认为规范性的建议还是很合理的，对知识取向目标下的 PCK 发展没有明显促进。

（1）对教学情境创设的干预

化学教育硕士 Q 自身素质很高，在电解池原理的授课时，设计引课是以学生学过的电解水实验为问题情境，提出几个关键的问题。

【教学片段】

【Q 讲解】我们知道水是弱电解质，导电能力弱，为了增强溶液的导电能力可以向水中加入硫酸或氢氧化钠溶液。那么加入其他电解质是否会影响水的电解呢？又会有怎样的现象呢？

【Q 布置实验任务】接下来请同学们利用老师所提供的试剂和材料，进行实验（四种溶液），并验证生成的产物。实验过程中请同学们认真观察并记录实验现象。

（Q-ZS-SK-1）

Q 通过问题引课，进行实验探究，引起学生的兴趣和疑问，带着问题进行深入学习电解池工作原理，并最终利用工作原理来解决这个问题。但是 Z 却认为："正常教学思路是先认识电解池，了解工作原理，再进行利用解决实际问题，这样引课太突兀，太难了。我认为电化学一个是原电池一个是电解池，要把它们联系起来，要不然会有混淆，所以我用原电池引课，先复习巩固原电池，然后再讲电解池。"而 Q 不接受这个建议，觉得自己的设计"符合知识取向课的要求，思路也清晰，我不想改"。

Y 觉得"引课后的学生实验太多了，少做两个或者用视频代替，要不然氯气味道太重了，而且做不完，还影响记录现象"，这一点 Q 觉得有道理，就决定选择氯化铜溶液和氯化钠溶液进行电解的学生实验，而其他的实验用视频代替。

（2）其他干预

教学知识依然是化学教育硕士们关注的重点，参考规范期的不足，在教学设计前进行学科理解文献综述时，三位化学教育硕士下了功夫，争取科学知识准确，语言准确。

Y 发现了 Q 的书写问题，电子的符号书写右上角标缺失了"–"，Z 发现 Y 是电极方程式书写不规范等。

由于是在实践基地进行的同伴磨课，化学教育硕士需要进班级听一线指导教师的授课，化学教育硕士没有来得及改动教学设计，而且同伴没有提出什么可行的建议，下午直接进行了一线教师和同伴的共同磨课，所以，同伴干预阶段就只有干预视频，缺失了干预后的设计。分析化学教育硕士 PCK 时就去掉了同伴干预阶段，直接进入一线磨课阶段。

3. 一线教师干预阶段

一线教师的教学经验丰富，对教学知识点和教学重难点的把握比较到位，教学知识呈现有一定的结构化，思维的结构化相对较弱，对学生了解比较深入，所以课堂知识的容量把握比较好。

（1）规范性干预

一线教师对于教学的规范性在某些方面很是重视，尤其是在考试中提及的，在化学教育硕士提出规范性的基础上可以进行补充。如一线教师对于教学的规范性在某些方面很是重视，尤其是在考试中提及的，在化学教育硕士提出规范性的基础上可以进行补充。如一线教师评价 Y 的电极反应方程式，"阴阳两极上得失电子数一定要相同"，"电极反应方程式中的气体符号一定要写"，"电解反应方程式的条件要写的是电解而不是通电"等。

（2）知识的结构化干预

Z 认为电解池原理很重要，蕴含内容很多，每一条都是规律，需要记住，要不然做题就困难了，于是黑板上全是文字书写，看起来知识又乱又多。

一线 H 老师对化学教育硕士 Z 提出建议："电解池这部分属于反

应原理类知识，既有宏观现象，还有微观本质，涉及微粒多、反应多、移动多、名词也多，像什么阴极阳极，内电路外电路、放电顺序、正负极等，如果都像你这样写出来，学生看着也乱，没个顺序，怎么记啊？所以，我还是建议你画出电解池工作原理的示意图，在图中一标记，什么都清清楚楚。"（Z-ZS-PK-2）一线教师认为电解池装置图可以将电解池原理的所有相关知识结构化，清晰明了。Z 觉得很有道理，于是尝试自己去画图，又借鉴了 Q 的电解装置图，感觉很清爽，在反思中提道："在板书的设计上，在讲解电解池的工作原理时，我将电子、离子的移动情况都写在了黑板上，整个板书都是汉字，大多数时间学生都在抄笔记，看我写板书，学生对于很多新的概念不清晰，所以两位教师建议可以在黑板上画出装置图，在装置图中标出来更加清晰，学生容易理解和掌握，和学生之间也会有更多的互动。"（Z-ZS-FS-2）修改后，电解池工作原理部分明显清爽，但是板书右半部分依然显得拥挤。

当问一线教师是否了解"结构化"时，一线教师表示并不知道，只是希望在授课时"能有一条教学主线，将所有教学知识串起来"，也就是一线教师有"知识结构化"的意识，却没有思维结构化的意识。

（3）对学生知识方面干预

一线教师非常了解自己的学生，对学生已有知识、已有经验和接受概念原理知识的能力都比较清楚。Q 第一版的教学设计进行模拟授课用时 31 分钟，其中实验、学生回答等都没有预留时间。

一线 L 老师听过之后，马上感觉内容过多："你们讲课思路就带着这个问题来学这节课是吧，把这节课的内容交流完了，你提出的这个问题也解决了，是不是这个思路？你要是把这个内容打乱的话，不改变这个思路，交代这些内容就很难，就不透彻了。如果按照你这个思路，你必须得介绍这些内容，是吧？这思路要是无可置疑，就是一节课，可以从好多的角度来设计这个问题，但是要设计，因为通过这节课把这个问题圆满结束，一节课完不了，时间很紧。"（Q-ZS-PK-2）Q 反复试讲了几次，发现时间确实有点紧张，于是学生实验减少，只保留一个学生实验，其余以视频展示。

从一线优秀教师干预过程看，除了能够干预教学的规范性和策略使用外，还能够促进化学教育硕士的教学知识结构化和学生理解科学知识的发展。

4. 教学论专家干预阶段

教学论专家对学科知识的结构化和教学知识的深度理解明显优于一线教师。

经过一线教师干预一周后，化学教育硕士进行修改、模拟授课，由教学论专家和化学教育硕士同伴一起进行听评课，专家与化学教育硕士同伴同在听课现场。

（1）知识结构化干预

教学论专家与化学教育硕士一起磨课，依然是提出质疑，由化学教育硕士们进行讨论交流，当时无法解决的问题，回去分工查文献。

对于 Z 的模拟教学过程，教学论专家让化学教育硕士同伴进行评价，化学教育硕士同伴都说："挺好的，思路清晰，化学史运用得好，教学规范。"专家追问："思路如何清晰？化学史好在哪？"化学教育硕士同伴尴尬得不敢说话。

【教学片段】

【老师】我们可以看到，通电前，溶液中的离子有 Cu^{2+}、Cl^-、H^+、OH^-，这些离子自由移动；关闭电键通电后，离子由自由移动改作定向移动，溶液中阳离子 Cu^{2+}、H^+ 移向阴极，阴离子 Cl^-、OH^- 移向阳极。同时我们可以看到电解池中电子从电源的负极出发，沿着导线来到了电解池的阴极，电子附着在阴极表面，使阴极带了负电荷。溶液中的阳离子也就是 Cu^{2+}、H^+ 受到负电荷的吸引会移向电解池的阴极。溶液中阴离子 Cl^-、OH^- 便向电解池的阳极移动，它们所放出的电子就会从电解池的阳极流出，沿着导线流回到电源的正极。这里要注意：离子是在哪里做定向移动？

【学生】溶液中。

【老师】很好！也就是说离子是在内电路做定向移动对吧？

【学生】是的。

【老师】那电子呢？电子是否也会通过内电路呢？

【学生】不会。

【老师】很好！通过上述分析，我们能得出这个结论。那电子是在哪里移动呢？

【学生】沿着导线。

【老师】也就是说，电子应该在外电路移动对吧？

【学生】是的。

（Z-ZS-SK-3）

教学论专家评价化学教育硕士挖掘不够深："不能全是散点，要把电解的知识结构化，为什么通电就能发生电解？电解如何发生的？通电后内部到底发生了什么变化？电解的科学本质是什么？"专家抛出问题后，就要所有化学教育硕士同伴都参与进来，共同学习进步。化学教育硕士同伴无法回答，说："没想过这个问题。"专家说："那就回去查，查完再说。"

化学教育硕士Z课下反思，认同教学论专家的说法："自己学科理解深度不够。对于知识的把握还不是很到位，不能将电化学的知识打通。对此，Z老师进行了指导：可以从学科本原来引课。有两种装置：原电池和电解池。原电池是两个电极本身存在电势差，从而使电子流动，产生电流。所以发生的反应应该是一种自发进行的氧化还原反应。如果两个电极换成一样的石墨碳棒，不可能自发产生电流。所以外加了一个电源，把这种装置就叫作电解池。所以电解池发生的反应是一种非自发的氧化还原反应。从这里入手更加合理。"（Z-ZS-FS-3）

教学论专家教师特别重视"结构化"，化学教育硕士经常听说"结构化"，但是到底什么是结构化？于是化学教育硕士鼓起勇气问："老师，什么是结构化啊？按照我的理解就是上课时候，前后两个知识点之间要有过渡，不能讲完一件事，就说，我们接着学习下一个内容这样的，但是到底什么是结构化呢？"于是教学论专家进行讲解："结构化主要包括两部分，知识结构化和思维结构化。知识结构化就是找到知识之间的内在逻辑关系，外显化出来，比如这节课，按照 Z 的讲法就是知识散点，感觉不到这些内容什么关系。就是罗列，按照 Q 的讲法，建构认识模型就是结构化；思维结构化就是在思考某个知识或者观念时候，怎么想，先想什么，再想什么，有逻辑主线，而认识模型本身就是思维的结构化。"化学教育硕士似懂非懂，需要继续体会。

除了教学知识准确性外，专家对教学内容的选择、对板书的设计、化学表征的规范性等进行了补充评价。

（2）专家听评"两报告"

对于学科理解报告，化学教育硕士面面相觑，教学论专家干预后，化学教育硕士对教学内容深度的把握和教学设计的思路都有了一定的认识。除此之外，教学论专家还对化学教育硕士同伴没有发现的问题进行了指出和纠正。如学科理解深度不够、对于知识的把握还不是很到位、不能将电化学的知识打通、对于电解的原理讲解得还不是很清晰、内外电路分析得不清楚等。对此，教学论专家进行了指导："导体分为电子型导体和离子型导体，导线属于电子型导体，电解质溶液属于离子型导体。电子沿着导线做定向移动（外电路），离子在电解质溶液中做定向移动（内电路），这样内外电路共同构成了一个完整的闭合回路。同时对于为什么阳极发生氧化反应，阴极发生还原反应也没有交代清楚。"化学教育硕士认为导体的问题，自己知道就可以，并不是高中教学内容，可以忽略，但内外电路问题还是接受的。

可以发现，在知识期，化学教育硕士同伴的干预，仍然停留在规范性上，而一线教师在知识的结构化和对学生的理解方面干预增强，而教学论专家则在知识结构化和思维结构化干预增强，比一线教师的干预要强得多。化学教育硕士对一线教师的干预有选择性地接受，而对专家的建议几乎全盘接受，但是在处理教学内容时不能完全驾驭，有所保留。

第二节 知识期化学教育硕士 Q 的 PCK 发展

一 知识期 PLC 干预下 Q 的 PCK-Map 特点分析

知识期化学教育硕士 Q 经历多次科学态磨课，认真反思，不断改进，并最终进班级完美地呈现了一堂化学课。将化学教育硕士 Q 在知识期进行了多次 PLC 干预后的所有数据进行收集分析，PLC 干预以及编码、PCK 片段划分和 PCK-Map，见表 6-2-1。

表 6-2-1　　　　　　　　　　　　知识期 Q 的 PCK-Map

PLC 干预			PCK 发展		
阶段	主干预人	参与人员	PCK 片段	PCK 要素	PCK-Map
自磨阶段	无	Q	E1 探究：电解氯化铜	KISR KSU	
			E2 分析电解原理	KISR KSC	
			E3 实验探究：电解氯化钠溶液	OTS KSU KAS	
			E4 解释为什么向水中加入硫酸、氢氧化钠	KSU KAS	
			E5 电解氯化钠溶液；电化学发展史	OTS KSU	
			E6 电解的定义；电解池的本质和构成	OTS KSC KAS	
			E7 分析电解一般思路	OTS KSU	

PLC 干预			PCK 发展		
阶段	主干预人	参与人员	PCK 片段	PCK 要素	PCK-Map
一线教师干预阶段	一线教师	一线教师、同伴、Q	E1 探究电解氯化铜	KSU KISR	OTS(5), KSU(7), KISR(3), KSC(3), KAS(2); 3(E3,E4,E5), 1(E5), 1(E4), 1(E4), 1(E1), 1(E2), 1(E5)
			E2 分析电解原理	KISR KSC	
			E3 解释向水中加入酸、氢氧化钠等水的电解	KSU OTS	
			E4 由金属钠的制取引入电化学发展史	KAS KSU OTS	
			E5 电解的定义电解池本质和构成；随堂练习	KSC OTS KSU	
专家干预阶段	专家	专家、同伴、Q	E1 探究：电解氯化铜溶液	KSU KISR	OTS(6), KSU(7), KISR(4), KSC(5), KAS(2); 2(E3,E5), 2(E3,E4,E6), 1(E2), 1(E5), 1(E5), 2(E1,E4), 2(E3,E4), 1(E4)
			E2 分析通电前后离子的运动情况	KISR OTS	
			E3 分析电子运动情况	KSU OTS KSC	
			E4 解释向水中加硫酸、氢氧化钠等水的电解	KISR KSU KSC	
			E5 由金属钠的制取引入电化学发展史	KSU OTS KAS	
			E6 电解池本质和构成	KSC OTS	

续表

PLC 干预			PCK 发展		
阶段	主干预人	参与人员	PCK 片段	PCK 要素	PCK-Map
PLC 所有成员	专家和一线教师	专家、一线教师、同伴、Q	E1 回顾电解水实验	KSU KAS	
			E2 实验探究：电解氯化铜溶液	KISR KSU KAS	
			E3 分析电解质溶液的离子运动方式	OTS KAS KISR KSU	
			E4 分析电解质电子运动方式得出电解原理	OTS KAS KSU KSC	
			E5 离子放电顺序，电解氯化铜电极反应式	OTS KAS KISR KSC	
			E6 应用新知制备钠	KSU KSC	
			E7 电解定义；电解池本质及构成条件	OTS KSC KSU	

对照表格内容分析后发现，PLC 干预共分为四个阶段，一是自磨阶段，没有其他 PLC 成员参与，经过几次磨课练习后，给一线教师在实践基地展示；进入一线教师干预阶段，有一线教师和化学教育硕士同伴

参与，但是进行评课和提供教学建议的主要是一线教师，听取了一线教师的评课和某些建议后，修改教学设计；给专家和化学教育硕士同伴展示学科理解文献综述报告、教学设计文献梳理报告和模拟授课，即专家磨课阶段，PLC 参与者有教学论专家和化学教育硕士同伴，主要由专家听、评课和提供建议；化学教育硕士 Q 听取建议并反思后，修改教学设计，最终在某重点学校的高二年级进行真实授课展示，由所有 PLC 成员和 PLC 外的教师共同观摩，课后进行规模盛大的评课活动，化学教育硕士 Q 进行反思、总结，至此，知识期的整个干预和科学态磨课完美结束。

化学教育硕士 Q "电解池" 主题下的教学内容，在自磨阶段有七个 PCK 片段内容，经过一线教师磨课后改为五个 PCK 片段内容，而经过专家磨课后，又调整为六个 PCK 片段内容，最后，在一线教师和专家共同磨课、教研后分析，化学教育硕士 Q 内化、反思，又将教学内容定稿为七个 PCK 片段内容。其他具体发现如下。

1. 从 PCK 片段中内容看，一线教师干预后教学内容的全面性和连贯性有所变化，教学论专家干预后微观原理与学生认知的思维建构变化明显，综合所有 PLC 干预人员的建议，化学教育硕士 Q 两方面均有提升。

在自磨期间化学教育硕士 Q 的教学设计思路是："设计了电解氯化铜、氯化钠溶液两个探究活动，以及微观模拟动画和图片来辅助教师进行电解的基本原理、电解池等理论知识的讲授。教师先从电解水实验出发，巩固旧知识，引入新课，然后设疑，提出本节课要解决的问题，学生带着好奇心进行学习。接着学生自主进行 '电解氯化铜' 和 '电解氯化钠' 的实验探究活动，学生通过观察实验现象，教师层层诱导，提出问题。宏观问题解决后，为突出重点和突破难点，需要强化学生对电解池中微粒运动情况的理解。通过播放微观模拟动画，学生建立起对微观过程的认识，学生逐渐完成了对电解原理的理解与掌握，加深对微粒观的认识。"（Q-ZS-JXSJ-1）

在教育实践基地一线教师与化学教育硕士同伴一同干预时，一线教师与化学教育硕士们进行探讨。

【评课片段】

【一线 L 老师】第一个氯化铜，第二个氯化钠，它俩一块做啊，然后整个电解实验那个过程啊，你都没有明确，就让学生自己做，这个一个是耽误时间，语速快是另一个事，我总感觉内容多，我的想法砍到哪呢，如果设计学生实验的话，就到原电池和电解池对比那结束，把电解的概念提出来，最后原电池电解池对比一下，结束。

【化学教育硕士 Q】我刚开始引入电解水是想，提出了两个问题，加入了其他电解质是不是影响水的电解，然后发现加入氯化铜和氯化钠影响了水的电解，然后重点是在这两个上。实际上这些化学方程式都是学生上来写的。

（Q-ZS-PK-1）

总之，一线 L 老师认为内容太多，课堂时间内无法完成教学任务，需要合理压缩内容，且思路需要适当改变，如果实在不想变化，那就优化教学内容选择和教学内容呈现方面。

化学教育硕士 Q 经过多次反思、内化、修改、磨课后，专家认为"这是一堂很棒的课"，认为这节课体现的化学教育硕士 Q 的设计能力、创新能力"已经可以超越某些一线教师水平。"

【访谈片段】

【问】从自磨开始，你的教学设计一直在变化，为什么呢？变化的依据是什么？

【化学教育硕士 Q】说实话，老师，这次的磨课，我下了特别大的功夫，也想了好多的思路，但是经过 L 老师评课之后，我就想改，可是改了之后又觉得不是我预想的东西了，一想到咱们老师（大学课程专家）说的话，我觉得我应该能出一节好课，我就坚持了。

【问】咱们老师说什么了？

【化学教育硕士 Q】他说，要逐渐体现学科核心素养，像这类原理课，更应该促进学生高阶思维，出的是范式，认识模型什么的。

（Q-ZS-FT-5）

2. 从 PCK 要素看，在自磨阶段化学教育硕士 Q 比较关注教学价值取向，经一线干预后反而淡化了价值取向，经专家干预后，教学价值取向再次凸显；此外，评价方面的变化也很显著；且每个 PCK 片段中体现的 PCK 要素更加全面，且在不同干预阶段的 PCK 片段内容和要素有显著差异。

【改进说明】

为了使小结更清晰简洁，形成知识网络，把原来的"我们一起来回顾一下这节课所学的内容。如何判断阳极和阴极？阳极是？阴极是？发生哪种类型的化学反应？溶液中阴阳离子的移动方向为？电子的移动方向为？什么是电解？从能量的角度来说什么是电解池？电解池的构成条件是？电极材料分为？"改成了"现在我们来梳理一下这节课所学的主要内容。要想真正地掌握电解池的相关知识，需要同学们具备以下背景知识，同学们这部分掌握得非常好。从能量的角度来说，电解池的定义是？电解池的电极名称是？如何判断阴极和阳极？电解池的电极材料分为？电解池的构成条件？这节课涉及了三种流向，哪三种？电子流向，电流流向，离子迁移方向。电子……电流……离子……电极反应式，咱们以电解氯化铜溶液为例，在阳极……在阴极。电解的定义是？电解原理是？这些就是我们今天所学的主要内容。"接着是一段思维导图式的小结。

（Q-ZS-FSGJSM-3）

从反思—改进说明中可以看出，化学教育硕士 Q 希望能从本质上理解阐释电解池原理，并将教学内容从微观上进行结构化，并建构有关电解池的认识模型。所以表现出来的 OTS、KSC、KSU、KISR 都特别充分和饱满。进入班级教学后，为真实学生授课，其明显优于臆想的学生的求知欲望和兴趣，故对学生的评价也都很由衷、充分，KAS 表现充分。

【访谈片段】

【问】 你上了两个班的课，对于学生学习评价这你有什么心得、感受或者反思？

【化学教育硕士 Q】 在学习活动的指导方面，所提出的系列问题，对于九班和十班的学生，有一定的思考价值，没有过简单或过难。对于学生反馈给我的回答，都及时地作出了评价，但评价方式没有做到多样化。对于回答对的，好的，一般是很好，非常好，观察得很仔细等，我再总结一下。对于没有回答对的或者不会的，我一般是给他一些提示，引导的方式尽可能让学生说出来，或者感觉有点耽误时间了，就提问他人。在学生讨论交流中，我一般只是照顾到了班里一半的学生，对于讨论中或书写练习中发现的错误，我会指出来，同时对讨论问题的想法，我大致有一定的了解。但是对于另一部分学生，也是出于时间的考虑吧，就没有及时收到他们的反馈。我与学生交流沟通上，十班比九班要多一些。还有，我自己觉得我在教师个人素养方面有所收获，对于电解原理的分析，是本节课的重难点，我做到了突出重点、突破难点。

（Q-ZS-FT-5）

3. 从 PCK-Map 看，PLC 干预后化学教育硕士 Q 的 PCK 各要素总频次均有显著性提高，尤其是 KAS 频次增加幅度最大。

将知识期化学教育硕士 Q 各阶段的 PCK 要素频次整理，见表 6-2-2。

表 6-2-2　　　　知识期 Q 的各干预阶段要素总频次统计　　　　单位：次

知识期干预阶段	OTS	KISR	KAS	KSC	KSU
自磨阶段	6	2	5	3	6
一线教师干预阶段	5	3	2	3	7

续表

知识期干预阶段	OTS	KISR	KAS	KSC	KSU
专家干预阶段	6	4	2	5	7
PLC 全体干预阶段	11	8	12	9	12

从表格中可以看出，自磨阶段的化学教育硕士 Q 的各要素相对均衡，并无缺失。通过一线干预 KISR 和 KSU 总频次稍有增加，分别由两次增加到 3 次和从 6 次增加到 7 次；KSC 没有发生变化，仍为 3 次；OTS 和 KAS 总频次反而降低。专家干预后 OTS 总频次从 5 次到 6 次，增加 1 次，以 KSU 增加为核心，各要素都有所发展，尤其是专家与一线教师共同干预后，PCK 各要素发展显著，均很饱满。特别表现在 OTS 和 KAS 方面，KAS 总频次达到 12 次，OTS 总频次达到 11 次。可以看出，专家干预是以 KSU 为核心，关注 OTS 等发展，即以学生为本，针对 Q 与学生的互动，发展为什么学和如何学的教学价值。KAS 总频次虽然较多，但在授课过程中可以看到的都是"很好""对"等诊断式评价或者回应式评价，总频次尽管增多，却不是真正的发展。可以看出化学教育硕士同伴依然以怎么教为核心进行干预。

4. PCK-Map 上 PCK 要素之间联系紧密程度不同，专家干预后在各 PCK 片段中都减少与其他要素的联系，要素之间联系紧密程度有小幅度提升。

将 Q 的各干预阶段的 PCK-Map 中的各要素联系频次数统计分析，见表 6-2-3。

表 6-2-3　　　知识期 Q 的各干预阶段要素联系频次数统计　　　单位：次

干预阶段	OTS–KISR	OTS–KSU	OTS–KSC	OTS–KAS	KISR–KSU	KISR–KSC	KISR–KAS	KSU–KAS	KSC–KAS	KSU–KSC
自磨阶段	0	3	1	2	1	1	0	2	1	0
一线干预	0	3	1	1	1	1	0	1	0	1

续表

干预阶段	OTS-KISR	OTS-KSU	OTS-KSC	OTS-KAS	KISR-KSU	KISR-KSC	KISR-KAS	KSU-KAS	KSC-KAS	KSU-KSC
专家干预	1	2	2	1	2	1	0	1	0	2
PLC 全体	2	3	3	3	2	1	3	4	2	3

发现一线教师干预后只增加了 KSU 与 KSC（联系频次数从 0 变成 1）之间的联系，而 OTS 与 KISR、KSC 和 KAS、KISR 和 KAS 的联系是缺失的。PLC 全体成员干预后与专家干预相比 KISR 和 KSU、KISR 和 KSC 之间的联系频次没有变化外，其他要素间联系都有所增加。可看出专家更关注所教内容的功能和价值，在"为什么这样教""这样教有什么意义"等的基础上考虑"教什么"和"怎么教"的问题。

【教学设计片段】

表 6-2-4　　　　　　　　知识期 Q 教学设计片段 1

从学生已有的经验^{KSU}出发，通过亲自实验^{KISR}，观察，得出结论。进一步深入的分析、探究^{KISR}，让学生感悟如何利用已有化学知识应用于实践^{KISR,OTS}，在合作与探究的过程中感受化学的实验之美^{OTS}，体验化学原理之美^{OTS}，力求使学生在心里产生美的感受，在情感上产生美的共鸣，在学习上受到美的熏陶。使学生在审美的愉悦中掌握化学基本知识和基本技能^{KSU,OTS}，最终达到学以致用，学有所成的教学目标。

设计了电解氯化铜溶液的实验演示活动^{KISR}，以及微观模拟动画和图片^{KIER}来辅助教师进行电解的基本原理、电解池等理论知识的讲授。首先，教师从电解水实验^{KISR,KSU}出发，巩固旧知识^{KSU}，引入新课，然后设疑，提出本节课要解决的问题^{KISR,OTS}，学生带着好奇心进行学习。接着教师演示"电解氯化铜"的实验活动^{KISR}，学生通过观察实验^{KISR}现象，教师层层诱导，提出问题^{KISR}。宏观问题解决后，为突出重点和突破难点，需要强化学生对电解池中微粒运动^{OTS}情况的理解。通过播放微观模拟动画^{KISR}，学生建立起对微观过程的认识^{OTS}，学生逐渐完成了对电解原理的理解与掌握^{KSC}，加深对微粒观^{OTS}的认识

注：（Q-ZS-JXSJ-5）。

经过 PLC 干预团队的连续干预，化学教育硕士 Q 的教学设计中已充分体现了她的教学思维的高度，将 Q 的教学设计思路部分进行

编码，发现在她的教学设计中从头到尾都表现出在努力地用核心教学策略引导学生学习课程知识，从本原上认识电解池的微观本质。Q的教育理想已不再是简单平铺式，也不是表面热闹式，而是创设本原性问题引发学生高阶思维，由学生自主建构认知模型，促进学科核心素养的发展。

二　知识期 PLC 干预下 Q 的 PCK 各要素发展分析

经过 PLC 连续干预后，化学教育硕士 Q 的 PCK 各要素有显著变化，尤其是针对知识期的 PCK 发展目标有飞速提升。

（一）PLC 干预后化学教育硕士 Q 在 OTS 上超越知识取向

经过规范期 PLC 的干预和化学教育硕士 Q 自己的内化与反思，明显表现出对教学价值取向的关注，并重视了学科核心素养的发展与科学本质观的发展。

自磨阶段化学教育硕士 Q 吸取了规范期的经验，在进行教学设计时下大力度努力靠近科学本质、给出认识和思维的视角。在模拟授课中可以看到，Q 有意识地、清晰地显现了电解的科学本质。

【教学片段】

【师】那么同学们请思考一下，通电前，氯化铜溶液中有哪些离子呢？这些离子又是如何运动的呢？嗯，有铜离子、氯离子、氢离子、氢氧根离子，这四种离子自由移动。

【师】接下来请同学们观看电解氯化铜溶液的微观模拟动画（播放 flash），并思考：通电后，溶液中的离子的运动情况发生了怎样的变化？好，哪位同学来说一下，发生了怎样的变化？

（Q-ZS-SK-1）

在本 PCK 片段中看出，化学教育硕士 Q 从阴阳离子在溶液中的运动情况微观解释电解的本质，但没有更本质地说明为什么阴阳离子如此运动。化学教育硕士 Q 有意识地引导学生进入微观世界，通过离子运动视角认识电解原理，并进行迁移，从微观本质上解释电解质溶液导电的根本原因。化学教育硕士 Q 认为电解池的科学本质，不仅仅是阴、阳离子运动造成的，电势差的存在才是电解发生的根本原因，但是在提出电势差时候，出现得特别突兀。"更为准确地说，是由于阴阳两极存在电势差，那么阳离子向电势低的一端移动，阴离子向电势高的一端移动。这样呢，通电时，在电极的作用下，氯化铜溶液中自由运动的离子改作定向移动，那么阳离子趋向阴极，阴离子趋向阳极。"（Q-ZS-SK-2）

一线优秀教师听模拟授课后，倾向于用学生已有知识引入，并以知识传授为主："其实我提供一个思路，因为你讲的是电解的第一课时，电化学前面是原电池，我们是先复习的化学电源原电池，你可不可以通过原电池和电解的联系引入，这样你就没有这节课必须完成这部分内容的压力。你如果是按照你这个思路来，这节课的压力就是必须得把为什么加硫酸加氢氧化钠解决清楚了，这是你完整的一节课，但是呢如果换一个角度，你不是按照这个问题来解决这节课的内容，从原电池引入就没有进行内容的压力，就可以换个角度引入这节课。"（Q-ZS-PK-2）但化学教育硕士 Q 还是坚持了自己的看法，并将 OTS 表现得更充分。

专家干预后，很明显发现化学教育硕士 Q 可以更本质地从电势差的视角解释阴阳离子移动的原因，很好地驾驭课堂，并让学生很清楚造成电势差的原因。然后在后面的 PCK 片段中，逐步从能量视角、氧化还原反应视角解释电解的原理，学生逐步建构电解的理论模型。专家对化学教育硕士 Q 能坚持将教学价值取向定位于素养取向而表示赞同，也肯定了基于电解池的工作原理而提出的一串本原性问题。

【评课片段】

【专家 Z 教授】整体还不错，把电解池的原理微观那点事说得很透彻。尤其是那一串问题问得好。如果能建构出认知模型，那就更好了。

【化学教育硕士 Q】老师，L 老师（一线教师）想让我从原电池引课，然后讲解电势差，还有电极上的放电顺序，我没接受，我觉得那样就是讲死知识，无法发展学生的素养和能力。老师，L 老师会不会生气啊？

【专家 Z 教授】如果他生气了你怎么办？

【化学教育硕士 Q】老师，那我也想这么讲。

【专家 Z 教授】那不就行了，按照自己的想法来，当然前提是想法得够好！再说，L 老师也不会不高兴，他是个善于接受新理念的人！你的理念和能力已经超越了普通一线教师了，他们还看不出来你设计的高大上，那你可以认为是他们欣赏水平不够。

（Q-ZS-PK-3）

经过 PLC 整体干预后，化学教育硕士 Q 反复斟酌，体会 PLC 的干预意图，可以发现，在展示课中，调整了对电解的本质理解的顺序，并构建了电解的微观解释模型。

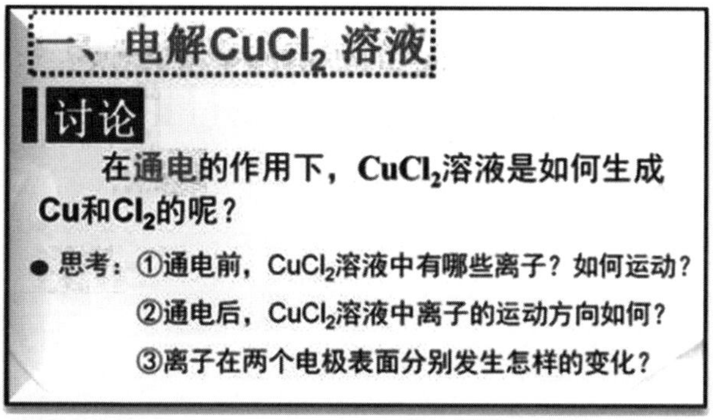

一、电解 $CuCl_2$ 溶液

讨论

在通电的作用下，$CuCl_2$ 溶液是如何生成 Cu 和 Cl_2 的呢？

● 思考：①通电前，$CuCl_2$ 溶液中有哪些离子？如何运动？
②通电后，$CuCl_2$ 溶液中离子的运动方向如何？
③离子在两个电极表面分别发生怎样的变化？

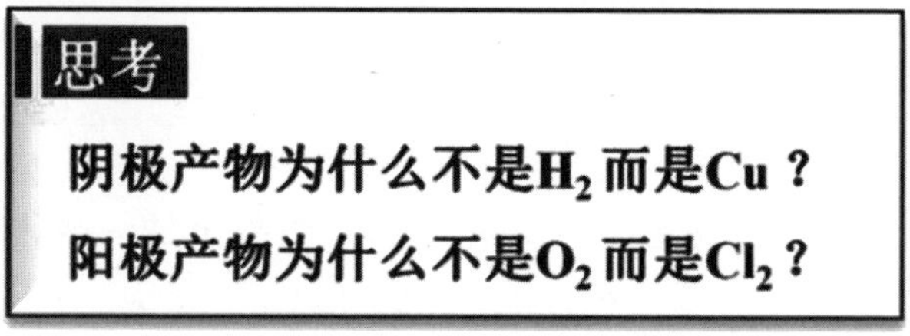

思考

阴极产物为什么不是 H_2 而是 Cu？
阳极产物为什么不是 O_2 而是 Cl_2？

图 6-2-1　知识期 Q 教学设计 PPT 片段

从化学教育硕士 Q 的教学设计、课堂展示、教学 PPT、教学反思等观察到，Q 的教学价值取向发展迅速，并且已经超越了知识取向，而更体现素养取向。

（二）PLC 干预下化学教育硕士 Q 的科学知识准确性（KSC）有所发展

相对化学课程知识，化学教育硕士 Q 投入了较多的精力去寻找将"电解池"主题下的电解原理阐述清楚的路径，将所涉及的较多零散知识，如电子运动方向、离子运动方向、阴极放电粒子、阳极放电粒子、放电顺序以及表征等进行结构化，并考虑建构认知模型。

自磨教学设计表现以知识为主，电解池原理部分内容可以结构化，但是整堂课看起来有些凌乱，内容多而杂。

【教学设计片段】

【师】（边讲边画图）我们知道与电源负极相连的电极是阴极，与电源正极相连的电极是阳极，电子呢从电源的负极流出，并沿着导线流入电解池的阴极，铜离子也就是阳离子移向阴极，在阴极上得到电子，发生还原反应生成铜单质。氯离子也就是阴离子移向电解池的阳极，在阳极上失电子发生氧化反应生成氯气。电子再从电解池的阳极流出，并沿着导线流入电源正极。经过阴阳离子的定向运动形成内电路。这样呢，内电路外电路形成闭合电路。那么也就是说氯化铜溶液在通电的作用下，发生了氧化还原反应生成了氯气和铜单质。我们把发生氧化还原反应的过程叫作放电。这就是电解氯化铜溶液的电解原理，实际上，也是电解电解质溶液的电解原理。

（Q-ZS-SK-1）

一线 L 教师对 Q 的教学从知识取向视角提出了一些具体的建议，"实验要做多少合适，是不是氯化铜与氯化钠的电解都要做；电极名称如何定义的；放电顺序如何呈现"等，化学教育硕士 Q 除了接受 L 教师的某些具体建议外，自己结构化了整体的教学内容，进阶式地在已有知识基础上提出新的问题，通过问题解决而多视角认识电解原理，力求让学生从本原上思考，自己建构认识模型，但是这些视角还不能很好地融合在一起，见表 6-2-5。

表 6-2-5　　　　知识期一线教师磨课阶段 Q 教学设计片段

板块	任务	活动	情境	素养
板块 1：电解原理	任务 1.1：回顾电解水实验	活动 1.1.1：描述电解水实验现象并书写化学方程式 活动 1.1.2：提问加入电解质之后对电解产物是否有影响	电解水实验	宏观辨识与微观探析
	任务 1.2：实验探究：电解氯化铜溶液	活动 1.2.1：阅读实验操作步骤及讲述注意事项 活动 1.2.2：进行实验探究 活动 1.2.3：描述实验现象，书写总反应式，并猜想原因	电解氯化铜溶液	
	任务 1.3：分析电解原理	活动 1.3.1：观看电解氯化铜溶液的微观模拟动画 活动 1.3.2：从微观视角解释电解原理 活动 1.3.3：书写电极反应式	电解过程微观动画	
	任务 1.4：实验探究：电解氯化钠溶液	活动 1.4.1：书写总反应式和电极反应式		
	任务 1.5：电解熔融氯化钠溶液	活动 1.5.1：书写总反应式和电极反应式		
	任务 1.6：了解电化学发展史	活动 1.6.1：讲述电化学发展史	电化学发展史料	
板块 2：电解本质及定义	任务 2.1：总结电解本质	活动 2.1.1：根据实验现象总结电解本质		微观探析建构模型
	任务 2.2：给电解下定义	活动 2.2.1：从电解过程给电解下定义		变化观念

续表

板块	任务	活动	情境	素养
板块3：电解池定义及构成条件	任务3.1：给电解池下定义	活动3.1.1：从能量转化角度给电解池下定义		
	任务3.2：总结电解池的构成条件	活动3.2.1：类比原电池的构成条件，总结电解池的构成条件		

注：（Q-ZS-JXSJ-2）。

教学论专家关注知识结构化和建构认知模型，当专家提出建议后，化学教育硕士 Q 表现的是心悦诚服，采纳了专家的大多数建议。化学教育硕士 Q 设计了电解氯化铜溶液实验演示活动以及微观模拟动画和图片来进行辅助讲解电解的基本原理、电解池等理论知识的讲授。首先，Q 从电解水实验出发，巩固旧知识，引入新课，然后设疑，提出本节课要解决的问题，学生带着疑惑进行学习。接着，Q 演示"电解氯化铜"的实验活动，学生通过观察实验现象，Q 层层诱导，提出问题。宏观问题解决后，为突出重点和突破难点，需要强化学生对电解池中微粒运动情况的理解，通过播放微观模拟动画，学生建立起对微观过程的认识，逐渐完成对电解原理的理解与掌握，深度发展学生化学微粒观。

学生虽然理解了电解池的宏观表征和微粒运动的微观表征，但还需要一个载体把宏观和微观结合起来，才能清晰理解电解原理，化学教育硕士 Q 引导学生写出电极反应式和总反应式，从而把"宏观—微观—符号"三重表征结合起来，水到渠成地突破重难点。再带领学生进入电化学发展史的板块，开拓学生视野，感知电化学的历史发展过程，明确电解池的条件之一可以是熔融态电解质。对本节涉及的几个化学方程式进行分析，使学生把握电解的本质及定义；类比原电池的能量转化及构成，学生总结电解池的定义及构成条件；Q 引领学生回顾最开始提出的问题，并予以解决。

整节课教学通过化学教育硕士 Q 的本原性问题式驱动，层层递进，不断促进学生高阶思维，学生展开了对于电解池知识的更深一步的探索和学习。教学过程中始终坚持教师的"引导"与学生的"探究"相结合，体现了学科课程知识的本原化、结构化以及模型化。

【教学片段】

【师】接下来我们再看溶液中的电子是怎样运动的？也就是说铜离子得电子，得到的电子是从哪里来的？氯离子失电子，失去的电子去了哪里呢？

【生】负极，正极……

【师】好，请坐。那么也就是说外电路中电子的定向移动和内电路中阴阳离子的定向移动，阳离子移向阴极，阴离子移向阳极，使得整个电路形成闭合电路。那么也就是氯化铜溶液在通电的作用下，发生了氧化还原反应生成了氯气和铜。我们把发生氧化反应或还原反应的过程叫作放电。这呢就是电解氯化铜溶液的电解原理，实际上也是电解电解质溶液的电解原理。（板书：电解质溶液）（Q-ZS-SK-4）

从整体上看，化学教育硕士 Q 对课程知识选择得好，处理得好，展示得也好。在学科知识的纵向深度上有延展，横向知识有扩充，已经超越知识取向，跨入素养取向。

（三）PLC 干预下化学教育硕士 Q 的科学教学策略（KISR）发展极快

化学教育硕士 Q 通过规范期的学习，对于课堂教学的策略有了较高的认识，认为除了化学实验以外，通过提出促进学生高阶思维的本原性问题，学生进行讨论建构认识模型，更有利于学生化学学科核心素养的发展。所以，在"电解池"主题的授课过程中，除涉及化学实验部分采用了实验、实验视频或者图片手段来呈现外，还提出了一些科学本质的问题，促进学生发展化学学科思维，通过学生讨论交流等方式解决有关电解池的本原性问题。

在自磨阶段，化学教育硕士 Q 设计了多个化学实验，试图利用实验事实和实验结论证明电解池的电解过程存在放电顺序。

【教学片段】

【师】我们知道水是弱电解质，导电能力弱，为了增强溶液的导电能力可以向水中加入硫酸或氢氧化钠溶液。那么加入其他电解质是否会影响水的电解呢？又会有怎样的现象呢？

【师】接下来请同学们利用老师所提供的试剂和材料，进行实验，并验证生成的产物。实验过程中请同学认真观察并记录实验现象。好，开始。

【师】好了，时间到。我看大家做了两个实验，电解氯化铜溶液，电解氯化钠溶液。谁来说一下电解氯化铜溶液的实验现象？好，你来说。与电源负极相连的碳棒上有一层红色的固体析出，说明有铜单质生成。与电源正极相连的碳棒上有气泡产生，并有刺激性气味，用湿润的 KI 淀粉试纸检验显蓝色，说明有氯气产生。电流表的指针偏转，说明有电流通过，电解质溶液导电。溶液的颜色，说明铜离子的浓度变小。

（Q-ZS-SK-1）

化学教育硕士 Q 力图做到面面俱到，于是设计了两个实验，电解氯化铜溶液和电解氯化钠溶液，结果导致学生实验时间增加，汇报时间增长，现象也没有观察得仔细，实验现象记录也不规范。尽管是模拟授课，但是这样的设计不足还是很容易暴露出来的。

当一线 L 教师听课后发现了问题，建议"把两个演示实验改成一个'电解氯化铜溶液'学生实验，氯化钠溶液的电解让学生根据氯化铜溶液的电解实验进行讨论，增强了学生的迁移能力"（Q-ZS-PK-3）。

教学论专家根据化学教育硕士 Q 自身素质和教学设计的水平给予学科核心素养落地建议，"除了需要适当的活动外，还需要一些本原性问题促思维，如'为什么铜是在电源负极一端的石磨棒上析出？为什么氯气是在电源正极一端的石磨棒上产生'等，更利于建构电解池的原理模型"。于是化学教育硕士 Q 设计了几个有深度的本原性问题，课堂教学时学生的兴趣、疑惑带动了深度思考，值得肯定。

【教学片段】

【师】那么老师还有两个问题，铜为什么在阴极上产生的呢？第一个问题。

【师】第二个问题，铜离子得电子，得到的电子是从哪里来的？氯离子失电子，失去的电子又去了哪里呢？（Q-ZS-SK-4）

化学教育硕士 Q 设计了问题串，层层递进，直指科学本质。"电子从哪来的？去哪了？发生了什么变化？为什么这样运动和变化？溶液里阳离子有哪些？从哪来的？运动到哪里去了？哪种阳离子放电了？为什么是它放电呢？"就解决了电解池的原理问题，如果解决了这些问题，学生对电解池原理理解更加透彻。

（四）化学教育硕士 Q 的 KSU 发展显著

化学教育硕士 Q 从规范期到知识期结束，经历了数次的磨课、模拟授课，终于站在了真正的讲台上，面对真实的学生，对学生的已有经验和迷思概念等的了解逐步加深。当进入知识期后，进入了实践基地，尽管开始只是听课，但也是近距离地接触了学生，对学生在各个方面都有了一定的了解，授课时候明显自如许多。

在化学教育硕士 Q 自磨期间，还没有和真实学生很熟悉，对于学生情况处于猜和想的阶段，所以，在教学设计中体现的就是学生已有知识，如表 6-2-6。

表 6-2-6　　　　　　　**知识期 Q 自磨教学设计片段**

【学生分析】	本课内容是在学生已学习与掌握氧化还原反应、离子反应、阳（阴）离子氧化性（还原性）的相对强弱的比较、金属活动顺序、电解质的电离、原电池原理及应用、化学平衡等相关知识的基础之上，并有了一定的微观过程的思考能力，进行电解原理、电解池构成条件等新知识的理解与掌握，是电化学知识的深化与拓展，体现了知识梯度的合理性，对培养学生的学习迁移能力有很大的提高。 　　关于学生对于电解的前认识，学生知道电解水和电解法制取熔融态的铝、钠等活泼金属，有一定的知识储备。但是对于电解池工作原理的微观想象可能存在着一定的困难，还不能理解电解的微观和符号表征

注：（Q-ZS-JXSJ-1）。

　　一线教师对学生十分了解，尤其是对自己所带的两个班级学生。一线教师 L 老师告诉化学教育硕士 Q："我这个九班是普通班，学生基础不如十班，但是比十班同学在课堂上活跃，思维活跃，表现也活跃，但有时候思维深度不够。十班同学聪明，内敛，腼腆，不爱表达，但是思维深度够，你就不能一个设计两个班用了。"（Q-ZS-PK-3）教学论专家建议："无论谁说，那都是听！谁说也不如自己去看，去探查，你们现在有这个便利条件，就在这儿实践，跟导师听课，将来就在这个班级进行授课。那就多进班级，和学生聊，还可以采用其他方式，探查学生已有知识、经验和理解能力等等，那才是最有效的。"（Q-ZS-PK-5）

　　化学教育硕士 Q 很聪明，先利用所学的理论知识进行分析和梳理文献的方式来了解学生理解科学的普遍情况，同时深入班级与学生打成一片，有针对性地了解了学生许多的情况，比如知识基础、学习风格和认知障碍等。见表6-2-7。

表6-2-7　　　　　　　　知识期 Q 专家磨课阶段教学设计片段

| 【学生分析】 | 知识基础：9 班对电解质的电离、原电池原理等还有一些障碍，10 班同学几乎没问题。两班对水和电解法制取熔融态的铝、钠等活泼金属，有一定的知识储备。
学习风格：附中的学生们求知欲较强，知识及思维基础比较好，合作意识与探究精神已逐步形成。
认知障碍：从微观的角度判断溶液中有哪些自由移动的离子，然后弄清它们移动的方向，进而分析哪些粒子发生氧化反应，哪些粒子发生还原反应，当放电粒子不止一种时，还需要思考放电顺序。电化学的知识内容较抽象，跨度大，对附中普通班学生来说，逻辑推理的能力要求高，学生以前的认知结构化程度低，与新知识的衔接出现障碍，存在迷思概念，如"电离""电解" |

注：（Q-ZS-JXSJ-4）。

　　化学教育硕士 Q 也不再认为学生学过了就是学生已有知识，而是只把已学知识作为前基础，而学生具体情况则是在与学生交往接触中去了解。不仅仅问中学指导教师，还主动去班级和学生沟通，直接有效了解学生情况，当访谈问道："你正式上课前，去了解过学生的情况吗？怎么了解的？了解了什么？"教育硕士说："我上课的九班，是 L 老师的实验班，学生学习挺好，以前一直在这个班级听课来着，上课就看出来了，他们特别活，（思维活跃和表现活跃）。Z 老师（教学论专家）磨课时候就告诉我得真实探查，后来课间我就找了几个同学聊了聊，我问一名同学'你知道电解池吗？'学生说：'知道啊，不就是原电池嘛？'问了另一个学生：'你知道电解吗？'学生说：'就是电离呗？'我就知道学生对电离、电解、原电池、电解池是有迷思的，存在障碍的。看来，只认为学生学了就是已有知识还是不行的，以前不觉得学生情况有多重要，这回真的知道了。所以教学设计又进行了修改，要不我可能真的挂黑板上（讲不下去）了！"（Q-ZS-FT-2）

化学教育硕士 Q 对了解学生和如何了解学生感触颇深，并深刻认识到职业环境中与模拟环境的差距，感受到这种实践方式对自己专业发展促进作用极其重要。

第三节 知识期化学教育硕士 Y 的 PCK 发展

教育硕士 Y 经过了规范期学习和实践后，对教学有了一定的认识，当与化学教育硕士 Q、Z 同时进行"电解池"主题的科学态磨课后，表现出了自己不同的特点。但由于经验等的不足，准备不够充分、语速过快、紧张等原因，最后进入班级展示时候出现了空余时间，提前结束课堂教学，出现了重大问题。

一 知识期 PLC 干预下 Y 的 PCK-Map 特点分析

将化学教育硕士 Y 在知识期进行多次 PLC 干预后的所有数据进行收集分析，PLC 干预以及编码、PCK 片段划分、PCK-Map 见表 6-3-1。

表 6-3-1 知识期 Y 的 PCK-Map

PLC 干预			PCK 发展		
阶段	主干预人	参与人员	PCK 片段	PCK 要素	PCK-Map
自磨阶段	无	Y	E1 复习锌铜电解池	KSU KAS	
			E2 阳极锌换成铜	KSC KAS	
			E3 讲解电解精炼铜	KISR KSU	
			E4 视频实验电镀	KSC OTS KAS KISR	
			E5 讲解电冶金	KSU KSC	
			E6 讲解氯碱工业	KISR OTS KSC	
			E7 电解质在水溶液中放电顺序，总结	KSU KSC	
专家干预阶段	专家教师	专家、同伴、Y	E1 复习电解池的构成	KSU KAS	
			E2 电解应用一：精炼	KSC KSU	
			E3 电解精练铜的电解池的反应原理	KISR KSU OTS KSC	
			E4 电解用二：电镀	KSU KAS KSC	
			E5 电解应用二：电镀池的构成	KSU OTS KSC	
			E6 电解应用三：炼钠	KSU KSC	
			E7 电解的应用三：冶金炼铝	OTS KSU KSC	

续表

PLC 干预			PCK 发展		
阶段	主干预人	参与人员	PCK 片段	PCK 要素	PCK-Map
一线教师干预阶段	一线教师	一线教师、同伴、Y	E1 复习电解池的构成	KSU KAS	
			E2 电解应用精炼铜	KSC KSU	
			E3 电解精炼铜的反应原理	KISR KSC KSU OTS	
			E4 电解的应用二：电镀	KSU KAS KSC	
			E5 电解的应用二：电镀池	KSU OTS KSC	
			E6 电解的应用三：电冶金炼钠	KSU KSC	
			E7 电解的应用三：冶金炼铝总结	OTS KSU KSC	
PLC 所有成员	专家和一线教师	专家、一线教师、同伴、Y	E1 回顾电解池组成	KSU KAS	
			E2 电解的应用一：精炼铜	KSU KSC KAS KISR	
			E3 电解精炼铜的反应原理	OTS KSU KAS KSC	
			E4 电解的应用二：电镀池构成	KAS KSC KSU	
			E5 电镀池反应原理	KSU KSC	
			E6 电解应用三电冶金	KSU KSC	
			E7 电解应用三电冶金	KSU KSC	

对表格内容分析发现，PLC 干预共分为四个阶段，不同的是化学教育硕士 Y 的一线教师听评课干预指导与专家干预指导的顺序颠倒过来，因为化学教育硕士 Y 的一线指导教师因公出差，没有来得及听化学教育硕士 Y 模拟授课，在化学教育硕士 Y 自磨几次后，就由专家听评学科理解文献综述、教学设计文献梳理、教学设计以及模拟授课，并由专家提供了一些建议。化学教育硕士 Y 听取专家建议并反思后，修改教学设计，在与一线 H 教师沟通后，找了个机会展示模拟授课给一线 H 教师，一线 H 教师听课后，也评课和给予建议。化学教育硕士 Y 修改后最终在某重点学校的高二年级进行真实授课展示，由部分 PLC 成员和非 PLC 成员共同观摩，课后进行评课活动，化学教育硕士 Y 进行说课与反思、总结，至此，知识期的整个干预和科学态磨课告一段落。

化学教育硕士 Y "电解池" 主题下的教学内容，从自磨阶段到真实课堂授课展示的四个阶段都有七个 PCK 片段内容，当专家磨课后，一线教师再磨课后，几乎没有改变，而其他的阶段的变化也不明显。其他具体发现如下。

1. 从 PCK 片段中内容看，化学教育硕士 Y 的设计在专家、一线教师磨课后没有明显的变化。化学教育硕士 Y 并没有采纳 PLC 干预人员的大部分建议。

化学教育硕士 Y 设计的教学思路是："通过复习铁作阳极、铜作阴极电解硫酸铜溶液，强化电解原理；然后改变电极材料为粗铜作阳极和精铜作阴极电解硫酸铜溶液，引出精炼铜的应用；再用精铜作阳极、其他金属作阴极，电解硫酸铜溶液，引出电解在电镀中的应用；再归纳金属冶炼的一般规律，如惰性电极电解熔融的氯化钠，引出电解在活泼金属冶炼中应用；最后通过惰性电级电解饱和食盐水，引出电解在重要的化工工业——氯碱工业中的应用。" 设计思路是以应用为主，即发展学生解决问题能力，见表 6-3-2。

表 6-3-2　　　　　　　　知识期自磨阶段 Y 教学设计片段

板块	任务	活动	情境	学科素养
板块 1：电解池原理的应用：电解精炼铜	任务 1.1：复习铜－锌－硫酸铜电解池	活动 1.1.1：复习阴阳极，描述电解池反应现象 活动 1.1.2：复习电极方程式的书写	回忆实验	变化观念
	任务 1.2：理解电解精炼铜原理	活动 1.2.1：阳极锌换成铜，描述现象书写电极方程式 活动 1.2.2：思考精炼铜阴阳极，书写电极方程式		
板块 2：电解池原理应用：电镀	任务 2.1：书写电镀池电极方程式	活动 2.1.1：阴极铜换成铁，视频实验 活动 2.1.2：观察现象，书写电极方程式		微观探析变化观念
	任务 2.2：理解电镀原理	活动 2.2.1：给出电镀池定义，思考形成条件 活动 2.2.2：思考电镀池的组成和 pH 是否变化		
板块 3：电解池原理应用：电冶金和氯碱工业	任务 3.1：理解电冶金原理	活动 3.1.1：复习钠的制备，引出电冶金 活动 3.1.2：书写电极方程式	视频实验	科学探究
	任务 3.2：掌握氯碱工业	活动 3.2.1：为什么不电解氯化钠溶液，视频实验 活动 3.2.1：分析电极反应，书写电极方程式		

注：（Y-ZS-JXSJ-1）。

在整个知识期大的思路几乎没有改变。但在教学策略和促进学生高阶思维这里还是有很明显的变化。

专家认为内容太散，深度不够，学科理解程度做得不够："这个课这么上完就会出现三个不满意，高中学校不满意，学生不满意，咱们不满意，浪费人家老师和学生时间，听一节课没收获。全是散点，内容讲得太浅，没有学生思维在里面，明显是你学科理解做得不到位。"（Y-ZS-PK-2）一线教师只是强调课的容量准备要充足。但是化学教育硕士Y并没有太大改变。

2. 从PCK要素看，化学教育硕士Y对学生理解科学的知识要素上发展很明显，但依然存在很大的不足，经专家干预后，评价方面的变化也很显著。

化学教育硕士Y希望能从本质上理解阐释并应用电解池原理，并将教学内容进行结构化，并建构有关电解池的迁移认识模型，但很明显并没有达到目标。化学教育硕士Y认为自己构建了电解池应用的模型，却缺少深度的思考："我想让学生认识到电极变化，电解的产物就会变化，所以可以选择不同的电极。还有电解质溶液也存在着离子放电顺序，多种离子时候怎么选择我们想要的离子放电，得到想要的产物。"（Y-ZS-FT-5）没有进行充分学科理解，达不到预想目标设计，所以在教学策略以及课程知识和教学价值取向都没有明显体现。

3. 从PCK-Map看，在不同阶段的各PCK要素总频次均没有显著差别，尤其是专家磨课后，一线教师再磨课，分析绘制的PCK-Map完全没变化，只是在真实授课时候，对学生学习评价总频次有所增加。

将知识期化学教育硕士Y各干预阶段PCK要素总频次整理，见表6-3-3。

表6-3-3　　　　知识期Y的各干预阶段要素总频次统计　　　单位：次

知识期干预阶段	OTS	KISR	KAS	KSC	KSU
自磨阶段	5	6	5	8	4
专家干预阶段	7	3	3	11	12
一线教师干预阶段	7	3	3	11	12
PLC全体干预阶段	3	3	9	11	12

从表中可以发现，自磨时，化学教育硕士 Y 的 PCK 要素相对均衡，是以 KSC 和 KISR 为核心发展 PCK。通过专家干预后，一线教师的干预对化学教育硕士 Y 的 PCK 发展没有任何作用。一线教师和专家干预后 OTS、KSC 和 KSU 总频次均有增加，尤其是 KSC 和 KSU 增加幅度较大，分别由 8 次增加到 11 次和由 4 次增加到 12 次；而在 PLC 所有成员干预后，OTS 反而减少，KAS 则从 3 次增加到 9 次。这也说明知识期化学教育硕士 Y 的发展围绕着 KSC 和 KSU 进行，也就是基于学情而确定教什么，并关注了学生的学习情况。从而也说明职业环境下的真实实践对化学教育硕士的 PCK 发展有很大的促进作用。

经过 PLC 干预团队的连续干预，化学教育硕士 Y 意识上有了提高，能够在专家和一线教师评课中进行取舍。在反思中说："第三稿（一线教师评课后）我主要按照老师说的把细节的地方做了修改，并没有改动太大，老师说加入化学史的内容，我觉得跟我引入的方向不一致，如果引入化学史可能没有办法引入各种金属的冶炼方法，得不偿失。最后的总结，我还是采用原来的总结应用凸显原理的方式，希望深化的是学生对原理的理解，运用原理解决实际问题。"（Y-ZS-FSGJSM-4）只是化学教育硕士 Y 的教育理想很高，但是还没有做到创设本原性问题引发学生高阶思维，由学生自主建构认知模型，促进学科核心素养的发展。

4. 从 PCK-Map 上看，PCK 要素之间联系松散，专家干预后 KSU 和 KSC 联系紧密程度有所增加。

将 Y 的各干预阶段的 PCK-Map 中的各要素联系频次数统计分析，见表 6-3-4。

表 6-3-4　　　　知识期 Y 的各干预阶段要素联系频次数统计　　　　单位：次

干预阶段	OTS- KISR	OTS- KSU	OTS- KSC	OTS- KAS	KISR- KSU	KISR- KSC	KISR- KAS	KSU- KAS	KSC- KAS	KSU- KSC
自磨阶段	2	0	2	1	1	2	1	1	2	2

续表

干预阶段	OTS–KISR	OTS–KSU	OTS–KSC	OTS–KAS	KISR–KSU	KISR–KSC	KISR–KAS	KSU–KAS	KSC–KAS	KSU–KSC
专家干预	1	3	3	0	1	1	0	2	1	6
一线教师干预	1	3	3	0	1	1	0	2	1	6
PLC 全体	0	1	1	1	1	1	1	4	3	6

专家干预后 OTS 与 KISR（联系频次 2 次变成 1 次）之间的联系反而减少，且 OTS 与 KSU、OTS 和 KAS 的联系是缺失的，而 KSU 和 KSC 之间的联系增加较为明显（由 2 次变为 6 次）。多轮干预后，OTS 和 KISR 联系依然是缺失的，KSU 和 KAS、KSC 和 KAS 以及 KSU 和 KSC 都有一定增加，其余各要素的联系都不够紧密。说明专家干预后化学教育硕士 Y 更关注基于学情和"教什么"，同时关注基于学情和教什么的学生学习评价。而对专家更多的是关注所教内容的功能和价值，则是还没有充分领悟。

二 知识期 PLC 干预下 Y 的 PCK 各要素发展分析

（一）Y 的 OTS 不受一线教师影响，专家干预略有提升

经过规范期 PLC 的干预和化学教育硕士 Y 自己的内化与反思，明显表现出对教学价值取向的关注，并重视了学科核心素养的发展与科学本质观的发展，但在实践中表现不明显。

化学教育硕士 Y 在"电解池应用"主题的教学设计中，对教学目标设计是依照化学课程标准、学生已有经验和教科书内容制定的，有意识体现电解池教学的科学目标信念，但教学目标中只是很牵强地提到"通过观察实验现象体会本质"，不是真正地理解教学内容中所涉及的科学本质，同时没有考虑学生如何发展化学学科核心素养，如何在这一课题学习后进行迁移。

在专家听课、评课中，对化学教育硕士 Y 在教学设计和授课中所

提出的建议体现了"电解池应用"教学的价值。化学教育硕士 Y 的教学设计中也稍稍表现化学学科本原性知识，想对电解池原理应用再深入一些挖掘，在课程专家干预后增加了电极材料的选择部分，详细地剖析牺牲阳极的本质，也为后面学习保护阴极而牺牲阳极打基础。

化学教育硕士 Y 学科理解有一些提高，但对电解池的学科理解依然不够深入，三个电解池原理应用的知识没有建立关联，体现了一定的原理内容，但没挖掘应用的真正价值。专家给出建议"从电解精炼铜到电镀铜再到电冶金根本是电解质和电极材料的改变"，教育硕士 Y 学科知识结构化能力也不够，没有做到知识结构化。反思中她提到："专家老师给我提了很多值得借鉴的建议，确实是针对我自己的不足，所以我基本都采用了。除了老师让我在电镀和电冶金处用电极材料和电解液状态的改变引入，我认为还是归纳出各种金属的冶炼方法更好，能拓展学生的知识容量，冶炼金属也是很重要的内容，电极材料和电解液可以让学生在解决问题的时候自己选择，突出应用原理解决实际问题，不应直接给出。复习原理部分不够具体，加入保护阴极、阳极如何反应的内容，深化原理，为应用的讲解做铺垫。老师建议在电冶金的引入部分可以加入一小段化学史来激发学生学习兴趣。"加入化学史的部分目的是给学生认识视角，重走科学家研究发展的道路，学习并建构科学学习的思路和视角的转变，同伴提出此建议认为仅仅在电冶金处增加化学史用来激发学生兴趣，Y 也没有认识到化学史的重要作用，缺少科学本质的信念，可见研究对象 PCK 中科学教学方向这一要素并没有得到发展。（Y-ZS-FS-2）

教育硕士 Y 认识到了教学价值的重要性，但还无法驾驭这样高度的课，所以依然采用原来的授课思路。

当专家进行干预后，一线教师进行听课、评课，提出建议："还有镀件这个词高中也提，高中更多提的是待镀金属，等待的待，叫待镀金属，那个叫镀层金属，待镀金属和镀层金属。你说电镀工业就叫它镀件，高中一般叫待镀金属、镀层金属，其实就是一个词提法不一样。你不用说镀件，就写待镀金属。"（Y-ZS-PK-3）这些主要针对的是教学内容的呈现，语言等规范性等做了简单的建议。对化学教育硕士 Y 的教学价值取向没有什么促进。

（二）化学教育硕士 Y 的 KSC 经专家和一线干预均有发展

在化学课程知识上，化学教育硕士 Y 投入较多的精力去寻找，将"电解池应用"主题下的电解原理的几个工业应用，涉及较多的零散知识，如精炼、电镀、氯碱工业等讲得很透彻，但是内容没有进行结构化，也没有帮助学生建构电解池应用的认知模型。

整体教学以知识为主，没有结构化、一体化，整堂课看起来有些凌乱，内容多而杂。通常是一个内容讲完，"我们接着往下学习……"或者"我们回忆一下……"，没有过渡，与上一内容完全脱节，两者关系没有明显体现；同时也没有抽提出精炼、电镀和氯碱工业直接的内在联系。

【教学片段】

【师】同学们思考一下，电解液在电镀的过程中组成和 pH 有变化吗？电镀的过程中，阳极失电子生成电镀液的阳离子，阴极电镀液阳离子又得电子，得失电子数又相等，电解液中消耗的阳离子和生成的阳离子抵消，所以电解液的组成和酸碱性都不变。这是电镀的主要特点。

【师】我们回忆一下，在学习金属的时候，比较活泼的金属钠，镁，铝都是怎么制备的呢？好，就是电解熔融金属化合物。这就是电解池原理的第三种应用，电冶金。

（Y-ZS-SK-1）

化学教育硕士 Y 教学内容的呈现是散点，知识之间的内在联系没有外显化，化学教育硕士 Y 对化学课程知识还没有抽提。

专家关注知识的结构化和建构认知模型，专家提出建议："依据电解池的构成中可变化的两个方面'电极材料'和'电解液'逐步改变，就是不同的实际应用。"（Y-ZS-PK-5）化学教育硕士 Y 恍然大悟，于是修改设计，从复习电解池的构成出发，巩固旧知识，引入新课，然后设疑，进行思维探究，学生带着好奇心进行尝试，化学教育硕士 Y 层层诱导，提出问题。

　　宏观问题解决后，为突出重点和突破难点，强化学生对电解池中微粒运动情况的理解，Y 想通过专家的建议引导学生"构建变化的观念"，从而使学生认识电解池的原理本质，并能综合应用，但没有实现，所以在 KSC 上还需要进一步发展。

【教学片段】

【师】那么电解精炼铜的电极反应方程式该怎么书写呢？同学们前后四个人一组，讨论一下，一会儿小组派代表交流讨论的结果。老师提示大家，粗铜中含有的杂质有：Zn、Fe、Ni、Ag、Au 等。

【师】大家应该都讨论完了，哪个小组来说一下你们的讨论结果？好，老师来给大家讲。首先阳极，失电子，表现什么性，好，还原性。按照金属还原性顺序，依次发生氧化反应。大家对镍活泼性不太了解，镍的还原性比铁要弱比铜强，所以谁先反应？

【师】那么银和金呢，它们会发生反应吗？这也是我们小组有分歧的地方。其实是不会的，银和金是粗铜中的杂质，含量很少，依附在铜中。铜反应生成二价铜离子时，银和金就失去了依附，由重力的作用脱落在电解槽的底部了，形成阳极泥。相对不活泼的金属以单质的形式沉积在电解槽底，形成阳极泥。阴极反应呢？什么离子向阴极移动？除了铜离子还有其他离子吗？阳极反应生成的离子是阳离子，也要向阴极移动，那么氢离子、铜离子、锌离子、镍离子、铁离子和谁反应呢？阴极的阳离子得电子失电子？表现什么性？也就是氧化性强的离子先得电子。我们上节课学过阳离子放电顺序，是怎么样的顺序，哪位同学来说一下？所以谁先反应？所以阴极就是铜离子得电子生成铜。

【师】同学们一起思考一下，电解完以后，硫酸铜溶液浓度有什么变化？有没有同学有想法？这位同学来回答。

　　（Y-ZS-SK-2）

化学教育硕士 Y 的课程知识组织呈现不合理，无法让学生形成范式，观察复杂反应的实验现象，如何观察？什么顺序？在学科知识的纵向深度上有所延展，整体感觉杂乱，学科理解程度不够深入。整节课教学通过化学教育硕士 Y 的真实问题式驱动，不断促进学生思维，学生展开了对于电解池知识的更深一步的探索和学习。化学教育硕士 Y 的个人认识思维也在发展，但没有充分外显。

（三）化学教育硕士 Y 的 KISR 知识取向有所发展

化学教育硕士 Y 通过规范期的学习，对于课堂教学的策略有了新的认识，认为除了化学实验以外，通过促进学生高阶思维的本原性问题以及学生讨论建构认识模型，更有利于学生解决问题能力的发展。所以，在"电解池的应用"主题的授课过程中，除化学实验采用了实验视频或者图片手段来呈现外，还提出了一些科学本质的问题，由学生进行讨论，深入分析，促进学生化学学科思维发展，解决真实情境的问题。

化学教育硕士 Y 设计学生讨论时还设计了通过两个化学实验视频，试图利用实验事实和实验结论证明当改变电极材料和电解液时，现象和产物明显不同，故存在不同的应用。

【教学片段】

【师】粗铜做阳极。阴极上电极材料不反应，就达不到精炼的目的了，所以粗铜应该放在阳极。那么阴极放什么啊？

【生】精铜。

【师】好，纯铜。电极材料选好了，那么电解液呢？硫酸铜可以，氯化铜也可以，嗯，含有铜离子的盐溶液都可以。电解精炼铜的电极反应方程式该怎么书写呢？同学们前后四个人一组，讨论一下，一会儿小组派代表交流讨论的结果。开始讨论。

【师】大家应该都讨论完了，哪个小组来说一下你们的讨论结果？好，老师看大家讨论差不多了，哪个小组能来说一下？这位同学。

【师】我们再把阴极的铜换成铁，看看这个电解池反应有什么样的现象，看一段视频，注意观察。

【提问】同学们观察到什么现象了？这位同学。好，请坐。

【讲授】现象就是铁的表面镀上了一层红色的铜，我们用电解原理在某些金属表面镀上一层其他金属或合金的方法，叫作电镀。这是电解池原理的第二种应用。

……

【师】那么我们制备钠为什么不电解氯化钠溶液呢？电解氯化钠溶液会有什么样的现象呢？我们来看一段视频，注意观察两极的反应现象。

【师】同学们观察到什么现象了？好，两极都有气泡产生。那么这个电解反应究竟是怎么样的呢，我们来一起分析一下。氯化钠溶液都有哪些离子？嗯，钠离子，氯离子，氢离子和氢氧根离子。

（Y-ZS-SK-1，Y-ZS-SK-4）

化学教育硕士 Y 认为实验存在有毒气体不适合在班级展示，于是设计了两个模拟实验，将原有的电解池原理进行迁移，使学生开展深度思维，对于核心教学内容选择的核心教学策略而言比较合理。

教学论专家评课说："你的设计是应用取向，也可以说是能力取向，既然是真实问题的解决，那为什么不用连续问题追问？这些问题大多涉及化学工业，那就把工业中的化学和实验室的化学联系起来，发展学生STSE 思想。"（Y-ZS-PK-4）化学教育硕士 Y 听取了专家建议，设计了层层追问，以激发学生自主思考、促进学生解决陌生情境的真实问题能力，化学教育硕士 Y 的问题设计虽欠缺逻辑性，还有上升空间，但问题本身设计不错，得到了专家一致赞赏。

（四）化学教育硕士 Y 的 KSU 还有欠缺

1. 对学生的课堂表现了解不足

化学教育硕士 Y 从规范期到知识期结束，经历了数次的磨课、模拟授课，并最终站在真实的讲台上，进行真实授课。进入知识期后，在实践基地，尽管开始只是听课，但也近距离地接触了学生，对学生在各个方面都有了一定的了解，正式授课时比自磨模拟授课时明显要好得多。

实践基地校的每节课时长为 45 分钟，Y 上到 41 分钟时，就将原来设计的所有内容讲完，后 4 分钟时间是无事可做状态，接着由指导教师继续管理课堂，这是本堂课最大的失败之处。反思中，化学教育硕士 Y 说："正式上课了，周二上午第二节课在二班讲的，讲完听了老师的点评，自己也进行了深刻的教学反思。一方面，我没有考虑到二班是重点班，学生的素质很高，但表现自己的积极性很难调动，很多提出的问题就是没有人举手，然后叫一个同学回答草草结束，导致没有到下课时间内容就讲完了，而我的错误预估使我没有准备足够的习题拖到下课时间。另一方面，我觉得我参加过多次比赛，自己的临场应变能力应该没问题，结果……我很伤心！想来是我以前的比赛也是模拟授课，和真实授课到底不一样吧？"（Y-ZS-FS-5）化学教育硕士 Y 对学生具体情况在与学生课间交往接触中有所了解，但因为自己不好意思打扰学生，而学生也不大好意思说真心话，了解并不到位，对学生实际学习经验和课堂反应等了解不够。

2. 在认识学生的迷思概念方面有一定发展

在教学中发现了学生存在"金和银也是金属，在阳极也能够放电"迷思概念等学习障碍，及时进行了纠正。

【教学设计片段】

【师】大家应该都讨论完了，哪个小组来说一下你们的讨论结果？好，老师来给大家讲。首先阳极，失电子，表现什么性，好，还原性。按照还原性顺序，依次发生氧化反应。

【师】那么银和金呢，它们会发生反应吗？这也是我们小组有分歧的地方，其实是不会的，银和金呢，是粗铜中的杂质，含量很少，依附在铜中。铜反应生成二价铜离子时，银和金就随之脱落在电解槽的底部了，形成阳极泥。相对不活泼的金属以单质的形式沉积在电解槽底，形成阳极泥。阴极反应没有问题吧，就是铜离子得电子生成铜。（Y-ZS-SK-5）

化学教育硕士 Y 也不再认为学过了就是学生已有知识，而是只把已学知识作为前基础。正式授课后，访谈中，化学教育硕士 Y 说："上课的这个班，是 H 老师的实验班，学生学习挺好，在这个班级听课，就感觉他们反应特别快，就是不爱说。之前课间我问过几个同学，我问'你知道电解池吗？'学生说'知道啊''是吗，是什么啊''通电发生化学反应呗'，我就觉得他们都会，所以课上教学中就出现了学生不回答问题，眼神有点纠结！现在想来这是有迷思的，存在障碍的。以前觉得学生学过的就是他们的已有知识，这回真的知道了，真正了解学生学情有多重要了。"（Y-ZS-FT-2）这一点上，Y 得到了一线教师和专家的一致认同。

第四节　知识期 PLC 干预下化学教育硕士 Z 的 PCK 发展

知识期化学教育硕士 Z 同样是以"电解池原理"为授课主题，经历多次科学态磨课，认真反思，不断改进，并最终进班级完美地呈现了一堂原理型化学课。

一　知识期 PLC 干预下 Z 的 PCK-Map 特点分析

将教育硕士 Z 在知识期进行了多次 PLC 干预后的所有数据进行收集分析，PLC 干预以及编码、PCK 片段划分、PCK-Map 见表 6-4-1。

表 6-4-1　　　　　　　　　　　知识期 Z 的 PCK-Map

PLC 干预			PCK 发展		
阶段	主干预人	参与人员	PCK 片段	PCK 要素	PCK-Map
自磨阶段	无	Z	E1 实验探究电解池形成条件	KSU　KAS　KISR	
			E2 电解阴阳极变化	KSC　KAS	
			E3 电解池的工作原理讲解	KSC　KAS　KISR　OTS	
			E4 视频实验电解	KSC　KAS	
			E5 电解池的构成条件	KSU　KSC　KAS	
			E6 能量视角定义	OTS　KSC	
			E7 离子的放电顺序和总结	KSU　KSC　KAS	
同伴干预阶段	同伴	同伴、Z	E1 实验探究电解池形成条件	KSU　KAS　KISR	
			E2 电解阴阳极变化	KSC　KAS	
			E3 电解池的工作原理	KSC　KAS　KISR　OTS	
			E4 视频实验电解	KSC　KAS	
			E5 电解池构成	KSU　KSC	
			E6 能量视角定义	OTS　KSC	
			E7 离子的放电顺序和总结	KSU　KSC　KAS	

PLC 干预			PCK 发展		
阶段	主干预人	参与人员	PCK 片段	PCK 要素	PCK-Map
一线教师干预阶段	一线	一线教师、同伴、Z	E1 电解氯化铜宏观实验现象	KSU　KSC　KAS　KISR	
			E2 电解氯化铜的微观原理	OTS　KISR　KAS	
			E3 电解氯化铜的符号表征	KSC　KSU　KAS	
			E4 微粒放电顺序	KSU　KAS	
			E5 电解池的概念	KSC　KAS	
			E6 电解池构成条件	KSC　KSU	
			E7 电解池的迁移运用	KISR　KAS　KSU	
专家干预阶段	专家	专家、同伴、Z	E1 实验探究电解池形条件	KSU　KAS　KISR　OTS	
			E2 电解阴阳极变化	KSC　KAS	
			E3 电解池工作原理	KSC　KAS　KISR　OTS	
			E4 视频实验电解	KSC　KAS	
			E5 电解池构成条	KSU　KSC	
			E6 能量视角定义	OTS　KSC	
			E7 离子的放电顺序和总结	KSU　KSC　KAS　OTS	

PCK-Map（一线教师干预阶段）：
OTS 2；KISR 7；KSU 9；KSC 7；KAS 11
连线：1(E2)，1(E2)，2(E1,E7)，1(E1)，4(E1,E3,E4,E7)，3(E1,E3,E6)，3(E1,E2,E7)，3(E1,E3,E5)

PCK-Map（专家干预阶段）：
OTS 7；KISR 5；KSU 6；KSC 10；KAS 10
连线：1(E7)，1(E3)，3(E3,E6,E7)，2(E3,E7)，1(E1)，2(E4,E7)，1(E3)，2(E5,E7)，2(E1,E3)，4(E2,E3,E4,E7)

　　对表格呈现的内容进行分析发现，PLC 干预共分为四个阶段：自磨阶段、化学教育硕士同伴干预阶段、一线教师干预阶段和专家磨课阶段。最终在实践基地高二年级进行真实授课展示，由所有 PLC 成员和非 PLC 成员共同观摩，课后进行规模盛大的评课活动，化学教育硕士 Z 进行反思、总结，知识期的整个干预和科学态磨课完美结束。

　　化学教育硕士 Z "电解池"主题下的教学内容，从自磨阶段到最后班级呈现都是有七个 PCK 片段内容，但 PCK 片段的具体内容是有变化的。其他具体发现见图 6-4-1。

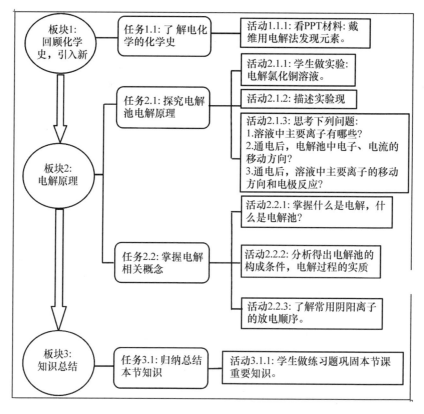

图 6-4-1　知识期 Z 自磨阶段教学设计片段 1

1. 从 PCK 片段内容看，化学教育硕士同伴磨课阶段仅就教学的具体细节，规范性、知识的科学性有一定的涉及；一线教师对电解池的工作原理的微观本质有所要求，同时关注的教学内容的全面性和连贯性；课程专家关注微观原理与学生认知的思维建构，综合所有 PLC 干预人员建议，化学教育硕士 Z 两方面均有提升。

在自磨期间化学教育硕士 Z 的教学设计思路是"通过戴维电解法发现元素的化学史实引出电解，设计了电解氯化铜学生实验去探究电解原理，总结电解池的构成条件，理解什么是电解"，设计"'电解氯化铜溶液'的实验探究活动"，教师层层诱导提出问题，学生通过观察实验现象，强化对电解池中微粒运动情况的理解。

一线教师磨课时，给出的建议是："用复习原电池的构成条件来引课，同时提出问题，'如何使不能自发进行的反应发生呢？'引出电解池；然后进行学生实验'电解氯化铜溶液'，总结电解过程的现象，描述电解过程的微观过程；抽提出电解的含义，习题强化理解电解的具体知识。"（Z-ZS-PK-4）这种授课方式化学教育硕士 Z 是完全能驾取得了的。于是 Z 接受了一线教师的建议，重新进行教学设计，见表 6-4-2。

表 6-4-2　　　知识期一线教师磨课阶段 Z 教学设计片段 2

板　块	任　务	活　　动	情　境	素　养
板块1：联系原电池，引入新课	任务1.1：电解法将这个非自发的氧化还原反应引发	活动1.1.1：将原电池两个电极都换成石墨电极，思考	回忆原电池，引出分析电解池	宏观辨识与微观探析

续表

板 块	任 务	活 动	情 境	素 养
板块2: 工作原理	任务2.1: 探究电解池 电解原理	活动2.1.1:播放视频:电解氯化铜溶液 活动2.1.2:描述实验现象 活动2.1.3:思考下列问题。 1. 通电前,$CuCl_2$溶液中存在哪些离子?它们在溶液中如何运动?通电后,离子在溶液中的运动如何变化? 2. 分析电子的迁移方向?流入阴极的电子到哪里去了?流出阳极的电子从哪里来? 活动2.1.4:书写两极反应方程式及总反应方程式,并注明反应类型 活动2.1.5:从氧化还原角度了解离子的放电顺序	实验探究 电解原理	实验探究 宏观辨识 微观探析
板块3: 电解相关 概念	任务3.1: 通过对比两个装置图得出电解池的构成条件	活动3.1.1:掌握什么是电解,什么是电解池 活动3.1.2:通过对比两个装置图得出电解池的构成条件	总结归纳	模型认知
板块4: 知识总结	任务4.1: 帮助学生能够正确判断电解池的两极以及分析电极反应	任务4.1:帮助学生能够正确判断电解池的两极以及分析电极反应	总结归纳	

注:(Z-ZS-JXSJ-3)。

化学教育硕士Z经过多次反思、内化、修改、磨课后,专家认为"这是一堂知识讲授很到位的常规课",认为这节课体现的化学教育硕士Z的授课能力有一定的提升。

2. 从PCK要素看,在自磨阶段化学教育硕士Z比较关注教学价值取向，经一线教师干预后反而淡化了价值取向，经专家干预后教学价值取向再次凸显；评价方面的变化也很显著；还有每个 PCK 片段中体现的 PCK 要素更加全面，且在不同干预阶段的 PCK 片段内容和要素有显著差异。

通过规范期的学习和实践，化学教育硕士 Z 希望能从本质上理解阐释电解池原理，并将教学内容从微观上进行结构化，有意识地建构有关电解池的认识模型。因为一线教师的干预，知识性取向更加明显，知识脉络很清晰。

化学教育硕士 Z 对学生评价方面很是关注，尤其是进入班级教学后，面对真实学生进行授课，学生的求知欲望和兴趣明显优于臆想中学生的样子，故对学生的评价也很由衷。访谈中提 Z 道："由于对四班学生的学习情况不了解，所以对于某一知识点的讲解方法不能很好把握。不清楚用什么样的方式讲解学生更容易接受。上课过程中，感觉有很多突发的想法和原来设计的不一样了，脑袋里面直打架，看到真正的学生了，感觉像说话一样，为了不冷场，不让话掉地上（说完话没有人接着说）而尴尬，好像挺自然地就评价了。这种感觉挺好，不是刻意地去虚假评价，但是感觉评价水平有点低，没有深入评价思维，而且我也不会啊。"（Z-ZS-FT-4）化学教育硕士 Z 在评价知识的表现很突出。

3. 从 PCK-Map 看，在不同阶段的各 PCK 要素总频次波动较大。特别的是发现自磨阶段到一线教师磨课阶段 PCK-Map 上体现的要素频次反而降低，教学论专家磨课后和综合磨课以后，化学教育硕士 Z 在 PCK 要素 OTS 总频次提升。

表 6-4-3　　　　　知识期 Z 的各干预阶段要素总频次统计　　　　　单位：次

知识期干预阶段	OTS	KISR	KAS	KSC	KSU
自磨阶段	4	5	11	10	6
同伴干预阶段	4	5	9	9	5

职前化学教师专业素养发展研究
续表

知识期干预阶段	OTS	KISR	KAS	KSC	KSU
一线教师干预阶段	2	7	11	7	9
专家干预阶段	7	5	10	10	6

自磨阶段 PCK 要素表现就比较饱满，从自磨到专家磨课阶段，各要素总频次波动较大，OTS 总频次从 4 次减少到 2 次又突变到 7 次，而其他要素的总频次虽有波动，但最后的变化却不大。专家干预后 OTS 总频次从 2 次增加到 7 次，教育硕士 Z 的 PCK 发展以 KSC 为核心，发展 OTS，即化学教育硕士 Z 以"教什么"为核心，发展"为什么教"教学价值取向。

4. 从 PCK-Map 上看，PCK 要素之间联系紧密程度有所发展，尤其专家干预后在各要素之间联系相对紧密。

将 Z 的各干预阶段的 PCK-Map 中的各要素联系频次数统计分析，见表 6-4-4。

表 6-4-4　　　　知识期 Z 的各干预阶段要素联系频次数统计　　　单位：次

干预阶段	OTS-KISR	OTS-KSU	OTS-KSC	OTS-KAS	KISR-KSU	KISR-KSC	KISR-KAS	KSU-KAS	KSC-KAS	KSU-KSC
自磨阶段	1	0	2	1	1	1	2	3	5	2
同伴干预	1	0	2	1	1	1	2	2	4	2
一线教师干预	1	0	0	1	2	1	3	4	3	3
专家干预	1	1	3	2	1	1	2	2	4	2

同伴干预后 KSU 和 KAS、KSC 和 KAS 之间的联系反而降低，一线教师干预后，OTS 和 KSC 的联系降低，在专家干预前 OTS 和 KSU 以及 KSC 之间的联系一直是缺失的，教学论专家干预后增加为 1 次和 3 次。并且一线教师干预阶段，突出的是 KSU 和 KAS，也就是一线教师更多

地是关注学情，评价学生"学得怎么样"，专家和同伴干预时 KAS 和
KSC 联系尤为紧密，即同伴和专家还是关注"教什么"和"教得怎么
样"，除此之外，专家也很关注所教内容的功能和价值，在"为什么这
样教""这样教有什么意义"等的基础上考虑"教什么"和"怎么教"
的问题。

表 6-4-5　　　　　　　　知识期专家磨课阶段 Z 教学反思片段

> 从这学期开始，给出了授课任务是"电解池原理"这一主题后，我就开始进行准备，
> 结合上学期学过的理论与实践过程的收获，还有老师评课的内容，感觉自己收获挺大的，
> 所以我挺希望能设计出一堂素养型的化学课的。最初自己想化学史是最好的情境素材，激
> 趣激疑激思，就设计了戴维的那段化学史，但是一线 H 老师想给学生容易出现的知识上的
> 迷思概念进行辨析和强化，我就听取了他的建议。当专家们（高校老师）再说到构建电解
> 池模型、抽提素养什么的，我觉得都对，但就是抽提不上去，所以最后还是变成了知识的
> 罗列，心里挺不开心的。所以下次不会都听高中老师的了，我要自己有主见。

注：（Z-ZS-FS-5）。

经过 PLC 干预团队的连续干预，化学教育硕士 Z 的教学设计中已
充分体现了教学知识的结构化，知识讲解得很到位，但缺少知识迁移。
Z 的教育理想已经不再是简单平铺式，也不是表面热闹式，而是希望通
过问题引发学生高阶思维，深入学科本质，促进学生化学学科核心素养
的发展。

二　知识期 PLC 干预下 Z 的 PCK 各要素的发展

经过规范期 PLC 的干预和化学教育硕士 Z 自己的内化与反思，明
显表现出对教学价值取向的关注，并重视了学科核心素养的发展与科学
本质观的发展。

（一）化学教育硕士 Z 在 OTS 的知识取向发展明显

化学教育硕士 Z 吸取了规范期的经验，在进行教学设计时下大力度
努力靠近科学本质、形成知识的结构化，但教学目标中仍没有清晰指出
电解、电解池的科学本质。不同干预者的干预都影响着化学教育硕士 Z

的 OTS 的发展，但影响各不相同。

1. 同伴干预促进化学教育硕士 Z 的 OTS 发展

化学教育硕士们入学以来一直一起学习成长，并在教学规范性、教学策略的决策等方面都有一定进步，所以同伴对化学教育硕士 Z 的教学还是能够给予比较中肯和有价值的建议的。在 PLC 同伴听课、评课中，对化学教育硕士 Z 在教学设计和授课中所提出的建议除了涉及教技方面，如语言规范性、动作的规范性、知识的准确性等，还涉及教学价值取向，尽管 Z 整体的教学设计和授课没有很大变化。

【评课片段】

【同伴 Q】我觉得应该把电解池的工作原理给出来，就像老师说的，形成范式，是不是比都是文字叙述好一些？微观工作原理很抽象，能不能给出个顺序，以后再遇到电解池类的问题，先想什么、再想什么呢？

【同伴 Y】教学的语言还得规范些，不能说"什么能转化成什么能"，可以说"这里面涉及了能量的怎么变化？"或者说"电解过程中能量如何转化的"。

（Z-ZS-PK-1）

同伴发现化学教育硕士 Z 通过对"氯化钠溶液的电解"的讲解分析电解反应的本质，但只是从宏观现象出发，没有更本质地说明什么是电解，建议 Z 能够从本质出发。化学教育硕士 Z 接受了同伴建议，调整了教学设计。

【教学片段】

【师】当我们给氯化铜溶液通电时，溶液中是靠谁导电的？

【生】自由移动的离子。

【师】自由移动的离子变成定向移动的离子才能导电。当对它进行通电时，我们把这个过程叫作？

【生】电解。

【师】所以我们说氯化铜溶液的导电过程就是其电解过程。我们可以把这个过程放大一点，也就是说，电解质溶液的导电过程，就是电解质溶液的电解过程。

【板书】电解的实质：电解质溶液的导电过程，就是电解质溶液的电解过程。

（Z-ZS-SK-2）

化学教育硕士 Z 听取同伴建议后，有意识地通过宏观导电引导学生进入微观世界，认识电解的本质，但模拟授课中依然就宏观问题谈宏观问题，还没有真正进入电解的科学本质中。

2. 一线教师促进化学教育硕士 Z 的知识取向的 OTS 发展

一线教师 H 老师，主要针对教学过程教学的语言以及知识呈现、知识选择做了评课："建议要把内外电路给学生分清，重点强调电子只能沿着导线（外电路）移动，不能在电解质溶液中移动（内电路）。对于阴阳两极发生的反应类型要重点强调：学生在学完原电池后继续学电解池，可能会对相关概念混淆，所以这里要重点强调出阳极发生氧化反应，阴极发生还原反应。在习题中，也会遇到根据反应类型逆推出属于电解池的哪一极，所以要求学生对这一知识熟练掌握，也是考查重点。同时电极反应方程式及总反应方程式也是学生的一大难点，在学习原电池时，掌握得不太好，所以这里要放慢速度，给学生思考的时间。第一课时实际分两节课来讲，第一节课主要介绍电解池的工作原理，为了不冲淡重点，放电顺序可以删掉，下节课再讲，本节课主要讲解清楚电解池的工作原理即可，时间上就足够。"（Z-ZS-PK-2）重点强调了具体电解池知识的科学性，易混淆知识和表征知识，干预的都是知识取向教学的特征发展。化学教育硕士 Z 接受了一线教师的部分建议，进行教学设计修改。

【教学片段】

【生】电子是从电源的负极流向电解池的阴极，再从电解池的阳极流回电源的正极。流入阴极的电子让溶液中的阳离子得到，流出阳极的电子是溶液中的阴离子放出的。

【师】其他同学同意他的见解吗?

【生】同意。

【师】很好!为了让大家更直观地看到这种变化,我们微观模拟一下电解池中各离子的变化情况。(PPT 动画演示)请同学们仔细观看。

【师】我们可以看到,通电前,溶液中的 Cu^{2+}、Cl^-、H^+、OH^- 在做自由无规则的运动。通电后,在电场的作用下,溶液中的阴阳离子由自由运动改作定向移动,溶液中的阳离子向电子多的一极移动(电解池的阴极),溶液中的阴离子向电子少的一极移动(电解池的阳极)。电子是从电源的负极流出,沿着导线流到电解池的阴极,从阴极流出的电子去了哪里?

【生】被 Cu^{2+} 得到。

(Z-ZS-SK-2)

修改后的教学中,电解池的相关知识界面清晰,原理知识清楚,知识取向尤为明显。

3. 专家干预促进化学教育硕士 Z 的学科理解

专家进行干预时,因为一线教师时间不好调整,只有教育硕士同伴与专家教师同时在场进行听课、评课,由专家教师进行主要干预,并提出优化建议。

【评课片段】

【专家 Z 教授】就是典型的知识型课。但学科理解明显不够,对于知识的把握还不是很到位,不能将电化学的知识打通。可以从学科本原来引课。比如有两种装置:原电池和电解池。原电池是两个电极本身存在电势差,从而使电子流动,产生电流,所以发生的反应应该是一种自发进行的氧化还原反应。如果两个电极换成一样的石墨碳棒,不可能自发产生电流。所以外加了一个电源,把这种装置就叫作电解池。所以电解池发生的反应是一种非自发的氧化还原反应。从这里入手更加合理。

【专家 Z 教授】对于电解的原理讲解得还不是很清晰。内外电路分析得不清楚。导体分为电子型导体和离子型导体，导线属于电子型导体，电解质溶液属于离子型导体。电子沿着导线做定向移动（外电路），离子在电解质溶液中做定向移动（内电路），这样内外电路共同构成了一个完整的闭合回路。同时对于为什么阳极发生氧化反应，阴极发生还原反应也没有交代清楚。

（Z-ZS-PPT-4）

经过 PLC 专家干预后，教育硕士 Z 多次反复斟酌体会 PLC 的干预意图，在展示课中，调整了对电解的本质理解的顺序，并构建了电解的微观解释模型。

【教学片段】

【师】很好，回忆一下我们在讲原电池时，对于两个电极有什么要求？

【生】活泼性不同。

【师】为什么我们要强调活泼性不同呢？

【师】活泼性不同的两个电极存在电势差。有了电势差，从而使电子流动，产生电流，所以我们说原电池的反应是一种自发进行的氧化还原反应。现在我把两个电极换成相同的材料（石墨碳棒），会自发地产生电流吗？

【生】不会。

【师】很显然，因为两电极不再存在电势差。那我们可以使用什么装置使之产生电势差呢？换句话说，怎样才能让这个非自发进行的氧化还原反应引发呢？

（Z-ZS-SK-5）

专家干预后化学教育硕士 Z 可以更本质地从电势差的视角解释电子、阴阳离子移动的原因，克服了学生已有知识的障碍点，并让学生很清楚如何创造电势差；再在后面的 PCK 片段中，逐步从氧化还原反应视角解释电解的原理，学生逐步构建电解的理论模型，但是教育硕士 Z 没有将这种认识模型强化和外显。

从教育硕士 Z 的教学设计、课堂展示、教学 PPT、教学反思等观察到，Z 的教学价值取向得到很大发展。

（二）化学教育硕士 Z 的 KSU 有待加强

教育硕士 Z 从规范期到知识期结束，经历了数次的磨课、模拟授课，终于站在了真正的讲台上，面对真实的学生进行授课，在这个过程中，对学生的已有经验和迷思概念等的了解逐步加深。进入知识期后，Z 进入了实践基地，尽管开始只是听课，但也是近距离地接触了学生，对学生在各个方面都有了一定的了解，授课时候明显自如。

【教学设计片段】

【学生分析】学生的认知发展水平和知识基础都是我们要考虑的学情。学生已经掌握了电解质溶液导电、氧化还原理论、原电池的相关知识，所以学生学习电解原理在分析问题时有一定的知识储备。但是对于电解池工作原理的微观想象可能存在着一定的困难。学生求知欲较强，合作意识与探究精神逐渐形成。

（Z-ZS-JXSJ-1）

在教育硕士 Z 自磨期间，还没有和真实学生很熟悉，对于学生情况处于猜和想的阶段，所以，在教学设计中体现的就是学生已有知识上，提到了"学生的认知发展水平和知识水平是需要考虑的学情"，却没有真正地了解学生"对电解池工作原理"认知水平是什么样的。

在班级授课时，Z 提出的问题相对简单，学生对电解池知识的前知识相对较扎实，而 Z 还在平铺化地引导，导致学生整节课很懈怠，没有充分开动脑筋进行思考。

【教学设计片段】

【师】我们可以看到，通电前，溶液中的 Cu^{2+}、Cl^-、H^+、OH^- 在做

自由无规则的运动。通电后，在电场的作用下，溶液中的阴阳离子由自由运动改作定向移动，溶液中的阳离子向电子多的一极移动（电解池的阴极），溶液中的阴离子向电子少的一极移动（电解池的阳极）。这样在内电路，阴阳离子定向移动产生了电流。再看外电路，电子是从电源的负极流出，沿着导线流到电解池的阴极，从阴极流出的电子去了哪里？

【生】被 Cu^{2+} 得到。

【师】很好！氯化铜中的 Cu^{2+} 作为阳离子便会向电解池的阴极移动获得电子，谁来说一下阴极的电极反应式。

【生】$Cu^{2+} + 2e^- \!=\!=\!=\! Cu$。

【师】得电子属于哪种反应类型呢？

【生】还原反应。

【师】很好！也就是说阴极发生的是还原反应。而 Cl^- 作为阴离子移向电解池的阳极，在阳极放出电子，所以我们说从阳极流出的电子是 Cl^- 提供的。它的电极反应式又是怎样的呢？

（Z-ZS-SK-4）

教育硕士 Z 把学生已学知识作为前基础，具体学生情况则是在与学生交往接触中去了解。不仅问了中学指导教师，还主动去班级和学生沟通，直接有效地了解学生情况。

【访谈片段】

【问】你正式上课前，去了解过学生的情况吗？怎么了解的？了解了什么？

【化学教育硕士 Z】我上课的这个班，是 H 老师的实验班，学生学习挺好，磨课时候吧，课间我就问过几个同学：“你知道电解池吗？”学生说：“知道啊，通电能发生化学反应啊！”问了另一个学生：“你知道电解吗？”学生说：“我听说过，但是和电离分不清。”我就知道学生在电离、电解这是有迷思的，是存在障碍的。然后，我觉得电解池中的微粒移动挺复杂的，我以为学生会有困难，但是，课上一问，学生还能挺快回答上来，看来，只认为学生学了就是已有知识还是不行的，以前不觉得学生情况有多重要，这回真的知道了。

【问】那课堂上你感觉教学设计是不适合学生的了吗？比如思维跨越大的？

【化学教育硕士 Z】课上我看学生好像都会，我就问了一个复杂点的问题，就是让学生去黑板前写出自己设计的电解氯化钠溶液的装置图，同时标出阴阳极、电子与阴阳离子的移动方向和电极反应方程式和总反应方程式，还要注明反应类型，结果学生就有点蒙了。设置成多几步的就好了！

（Z-ZS-FT-4）

访谈中 Z 提到，她给了学生一个非常大的设计题，设计电解氯化钠溶液的实验装置，还要说清楚反应的原理，并表征出来，这对于刚刚接触电解池的同学来说是有点难度。

【教学设计片段】

【师】现在请同学们根据我们前面对电解池工作原理的分析，自行设计一个电解 NaCl 溶液的简易装置图，标出阴、阳极，电子及阴、阳离子的移动方向，并写出两极反应方程式及总反应方程式，注明反应类型。找一位同学上来尝试一下，好，这位同学！

【生】（黑板前书写，用时 4 分 46 秒）

【师】其他同学和他书写的一样吗？

（Z-ZS-SK-4）

因为难度较大，学生完成起来很困难，一名同学在黑板前作答，其他同学在下面不断提醒，各种声音混杂，用时很长，导致最后下课铃声响起，化学教育硕士 Z 还没有完成授课任务，占用了下课时间才完成。足以看出，教师对学生理解科学知识的了解是多么重要，而化学教育硕士 Z 在这方面亟待加强。

（三）化学教育硕士 Z 的 KSC 发展显著

相对化学课程知识，化学教育硕士 Z 投入较多的精力去寻找将"电解池"主题下的电解原理阐述清楚的路径，将所涉及的较多的零散知识，如电子运动方向、离子运动方向、阴极放电粒子、阳极放电粒子、放电顺序以及表征等进行结构化，考虑建构认知模型。

自磨时化学教育硕士 Z 整体教学还是以知识为主，电解池原理部分内容多而杂，且难以理解，但是教育硕士 Z 都是文字书写，整堂课看起来内容有些凌乱，都是散点罗列。

化学教育硕士 Z 通过语言的描述，讲解了电解池知识的各个要点，在板书上以要点形式罗列，既没有将要点串联并结构化，也没有形成认知模型。

一线 H 教师对化学教育硕士 Z 的教学提出了一些关于"课程知识"具体的建议，比如"用电解池的装置图来清晰描述电解池的工作原理，内外电路中的微粒运动，学生自己内化课堂教学内容后，总结出电解池的构成条件"等。化学教育硕士 Z 接受了这些建议，于是在黑板上边分析边画出电解池的构造与工作原理简笔图，并且充分利用了三个对比实验（如图 6-4-2），有学生自主建构电解池的构成条件，这一点是很好的。但是内外电路的问题依然没有交代清楚，自身在电解池知识的学科理解方面还存在不足。

教学论专家关注知识的结构化和建构认知模型，建议分析内外电路："导体分为电子型导体和离子型导体，导线属于电子型导体，电解质溶液属于离子型导体。电子沿着导线做定向移动（外电路），离子在电解质溶液中做定向移动（内电路），这样内外电路共同构成了一个完整的闭合回路。同时对于为什么阳极发生氧化反应，阴极发生还原反应也没有交代清楚。"（Z-ZS-PK-3）

化学教育硕士 Y 听取了专家的建议和点拨，感觉自己的设计瓶颈被打破，于是设计了电解氯化铜溶液视频展示、微观模拟动画和图片来

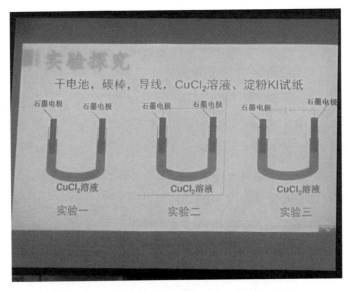

图 6-4-2　知识期一线磨课阶段 Z 的教学 PPT

进行辅助讲解电解的基本原理、电解池等理论知识的讲授。Z 从原电池产生的本质出发，巩固旧知识，然后设疑"怎样才能让这个非自发进行的氧化还原反应发生呢"，引入新课，提出本节课要解决的问题，学生带着好奇心进行学习。接着教师播放"电解氯化铜"的实验视频，学生通过观察实验现象，教师层层诱导，提出问题。宏观问题解决后，为突出重点和突破难点，需要强化学生对电解池中微粒运动情况的理解。通过播放微观模拟动画，学生建立起对微观过程的认识，学生逐渐完成了对电解原理、理解与掌握，加深了对微粒观的认识。

学生虽然理解了电解池的宏观表征和微粒运动的微观表征，但还需要一个载体把宏观和微观结合起来，才能清晰地理解电解原理，所以教育硕士 Z 引导学生写出电极反应式和总反应式，从而把"宏观—微观—符号"三重表征结合起来，水到渠成的突破重难点并综合前面实验总结电解的定义。

接着类比原电池的能量转化及构成，学生总结电解池的定义及构成条件。Z 却没有引领学生回顾最开始提出的问题，并予以解决，这是不足之处。从整体上看，化学教育硕士 Z 的课程知识选择、加工、展示都有很大的进步。

（四）教育硕士 Z 科学教学策略（KISR）的发展

教育硕士 Z 通过规范期的学习，对课堂教学的策略有了较清晰的认识，认为除了化学实验以外，通过促进学生高阶思维的本原性问题，通过学生讨论建构认识模型，更有利于学生化学学科核心素养的发展。所以，在"电解池"主题的授课过程中，除涉及化学实验的内容采用了实验视频或者图片手段来呈现外，更是提出了几个科学本质的问题，促进学生发展化学学科思维，由学生讨论交流等解决有关电解池的本原性问题。

在自磨阶段，教育硕士 Z 设计戴维电解法制金属的化学史、电解氯化铜溶液，并在电解池工作原理的探究时候，Z 设计了几个关键问题，让同学们思考并讨论。

【教学片段】

【师】那这里有一个问题：为什么对氯化铜溶液通电时会有铜和氯气产生呢？形成的电解池是如何工作的呢？为了弄清楚这些问题，请同学们思考下列问题，并给出你的见解。

【PPT】思考并交流

1. 通电前，溶液中的离子有哪些？
2. 通电后，电解池中电子的移动方向？
3. 通电后，溶液中离子的移动方向？

【师】好，大家都有结果了。找一位同学说说你的答案。这位同学！

（Z-ZS-SK-1）

化学教育硕士 Z 几个问题设计得很本原，激发学生高阶思维，同时学生在思考中合作交流。设计的化学史实，初衷是发展学生热爱化学，追本溯源的化学情感，激发学生热爱化学的情感，同时引出电解的重要作用，进而激发学生对电解原理的求知欲望，但是，由于对化学史的价值挖掘不够充分，反而有点为了引课而引课的感觉。

一线 H 老师听课后发现了一些问题："板书文字太多了，关键的东西应该清晰简洁明了""电解池的构成条件最好根据原电池的构成让学生自己总结出来"。于是化学教育硕士 Z 将文字描述的复杂电解池工作原理，在板书上以画图方式来揭示。对于电解氯化铜实验，采用视频flash 模拟微观变化过程，还强调了电解池的构成条件的总结。根据一线教师的建议，内化后采取了相对合理的教学策略。

教学论专家结合学科核心素养落地的措施提出建议："除了需要适当的活动外，还需要一些本原性问题促思维，建构电解池的原理模型。"并建议"依据教育硕士 Z 的授课特点，可以从原电池引入新课"。化学教育硕士 Z 设计了几个有深度的本原性问题，课堂教学时学生的兴趣、疑惑带动了深度思考，值得肯定。

【教学反思片段】

专家 Z 老师认为我的学科理解深度还是不够。对于知识的把握还不是很到位，不能将电化学的知识打通。对此专家建议可以从学科本原来引课。有两种装置：原电池和电解池。原电池是两个电极本身存在电势差，从而使电子流动，产生电流。所以发生的反应应该是一种自发进行的氧化还原反应。如果两个电极换成一样的石墨碳棒，不可能自发产生电流。所以外加了一个电源，把这种装置就叫作电解池。所以电解池发生的反应是一种非自发的氧化还原反应。从这里入手更加合理。

（Z-ZS-FS-4）

教育硕士 Z 设计了问题串，层层递进，直指科学本质。"电子从哪来的？去哪了？发生了什么变化？为什么这样运动和变化？溶液里阳离子有哪些？从哪来的？运动到哪里去了？哪种阳离子放电了？为什么是它放电呢？"这就解决了电解池的原理问题，学生如果解决了这些问题，电解池原理就理解得透彻了。教育硕士 Z 的核心教学策略选择的比较合理，使用得更加得心应手。

第五节　知识期化学教育硕士 PCK
目标达成及影响因素分析

化学教育硕士 Q、Y、Z 在知识期以"电解池原理"为授课主题，经历自磨、同伴磨课、一线教师磨课和专家磨课干预四个阶段，若干次磨课后，最终进入真实课堂实施授课。本章构建了化学教育硕士 PCK 知识期发展目标，通过 PLC 连续干预，分析干预下化学教育硕士化学教育硕士 Q、Y、Z 的 PCK 发展特点。

一　知识期 PLC 干预下化学教育硕士 PCK 发展目标达成

知识期三位化学教育硕士的 PCK 都有很明显的发展，Q 表现出明显的素养取向，Y 是能力取向，Z 是知识取向，但是究其细节，三人各有不同。如何证明 PLC 干预是否有效？如何证明化学教育硕士的 PCK 发展目标是否达成？因此特请东北师范大学研究生院协助，聘请 PLC 团队以外的高校教学论专家两名和一线高级以上优秀化学教师三名，组成评委，对三位化学教育硕士知识期培养成果进行验收。

先向评委介绍本次展示考核的情况，说明考核的目标，对知识目标下的评课进行培训，达成评价一致性。在东北师范大学微格教室，化学教育硕士分组微课再现真实授课，评委们现场进行听课和评课，评价是否通过考核，PLC 团队成员全程旁听。

一线优秀教师评价："先说 Q，准备得比较充分，而且真的反复做实验了。包括这节上课，实验现象也算可以的，比较明显。挺用心的，而且我看对教材挖掘得挺好，挺全面的，我认为是超越知识课要求了，提前达到素养水平了，我觉得我们一线老师好像也讲不了这么好，也许教技上和经验上比你强，从上课的表达啊，临场的发挥啊，可以看出来整个人的素质，非常不错，不错！我觉得，挖掘得，包括课堂的准备啊，严密性啊，对老师那种课堂的约束，我觉得都挺到位的。Y 个人素质也不错，将这节课设计成了'问题解决的能力课'，也很难得，就是这些应用之间什么联系，我觉得挖掘得不够，内容交代倒是听清楚的。还有 Z，我倒是很欣赏她这节课，电解池的工作原理和相关知识都介绍很到位，逻辑也清晰，感觉就像一名熟手教师的常态课。"

教学论专家教师评价："Q 的课让人耳目一新，感觉学科核心素养课的就应该是这样子，电解池的工作原理和微观本质，挖掘得够深，认识模型建立得也好，这真是一堂好课！听起来太过瘾了！"

所有评委对三位化学教育硕士的评价都很高，一致认为通过考核，并认为三人的课都是好课，就是取向不同而已。之后评委对教育硕士科学态磨课过程特别感兴趣，了解后，感慨道："这些教育硕士太幸福了！并认为这种 PLC 干预方式也可以让在职教师借鉴，对教师的帮助一定相当大！"

二　知识期化学教育硕士 PCK 发展因素分析

进入知识期，笔者就将教育硕士培养目标、PLC 干预和化学教育硕士 PCK 发展目标告知化学教育硕士，将知识期干预流程也都清楚告诉了化学教育硕士，化学教育硕士对知识期自己的发展方向更清晰明了。对于促进三位化学教育硕士的 PCK 发展的过程和影响因素，笔者与其进行了深入访谈，进行编码和抽提。发现随着 PLC 干预的发展，发展目标的变化，影响化学教育硕士 PCK 发展的因素也在变化。

1. 专业背景对化学教育硕士的影响减小

经过规范期的实践，进入知识期的化学教育硕士的 PCK 有了明显的变化，自磨阶段化学教育硕士 Q、Y、Z 的 PCK 在 PCK 要素上都表现很充分，没有缺失，本以为非师范背景的 Z 会非常吃力，最后发展也不如 Q、Y，但结果在 PCK 各要素的联结上表现比 Y 还要突出，并在最终表现了 PCK 的显著发展。

在访谈中提及各自设计心得时，化学教育硕士 Q 觉得自己做起来还是挺轻松的："就是在以前比赛的基础上加上 Z 老师（课程论专家）高端大气上档次的建议，也听从了 L 和 H（一线实践指导教师）的一些实际建议。"（Q-ZS-FT-5）化学教育硕士 Y 也讲道："对于我来说，完成一节课不难，多少还是有点教学基础和经验的，但是做到很好就有点难了，特别是本原性和结构化那。"（Y-ZS-FT-5）而教育硕士 Z 则说："因为我以前什么也不会，就跟着 Z 老师（课程论专家）和高中的老师（一线实践指导教师），觉得自己备课思路越来越清晰，老师的要求我也能体会了，尤其是我原来学工科，在学科本质、本原性、结构化这我感觉挺容易。"（Z-ZS-FT-5）

由此可见，师范专业背景与非师范专业背景对化学教育硕士 PCK 发展的促进是不同的，并逐渐弱化。师范专业背景化学教育硕士关注授课主体、参与度、教学策略等，即科学教学价值取向（OTS），学生理解科学知识（KSU）、科学教学策略（KISR）。而非师范专业背景化学教育硕士更注重科学本质、学科本原和知识结构化，即科学教学价值取向（OTS）和科学课程知识（KSC）。

2. 一线教师干预更能促进知识取向的 PCK 发展

基于化学教育硕士本时期的培养目标是"能完成一节知识取向的化学课授课任务"，PLC 对化学教育硕士进行了指导，主要对教学知识结构化、教学内容科学化、科学知识本原化等进行着重指导，即重点关注"科学课程知识"（KSC）、"科学教学价值取向"（OTS）、"科学教学策略知识"（KISR）、"学生理解科学知识"（KSU）方面进行知识取向干预指导。化学教育硕士都领悟到了这些方面中的欠缺，并有意识地将这些 PCK 要素外显出来，且效果很明显。

在被问到"科学态磨课过程中各方面都明显在变化，为什么会有这样的变化？"时，化学教育硕士都提到了 PLC 团队的具体干预指导的决定性因素。如化学教育硕士 Q 说道："Z 老师（教学论专家）说的把

'电解池'那个工作原理要建模，后来我就体会到建这个模型，不仅仅把知识结构化了，也给了学生一个学习工具，L 老师（一线指导教师）说建议从原电池出，因为都是电化学，有关联，但是我还是觉得那样只是表面关联，没有我从学生熟悉的电解水入手，提出具体问题更能接近科学本质。"（Q-ZS-FT-5）化学教育硕士 Y、Z 提道："无论专家还是一线教师的指导，对我帮助都挺大的，他们的建议我基本上都采纳了。但我觉得一线教师的建议更贴近我心目中的知识取向课的样子，教学论专家希望我们有能力在知识取向发展的基础上继续向素养取向前进，尤其是本原性我还是理解不上去。"（Y-ZS-FT-5，Z-ZS-FT-5）

由此可见，PLC 干预者的指向性，决定了化学教育硕士 PCK 发展的方向。如果没有向导师多次求教、同伴的互相探讨，自身孤军奋战得不到这样的快速发展。

3. 职业环境下的实践配合深度反思是促进 PCK 发展的主要因素

PCK 的根本属性是实践性和缄默性。而规范期，还没有进入中学实践基地进行真实实践，以模拟教学的方式进行实践。即使是模拟的实践，也促进了化学教育硕士的 PCK 发展。但化学教育硕士一直对不是真实职业环境的实践持有怀疑态度，认为如果在真实课堂，她们的 PCK 发展会更显著，尤其是在"学生理解科学知识"（KSU）和"学生学习评价知识"（KAS）方面。

【访谈片段】

【问】课堂的上你如何判断学生听懂，学会了？你课堂中可以看出就是简单回应，或者低级诊断正误，没有进行学科思维、学习思路等进行素养型评价。

【化学教育硕士 Q】因为都是我的同学配课，他们都会，所以我的评价也都是"嗯""对""好"这样的低级评价，怕他们说错了，影响我讲课，老师评课后，我还是不敢让同学说可能错误的答案，我怕我跑偏了，就尽可能地减少这样的口头语（Q-GF-FT-2）。

【化学教育硕士 Z】……我现在是模拟授课，就不知道真正的学生上课，效果会不会好了。至于我评价得到不到位吧，我其实很刻意地有针对性地评价了，但应该还有不足吧（不好意思的样子）。

（Z-GF-FT-1）

三位教育硕士都觉得主要原因就是没有真实学生，如果有真正的学生，这些问题可能就不是问题了。但也承认模拟授课的实践对自身的专业发展也起到了重要的促进作用，更相信并期待在真实职业环境下实践，更能促进自身的 PCK 显著发展。

在知识期和素养期，化学教育硕士进入实践基地进行真实职业环境实践，并进入真实课堂进行授课后，她们的 PCK 发展就更加突飞猛进了。反思中，化学教育硕士 Q："进入班级上课了，才知道我设计的问题有很多不合理，才知道学生原来学过不代表已有知识。"（Q-ZS-FS-5）化学教育硕士 Y："在学生面前上过课，就是直接讲课本知识，我觉得没问题，但是，'素养课'还真是第一次，建模、科学本质，设计的时候就觉得驾驭不了，上课真没底气，但是面对真实学生了，反而觉得课就应该上素养的，而不是应试的。"（Y-ZS-FS-5）化学教育硕士 Z："真正站在讲台上才发现，与学生交流不仅仅是语言，还可以是眼神，对学生的评价也不仅仅是口头，也可以是表情。"（Z-ZS-FS-5）

由此发现，实践是促进化学教育硕士 PCK 发展的最好途径，深入反思则是促进 PCK 发展最好的方式。

在和 Q 交流时，她认为："PLC 干预后，回去要反复思考、斟酌才能有所收获，否则干预团队的意图和好的建议是无法深刻体会的。"Z 说："我底子薄，无论是 Q、Y，一线我的指导教师或她们的指导教师还是专家，他们说的每句话我都觉得特别有道理，但是又不能完全照抄，就需要经常琢磨。比如在电解池工作原理那部分，我特别想直接给出工作原理内容，但是老师们都说要引导他们认识电解池，刚开始我就理解不了，就这个东西，怎么引导？老师说提出一些有冲击性的本原性问题，什么是本原性？什么是冲击性？回来反复看老师说的几节课，努力体会，然后举一反三，不停地想，我和老师说的有啥不一样？我这种设计差哪了？我发现，在我反复琢磨的过程，就是我恶补的过程，痛苦并快乐着！但之后感觉思路就清晰多了。"

反思是对自身信念和行为检省的思维过程，可以更好地认识和促进实践，从而评判核心教学策略和核心教学行为的有效性。反思性实践是将对教学实践的深入反省和对教学反思进行深度融合，做到"在实践中反思，反思着实践"，才真正把握了发展 PCK 的精髓。

第七章 素养期 PLC 干预下化学教育硕士的 PCK 发展

本章共分为五节。第一节是根据 PLC 干预模型设计并实施 PLC 干预，并以素养期 PLC 干预目标来预设化学教育硕士 PCK 发展目标。素养期结束前进行考核以检验 PLC 干预下化学教育硕士 PCK 发展目标的达成度。第二节到第四节分别以素养期化学教育硕士 Q、Y、Z 的教学设计和课堂授课实录为主资料，教学 PPT、学科理解报告和教学设计报告、教学反思和访谈等为辅助资料进行研究三位化学教育硕士的 PCK 发展特征。首先，将教学视频和文本结合起来，按照 PCK 要素进行编码分析，并将 PCK 要素发展绘制出 PCK-Map，进行比较分析。然后观察与描述知识期 PLC 干预中"自磨阶段""同伴与一线教师磨课阶段""专家磨课阶段"和"专家与一线教师综合磨课阶段" Q、Y、Z 三位化学教育硕士的 PCK 发展特征，并进行具体分析，总结化学教育硕士 Q、Y、Z 的 PCK 发展特征。第五节是本章小结部分，通过考核中评委评价化学教育硕士 PCK 目标的达成情况，挖掘素养期影响化学教育硕士 PCK 发展原因。

第一节 素养期 PCK 发展目标与 PLC 干预过程

一 素养期化学教育硕士 PCK 发展目标

素养期开始于教育硕士入学第二学期结束后。东北师范大学全日制教育硕士培养以发展教育硕士落实学科核心素养、能完成素养取向教学为目标；化学教育硕士 PLC 干预目标是促进化学教育硕士对化学学科知识进行深度学科理解，理解科学知识本原化，化学教育硕士能上好一堂素养取向的真实化学课。主要体现课堂教学中学科知识的科学本质深度挖掘以及学科知识的结构化等。

素养期 PLC 的干预指向 PCK 的哪些要素发展呢？见表 7-1-1。

表 7-1-1　　　　素养期 PLC 干预目标与 PCK 发展目标关系

PLC 干预目标	PCK 发展目标
能设计促进高阶思维的本原性问题	科学教学策略（KISR）
能创设促进高阶思维的化学实验情境	
能使用促进学生合作的学习方法	
能发展学生自主建构的教学目的观	科学教学价值取向（OTS）
能发展学生科学知识本原性观念	
能引导学生建构认识模型的策略观	
能将化学教学知识的结构化	科学课程知识（KSC）
能发展学生化学学科思维结构化	
能主动了解学生理解科学的前知识和障碍点	学生理解科学知识（KSU）
能主动学生已有学习经验与能力	
会使用促进学生发展性评价	学生学习评价知识（KAS）

素养期是促进化学教育硕士全面发展核心素养的时期，对应的是化学教育硕士素养取向的 PCK 全面发展，包括促进各要素的充分发展和促进要素间的联系。

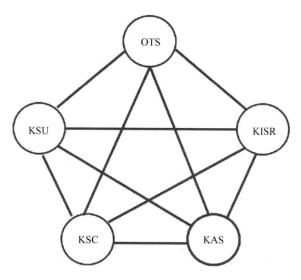

图 7-1-1　知识期化学教育硕士 PCK 发展目标

二　素养期 PLC 干预过程

素养期经过一线教师和教学论专家一同讨论，根据教学主题的类别、预留出 PLC 干预时间等，为化学教育硕士布置的任务为人教版选修五模块中第三章"烃的含氧衍生物"第一节"醇酚"中"醇类的化学性质"部分。

有机化学部分一直是某些同学不喜欢的内容，因为碳链结构复杂、官能团多、书写烦琐、化学反应复杂、反应方程式书写易错、反应条件多变等，又涉及电子效应、诱导效应，等等。化学教育硕士 Q、Y、Z 首先需要进行学科理解文献综述和教学设计文献梳理，然后进行教学设计，并模拟授课，经过一线教师听评模拟授课、专家听评学科理解报告和教学设计文献梳理报告以及模拟授课、专家与一线教师共同听评模拟授课干预等 PLC 连续干预，化学教育硕士每次干预后都进行反思、改进、再模拟授课等，最后在某重点高中进行真实授课，由 PLC 所有成员和其他非 PLC 成员共同观摩，展示后进行评课，化学教育硕士进行综合反思。素养期结束前进行考核。

计划干预过程与知识期相同，唯有干预取向变化。见图 7-1-2。

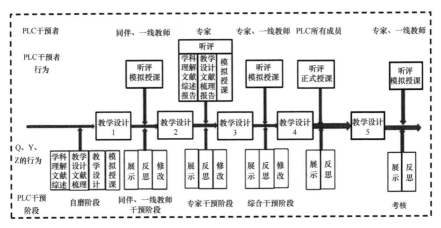

图 7-1-2　素养期计划 PLC 干预流程

（二）素养期 PLC 连续干预过程

素养期的干预是在特定主题下，化学教育硕士同伴、教学论专家连续干预，那么，PLC 到底是如何干预的呢？化学教育硕士同伴干预与专家干预有什么不同呢？

1. 自磨阶段

布置授课主题后，指定化学教育硕士在两周内合作完成关于醇和酚的学科理解文献综述和教学设计文献梳理，形成文档提交给研究者。再用一周时间独立完成教学设计，熟悉并多次在微格教室单独进行模拟授课，并录制授课视频，之后反思并改进教学设计，初步形成自己满意的教学设计。三位化学硕士需提交给研究者每一版教学设计、反思和改进报告、模拟授课视频。

2. 同伴干预过程

素养期的某天上午，研究者组织三位化学教育硕士在东北师范大学附属中学的自习教室进行同伴磨课。化学教育硕士分别进行模拟授课，其他同伴首先扮演学生回答问题或者提出问题配合授课，然后化学教育硕士同伴们一起对授课者的授课表现进行评价，讨论交流，提出干预建议。

同伴干预依然聚焦于策略的使用、实验的使用、教学知识的科学性、板书的设计等方面，也提起"本原性""高阶思维"，但是真正有价值实质干预还没有。被干预者觉得同伴的干预只能起到扮演学生的作用，三位化学教育硕士因为自身的发展，都具有了一定的教学认识，教学设计的视角也不一样，但对化学学科素养的认识局限在大学课堂，所以对同伴无法提出具有建设性的建议，也不信服同伴对自己的素养建议，但是知识取向和规范性取向的建议，有很多可借鉴的内容。

（1）对教学情境创设的干预

化学教育硕士 Q 自身素质很高，在醇类性质的授课时，设计引课是学生陌生的香茅醇可能具有的性质为问题情境，提出几个关键的问题。

【教学片段】

【Q 讲解】我们先来认识一种有机物香茅醇，香茅醇是一种萜类化合物，它是天然产物中数量最多的一类化合物，其分布广泛、骨架庞杂，具有多样的生物活性，是构成某些植物的香精、树脂、色素等的主要成分。香茅醇存在于香茅油、玫瑰油等多种植物的挥发油中，具有似玫瑰的香气，在我们日常生活中广泛的应用，可以用于香皂、化妆品、配制食品等，是一种重要的调香原料，具有抗菌和驱虫的作用。上节课我们学了醇的命名，谁来说一下香茅醇的名称？

【Q 讲解】我们这节课就将以香茅醇为载体，来继续学习醇类物质。

【Q 讲解】同学们想一想有机物性质的认识方式有哪些呢？或者说认识有机物的性质有哪些视角呢？

【Q 讲解】综合同学们所说的，有机物性质的认识方式有两大维度：结构维度和反应维度。接下来我们就将分别从这两个维度来认识醇的性质。

【板书】1. 结构维度 2. 反应维度

（Q-SY-SK-2）

Y 觉得引课用的物质太复杂："那个物质得换一下，因为结构太复杂，可能给学生造成困扰，我想应该换一个，就是在生活当中也有应用的，但是对学生来说是一种陌生的醇，结构没那么复杂的。然后就是感觉这节课讲的东西太多，可能会讲不完吧？"这一点 Q 觉得有道理，就决定重新选择一种醇。Z 也觉得完成不了这么多内容："我感觉跟乙醇很类似的，不是很难的，可以略过去。然后主要讲一些复杂的。" Q 觉得不能完全按照乙醇的性质来，一定要往深挖一下："那不行，我要在乙醇的基础上深化一下。" Z 建议："主要深化的部分，细讲一下。" Q 觉得那样太乱："我想就选择几个主要性质讲，就像老师说的，要不主次不分，乱乎乎一堆，不清爽。"

化学教育硕士从引课开始讨论，又就知识的选择和组织进行了交流，但没有提及知识结构化和思维结构化，没有提及醇类的微观本质等。

（2）对其他的干预

教学知识依然是化学教育硕士们关注的重点，基于规范期的不足，在教学设计前进行学科理解文献综述时，三位化学教育硕士下了功夫，争取科学知识准确，语言准确。

Q 提出一个问题："醇与钠反应到底属于置换反应还是取代反应呢？" Y 认为是取代反应："这不是有机反应吗，那就应该是取代。" Z 认为是置换反应"取代反应是有上有下"，Y 反驳说："那不是上去一个 Na，下来个 H 吗？" Q 说："我觉得还是置换，因为取代是上去一部分，下去一部分，有点像复分解，所以不是取代。"其他人认为有道理，但是还是打算去查查文献，避免出错。

从干预过程看，化学教育硕士的干预还停留在规范性上，有意识地结构化，但干预时候没有体现。

由于是在实践基地进行的同伴磨课，同伴没有提出什么可行性的素养取向建议，化学教育硕士没有来得及改动教学设计，而且下午直接进行了一线教师和同伴的共同磨课，所以，同伴干预阶段就只有干预视频，缺失了干预后的设计。分析化学教育硕士 PCK 时就直接去掉了同伴干预阶段，直接进入一线教师磨课阶段。

3. 一线教师干预过程

（1）规范性干预

一线教师对于教学的规范性在某些方面很是重视，尤其是在考试中提及的，在化学教育硕士提出规范性的基础上可以进行补充。Q 在板书羟基邻位碳原子上的氢原子时写"αH"，一线教师："αC 你没用键线式表示，βC 用键线式表示，我建议 βC 也用 C—H 键形式表示出来，因为你要用。要不然你就把键线式都改成 C—H 形式。这部分相对来说就麻烦了，要不然你把 H 拿出来也能说明问题，这样也挺好。"Q 觉得对："这种语言说得多，但是不知道该怎么写，写文字的话字又太多，老师一说我就知道了，太好了。"

一线教师对规范性的干预全面、到位，教育硕士也能领会接受。

（2）知识的结构化干预

Y 的教学设计是以"荒岛求生的科学家需要带什么化学物品"为素材，引出醇类能合成哪些物质的问题，见图 7-1-3。然后将醇类的氧化反应和消去反应重点讲解，但是醇类能发生的每一个反应都是很突兀地罗列出来。

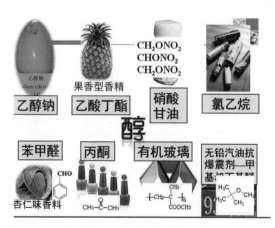

图 7-1-3　素养期 Y 引课提出醇合成哪些物质的 PPT

一线 H 老师认为重点不突出，对化学教育硕士 Y 提出建议："不要面面俱到，不要考虑那么全面，全罗列出来，用 Z（专家）的话说，不

图 7-1-4　素养期一线磨课时 Y 板书设计 1

够结构化。"（Z-ZS-PK-2）一线教师认为授课重点应该落在醇类氧化反应和消去反应里，其他的就不要说了。Y 觉得很有道理："这样好讲，还能记住，看着还清晰，我觉得挺好，就这样改吧。"于是进行修改，改后的内容板书见图 7-1-4。

（3）本原性干预

Q 设计的是醇类认识模型建构，分析具体醇类性质，然后上升到认识有机物的认识模型的建构。一线教师普遍觉得难度太大，而且不是考试涉及内容，常态课不应该这样设计。一线 H 教师说："Q 这个，我觉得要是 J 老师（研究者）来看的话，这个我觉得很可能过关，但是素养课，多数老师讲课不会像她那样去讲。因为设计了那么一个挺特殊的醇，香茅醇弊端在哪，学生对它不熟。还有我觉得这个思路应该问题不大，就是高度能不能落下去，学生能不能接受，有些词你可以不说，比如你给老师汇报时，讲课的时候，这个词可以不用。通过结构看性质时，从官能团、化学键、其中的电子效应、诱导效应等，这些学生应该都接受不了……我建议是去掉或者简化处理。"（Q-SY-PK-3）其他化学教育硕士表示认同，觉得自己听起来都困难，如果去讲，肯定驾驭不

§3.1 醇类

一、结构

结构通式 R-OH

↓

官能团 -OH

↓

断键位置 ┬ C-O
　　　　　├ O-H
　　　　　├ β位 C-H
　　　　　└ α位 C-H

二、化学性质

1. 催化氧化

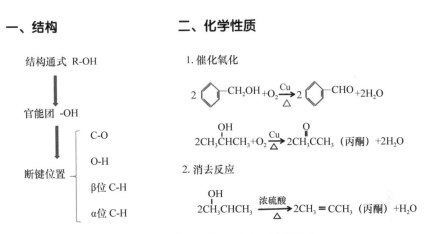

$$2 \bigcirc\!-CH_2OH + O_2 \xrightarrow[\triangle]{Cu} 2 \bigcirc\!-CHO + 2H_2O$$

$$\underset{\overset{|}{OH}}{2CH_3CHCH_3} + O_2 \xrightarrow[\triangle]{Cu} 2CH_3\overset{\overset{O}{\|}}{C}CH_3（丙酮）+ 2H_2O$$

2. 消去反应

$$\underset{\overset{|}{OH}}{2CH_3CHCH_3} \xrightarrow[\triangle]{浓硫酸} 2CH_3 = CCH_3（丙酮）+ H_2O$$

图 7-1-5　素养期一线干预后 Y 板书设计 2

了，但是 Q 不这么认为："我记得老师（专家）说过，有机物的性质就靠反应来表现，而有机反应机理很复杂，分子内的官能团、化学键极性、电子效应和诱导效应很重要，分子的空间结构和分子间位阻是有机化学中的重要的东西，我还是想把它们结构到一起，从微观本质上说明。"（Q-SY-PK-3）

最后，Q 坚持了自己的设计，没有采纳一线教师的建议。

当问一线教师是否了解"本原性"时，一线教师并不知道这个词的意义，但是"在选修 3 模块的学习中一直尝试用微观本质进行预测和解释某些结构和现象"。希望在授课时"学生知道是什么，还要知道为什么"，也就是一线教师有"本原性"的意识，却没有充分外显化，所以对学生的干预中没有明显表现。

（4）对学生知识方面干预

一线教师非常了解自己的学生，对学生已有知识、已有经验和接受概念原理知识的能力都很清楚，对 Q 设计的素养课，还是持有担心的态度："我个人绝对不会按 Q 的溶剂化作用去讲，我觉得这个离学生比较远，溶剂化对学生来说比较陌生。我觉得我要讲不如从电离平衡那地方讲，乙醇电离成乙氧负离子和氢离子，你可以把它写成可逆的，你要是非得按你的往下讲，我觉得乙基对氧的电子云密度增大可能有促进作用，电子云密度越大，它稳定性越低，你要从这个角度讲，他们会想到选修三，你要是适当引过来，他们能接受，你要是非要讲的话。我觉得溶剂化作用，虽然你提氢键他们熟悉，但是他们对这个词太陌生了，所以接受起来我觉得估计就是听一听，接受比较困难，你要从那个角度讲，电子云密度增大，它不稳定，他们可能就会接受。"（Q-SY-PK-3）Q 还是想保留这个教学设计，于是进班找了多名同学进行探查，问了化学键极性的问题，电子效应的问题，感觉学生可以接受，最后坚持了自己的想法，没有改变。

从一线优秀教师干预过程看，除了能够干预教学的规范性和策略使用外，还能够促进化学教育硕士的教学知识结构化和学生理解科学知识的发展。

4. 教学论专家干预过程

教学论专家对教学知识的理解明显高于一线教师，对学科思维结构化明显优于一线教师，同时专家对科学本质的认识很深刻，对素养课的样态和核心也明了，因此放手让化学教育硕士去设计并实施。

经过一线教师干预一周后，化学教育硕士进行修改、模拟授课，由教学论专家和化学教育硕士同伴一起进行听评课，专家与化学教育硕士同伴同在听课现场。

（1）思维结构化干预

教学论专家与化学教育硕士一起磨课，依然是提出质疑，由化学教育硕士们进行讨论交流，当时无法解决的问题，回去分工查文献，下次继续讨论。

教学论专家评价化学教育硕士挖掘不够深："已经知道了醇类能发生乙醇的类似反应，那就要接着问，完全一样吗？哪些不一样？究竟为什么？"进入学科本原。化学教育硕士们非常赞同。

化学教育硕士 Q 回来反思，认同教学论专家的说法："分析物质结构的三个水平'物质—官能团—化学键'改为'官能团—化学键'，物质不该放入结构中，对官能团的认识是区别物质类别的。"（Q-SY-FS-4）这也说明化学教育硕士的学科理解还存在一定问题，微观和宏观界面不清晰。

教学论专家认为，认识思维需要建模，而 Q 的认识模型建构既体现了思维的结构化，也体现了醇类的科学本质与本原，值得肯定。而 Y 的教学设计中，以反映事实居多，分析少，本原性不够，表面上有对醇类的分析，但是深度不够。Y 说："我也觉得 Q 的分析挺好，但是我驾驭不了，对醇类的认识深度我自己就不够。"

除了教学知识准确性外，专家也对教学内容的选择、板书的设计、化学表征的规范性等进行了补充评价。

（2）专家听评"两报告"

对于学科理解报告，化学教育硕士面面相觑，教学论专家干预后，化学教育硕士对教学内容深度的把握和教学设计的思路都有了一定的认识。除此之外，教学论专家还对化学教育硕士同伴没有发现的问题进行了指出和纠正。Y、Z 学科理解深度不够，Q 的学科理解文献综述汇报很清晰，但是内容罗列多，有深度，但结构化不够，还不能将醇类的微观结构清晰、结构化。专家提道："素养是什么？素养就是能够迁移，能解决陌生情境问题，一个是从微观本质分析预测和解释现象，另一个就是能将其充分利用。"Y、Z 觉得第一种太难了，第二种还是可以尝试的，于是自行进行第二种素养课的设计。

可以发现，在素养期，化学教育硕士同伴的干预，仍然停留在规范性上，而一线教师在知识的结构化和对学生的理解方面干预增强，教学论专家则在思维结构化和学科本原上进行干预，这是一线教师的干预做不到的。

第二节　素养期 PLC 干预下化学教育硕士 Q 的 PCK 发展

一　素养期 PLC 干预下 Q 的 PCK-Map 特点分析

素养期化学教育硕士 Q 经历七次科学态磨课，认真反思，不断与同伴、一线教师、教学论专家进行交锋，然后改进设计，并最终进班级完美地呈现了一堂"醇类的化学性质"主题的素养型化学课。将化学教育硕士 Q 在素养期进行的多次 PLC 干预后的所有数据进行收集分析，PLC 干预以及编码、PCK 片段划分、PCK-Map 见表 7-2-1。

表 7-2-1　　　　　　　　　　素养期 Q 的 PCK-Map

PLC 干预			PCK 发展		
阶段	主干预人	参与人员	PCK 片段	PCK 要素	PCK-Map
自磨阶段	无	Q	E1 初步认识香茅醇	KSU　KSC	
			E2 基于物质层面认识	OTS　KAS	
			E3 基于官能团层面认识	OTS　KAS	
			E4 基于化学键层面认识香茅醇	OTS　KAS　KISR	
			E5 根据反应类型选择试剂、条件	OTS　KSC　KISR	
			E6 由反应类型、试剂和条件推断产物	OTS　KSC　KSU　KAS　KISR	
			E7 醇发生催化氧化反应的规律	OTS　KSC　KAS	
			E8 建立有机物性质认识思维模型	OTS　KSU　KSC	

续表

PLC 干预			PCK 发展		
阶段	主干预人	参与人员	PCK 片段	PCK 要素	PCK-Map
一线干预阶段	一线教师	一线教师、同伴、Q	E1 初步认识 3-苯丙醇	KSC　KSU	
			E2 基于物质层面认识	KAS　OTS	
			E3 基于官能团层面认识	OTS　KAS	
			E4 基于化学键层面认识 3-苯丙醇	OTS　KAS KISR	
			E5 根据反应类型选择试剂、条件	KISR　KSC OTS	
			E6 化学反应类型、试剂、条件推断产物	KSU　OTS KISR　KAS	
			E7 醇发生催化氧化反应的规律	KAS　OTS KSC	
			E8 建立有机物认识模型	OTS　KSU	

续表

PLC 干预			PCK 发展		
阶段	主干预人	参与人员	PCK 片段	PCK 要素	PCK-Map
专家干预阶段	专家	专家、同伴、Q	E1 通过官能团测醇性质	OTS KSU	
			E2 基于化学键分析 3-苯丙醇结构	KSU OTS KISR	
			E3 3-苯丙醇取代反应试剂、条件及规律	KISR OTS KSC KAS	
			E4 3-苯丙醇消去反应试剂、条件及规律	KISR KAS KSC KSU OTS	
			E5 3-苯丙醇催化氧化反应试剂、条件规律	KSU KAS OTS	
			E6 解决疑问与应用	KSU KAS	
			E7 建立思维模型	OTS KSU KSC	

续表

PLC 干预			PCK 发展		
阶段	主干预人	参与人员	PCK 片段	PCK 要素	PCK-Map
PLC 所有成员	专家和一线	专家、一线教师、同伴、Q	E1 通过官能团测醇性质	OTS　KSU	
			E2 基于化学键分析 3-苯丙醇结构	OTS　KISR KSU　KAS	
			E3 3-苯丙醇取代反应试剂、条件及规律	OTS　KISR KSU　KSC KAS	
			E4 3-苯丙醇消去反应试剂、条件及规律	OTS　KAS KSU　KSC KISR	
			E5 3-苯丙醇催化氧化反应试剂、条件规律	OTS　KSU KAS　KSC	
			E6 醇发生不同化学反应类型规律	KSU　KAS KSC	
			E7 解决疑问与应用	OTS　KSU KAS	
			E8 建立思维模型	OTS　KSU KAS　KSC	

对表格呈现内容进行分析发现，PLC 干预共分为四个阶段，一是自磨阶段，没有其他 PLC 成员参与，经过几次自己磨课练习后，给一线

教师在实践基地展示；一线教师干预阶段，给一线教师展示了两次，有一线教师和化学教育硕士同伴参与，但是进行评课和提供教学建议的主要是一线教师，听取了一线教师的评课和某些建议后，修改教学设计；给专家和化学教育硕士同伴展示学科理解文献综述报告、教学设计文献梳理报告和模拟授课，模拟授课展示了两次，即专家磨课阶段，PLC 参与者有教学论专家和化学教育硕士同伴，主要由专家听、评课和提供建议；化学教育硕士 Q 听取建议并反思后，修改教学设计，最终在某重点学校的高二年级进行真实授课展示，由所有 PLC 成员和非 PLC 成员共同观摩，课后进行规模盛大的评课活动，化学教育硕士 Q 进行反思、总结，回到高校进行素养期考核。至此，素养期的整个干预和科学态磨课完美结束。

化学教育硕士 Q "醇的化学性质" 主题下的教学内容，在自磨阶段有八个 PCK 片段内容，经过一线教师磨课后没有变化，而经过专家磨课后，调整为七个 PCK 片段内容，最后，在一线教师和专家共同磨课、教研后分析，化学教育硕士 Q 内化、反思，又将教学内容定稿为八个 PCK 片段内容。其他具体发现如下：

1. 从 PCK 片段内容看，化学教育硕士 Q 最初选择的代表性醇类物质是 "香茅醇"，一线教师干预后改为 "3-苯丙醇"，并且化学教育硕士 Q 整个科学态磨课过程都有构建模型的表现。

化学教育硕士 Q 的教学设计思路是："选一个代表性物质，从物质视角、官能团视角、化学键视角去认识醇类，达到物质辨识的素养；通过电子效应、共轭效应等认识醇类的化学反应，达到微观辨识的素养；通过代表性醇的氧化反应和消去反应，抽提醇类的氧化反应和消去反应的一般规律，构建认识醇类化学性质的一般模型，最后构建认识有机化合物的认识模型。"（Q-SY-JXSJ-1）这个设计定位非常高，一线教师和专家都很惊喜。

一线教师提出的建议大多围绕教学内容的具体知识，结合了自己的教学经验。

【一线教师评课片段】

【一线 H 老师】Q 讲的思路要清晰一些。实际上我原来讲"醇"，跟 Q 的这个思路很像。但是我可能不用香茅醇来做，香茅醇有个弊端，用这样的物质引课很好，但是它有个双键在那。

【Q】我想要把这个物质换掉。

【一线 H 老师】因为我原来讲，找的醇是学生比较熟悉的，就是比较麻烦，就是木糖醇，学生非常熟悉，它的结构复杂，它是个六元醇，它缺点在那，它多个羟基在那，但是学生非常熟悉，因为甜嘛，木糖醇是甜的嘛，但它不属于糖类，它是醇类，多元醇，都有甜味。醇的化学性质就用它……

【一线 H 老师】Q 这个，我觉得要是 J 老师来看的话，我觉得很可能过关，多数老师讲课不会像她那样去讲。因为设计就拿那么一个挺特殊的醇，香茅醇弊端在哪，就是学生对它不熟，它一个羟基，一个香料，你应该找一个学生喝的东西或吃的东西。我不知道香茅醇的气味是什么味，我原来为啥找这个，比如说橘子啊，橙子啊，菠萝啊，像这个香草啊，抹茶啊，这些香味学生比较熟悉，你可以找这个，它是醇，而且学生比较熟悉，以它为基础讲的话会更好。（Q-SY-PK-2）

化学教育硕士 Q 在整个科学态磨课过程中自主性极强，设计的课素养取向相当明显。一线导师甚至为了让其他一线教师跟上这个高度，要求 Q 降低素养的外显化："Q 这个我觉得要求就要更高了，这个要讲完，你看你这个挺复杂的醇，你写的板书是用 R 来代表烃基，这么归类乙醇都讲完的话问题不大，最后我们复习也得这样来，随便一个烃基这样都没问题，因为不考虑烃基，只考虑官能团。αC 你没用键线式表示，βC 用键线式表示，我建议 βC 也用 C—H 键形式表示出来，因为你要用。不然你就把键线式都改成 C—H 键形式。要不然你把 H 拿出来也能说明问题，这样也挺好。我觉得这个思路应该问题不大，就是你这个高度能不能落下去，学生能不能接受。"（Q-SY-PK-2）

总之，一线教师认为内容太多、重点无法突出，在建议合理压缩内容外，已经无法给予素养的指导。专家认为"这是一堂很棒的课"，认为这节课体现的化学教育硕士 Q 的设计能力、创新能力"已经可以超越某些一线教师的水平"。

2. PCK 要素看，在自磨阶段化学教育硕士 Q 在各 PCK 要素的表现就特别饱满，尤其是关注教学价值取向，一线教师干预已经不能满足 Q 的素养发展需要，经专家干预后，教学价值取向更加凸显；每个 PCK 片段中体现的 PCK 要素更加全面，在不同干预阶段的 PCK 片段内容和要素并没有显著差异。

一线教师的干预还是知识取向，L 老师认为这确实是比较新颖的设计，但从他的角度更看重的是学生知识的掌握，比如引课这部分："用陌生的醇类物质贯穿整节课，像是在重复乙醇的性质。建议这样引课：举几个醇类物质的例子，让学生命名和分类，巩固第一课时的知识，之后直接用 R 表示烃基，总结醇类的化学性质规律，强化对化学性质的掌握。"

有意思的是，化学教育硕士 Q 有自己的想法，听而不用："但我未采纳，我认为这节课的目的是让学生学会如何认识、分析醇及其性质，乃至以后如何认识、分析其他有机物，本节课应教给学生的是一般思路、一般框架，而不是单纯地罗列知识，强化化学性质。并且我喜欢创新，我认为设计得与 L 老师平时教学方式不同，更会吸引学生学习的注意力。为了兼顾两种不同的设计想法，我又设计了另外一稿——以伯仲叔醇为载体，学习醇类的化学性质。对于用于引课的陌生物质，正在寻找其他物质替换，会采纳，并会削减几个化学性质，只讲重点。"（Q-SY-FSGJSM-2）

化学教育硕士 Q 属于敢于创新型，并且真下了功夫："这节课吧，我准备时间挺长的，从寒假开始，初步就定这个主题了，我觉得我对教学内容、学生情况，还有本节课的化学核心素养研究得挺透的，然后，越琢磨越感觉我设计得好（骄傲地笑），但是 L、H 两位老师提出内容多，重点不突出，我也同意，去掉醇类燃烧的那些内容。但是，一线老师让我按照常规的讲法去设计课，说了多次，我也挺住压力坚持了我自己的设计！（既骄傲又不好意思地笑）然后这次可能老师（专家）也觉得我设计得挺好吧，挺开心的，我也挺开心（自豪地笑），老师给的建议几乎都是小问题，我采纳了很多，但不影响主体思路，所以这一次，几乎就是我的真实水平了！"（Q-SY-FT-7）

从反思—改进说明中可以看出，化学教育硕士 Q 在教学设计中最想体现教学的价值，希望能从本质上认识醇类的化学性质。教学内容上充分结构化，并构建有关醇类乃至有机物的认识模型。所以表现出来的 OTS、KSC、KSU、KISR 都比较充分和饱满。进入班级教学后，为真实学生授课，其明显优于臆想的学生的求知欲望和兴趣，故对学生的评价也都很由衷，KAS 表现充分。

3. 从 PCK-Map 看，自磨阶段化学教育硕士 Q 的 PCK 要素总频次都很高，即 PCK 起点已经很高。且一线教师干预已经无法对其起到促进作用，在多位专家与多位一线教师共同干预下，PCK 各要素总频次达到新高，PCK-Map 非常饱满。

表 7-2-2　　　　**素养期 Q 的各干预阶段要素总频次统计**　　　　单位：次

素养期干预阶段	OTS	KISR	KAS	KSC	KSU
自磨阶段	14	8	10	11	7
一线教师干预阶段	14	8	10	11	7
专家干预阶段	14	9	12	7	12
PLC 所有成员干预阶段	20	11	20	15	22

一线教师磨课后，化学教育硕士 Q 的 PCK-Map 完全没有变化，但各要素总频次都特别高。所有 PLC 成员综合干预后，各要素频次显著增加。尤其是 KSU 总频次由 7 次变化到 22 次，OTS 和 KAS 分别为从 14 次到 20 次、从 10 次到 20 次，明显提升。也充分体现了化学教育硕士

Q 以 KSU、OTS 和 KAS 为核心发展 PCK。也就是基于学情，发展学生"学习化学的科学价值"与"学得怎么样"为主线，以课程知识为载体，通过教学策略实现课堂教学。

【综合评课片段】

【教育专家 Y】是任务驱动，我觉得情境创设是共同的引课的特点，也都能够结合结构讲性质，体现宏观辨识微观辨析，占位足。欠缺教学过程中的情境创设，不仅只有引课时的。

【一线 L 教师】Q 比较 3-苯丙醇、乙醇和水的酸性强弱，那个说得非常好，因为后面我们要讲酚的性质，这个羟基的活泼程度，这个氢下来的难易程度，是受烃基影响的，为什么苯环连上去了它就可以电离，但是这个链烃基连上为何难电离，提到这个挺好。

【一线 H 教师】其实说实话，我们之前没有用她的这个形式去讲，你看从化学键，电负性，极性这块，从合成的这个角度来设计这个醇的性质，后来我觉得这个角度也挺好，看看换一个角度能不能好，我觉得再看她的课觉得挺好，就是副反应比较多，反应位点比较多的时候，你这个条件控制就显得比较重要了，所以你结构分析完了，又从反应条件角度去扣到性质这块，我觉得挺合适的，只不过对学生的接受难度要大一些，可能会有这个问题。

【教育专家 Z】比较突出的是视角和思路，非常非常强调，我觉得是对的，你比如说基于官能团视角，Q 那块强调得是蛮好的，我比较欣赏的，基于官能团的结构分析，基于化学键的结构分析，而且给出分析框架，分析框架是什么呢？就是我们的模型认知，你给的是学科认识模型。特别强调知识结构化，认识思路结构化。都是有意识地去体现，显性化程度更高。刚才 H 老师说了以后我知道了，要不然这部分确实挺深的，附中的孩子有这个基础，反过来去认识反而更深刻。所以我觉得一定要发挥我们前面理论的指导作用，这个还是必要的。还有一个我比较欣赏的就是注重高阶思维的培养，比如这节课里面，特别注重知识的关联，注重它的预测，特别重视它的解释，这都是高阶思维，所以我们的化学课里面一定要注重学生的高阶思维的培养。

（Q-SY-PK-6）

PLC 干预团队的连续干预，肯定了教育硕士 Q 的教学设计中已充分体现了教学思维的高度，并给予了较高评价。为基于学生实际情况、抽提认知模型等视角设计化学素养课，化学教育硕士将设计进行外显化处理，导致 PCK-Map 有所变化。同时面对真正的学生时，力求学生能够接受并能自主构建认识模型，因为 Q 想通过学生的回答了解学生的掌握情况，并对学生给予了适当的评价，故 PCK-Map 中学生学习评价知识的频率较高。

4. 从 PCK-Map 上看教育硕士 Q 的 PCK 某些要素之间联系初始就很紧密，专家干预后要素之间联系更显著提升。

将 Q 的各干预阶段的 PCK-Map 中的各要素联系频次数统计分析，见表 7-2-3。

表 7-2-3　　　　素养期 Q 的各干预阶段要素联系频次数统计　　　　单位：次

干预阶段	OTS-KISR	OTS-KSU	OTS-KSC	OTS-KAS	KISR-KSU	KISR-KSC	KISR-KAS	KSU-KAS	KSC-KAS	KSU-KSC
自磨阶段	3	2	4	5	1	2	2	1	2	3
一线教师干预	3	2	4	5	1	2	2	1	2	3
专家干预	3	5	3	4	2	2	2	4	2	1
PLC 综合	3	7	4	6	3	2	3	7	4	5

化学教育硕士 Q 在自磨时候的 PCK 起点就已经很高，OTS 和 KSC 的联系频次数达到了 4 次，OTS 和 KAS 的联系频次数已经达到 5 次。一线教师干预后没有任何变化，综合干预后 OTS 和 KSU 联系频次数从 2 次变为 7 次，KSU 和 KAS 之间的联系频次数从 1 变为 7，KSC 和 KSU 则由 3 次变为 5 次，且 OTS 和 KSC、KSC 和 KAS 等之间联系频次数都

达到 4 次或 4 次以上，这在本研究中已属特别突出的一个案例！可以看出化学教育硕士 Q 能够基于学情、学生学习得如何来关注和体现"这样教有什么意义"，能够从科学教学价值取向视角认识学情，了解学生学习情况，站位比较高。PLC 干预则基于"教给谁""教什么"和"怎么教"上面体现所教内容的功能和价值，真正体现化学学科素养，是学科素养在课堂上落地，以提升化学教育硕士未来素养为本课堂的教学能力。

二　素养期 PLC 干预下 Q 的 PCK 各要素发展分析

（一）化学教育硕士 Q 在 OTS 发展显著

化学教育硕士 Q 在教学价值取向上有独到的见解，首先考虑要设计一堂素养为本的化学课的意图特别明确，主要通过自己的学习，设计了素养取向的优秀化学课。

根据自磨到展示的七次可参考的科学态磨课过程，发现了很有趣的现象。化学教育硕士 Q 很有主见，在进行教学设计时就大力度努力靠近科学本质、引导学生构建认识视角。在教学目标中清晰指出建立认识视角联系建构学科思想等，除了稍微接受一些具体的小建议外，一直坚持己见。

表 7-2-4　　　　　　　　　**素养期自磨阶段 Q 教学设计片段 1**

教学目标	1. 通过对乙醇性质的探究与迁移，掌握醇的特殊性质，建立物质、官能团、化学键与有机化学反应的联系，能从物质类别、组成、微粒结构、微粒间作用力等多个视角预测醇的性质并解读其化学反应的实质； 2. 能从宏观与微观的结合对物质及其变化进行分类和表征；能建构认识有机物性质的认识方式的思维模型，能综合解释或解决化学问题； 3. 学生发展分析、推理、类比、归纳的能力，掌握认识有机化合物性质的一般思路、研究有机化学问题的科学方法； 4. 学会由事物表象解析事物本质变化，强化微粒观和变化观，建构结构决定性质的学科思想

注：(Q-SY-JXSJ-1)。

化学教育硕士 Q 的教学价值已经高于某些一线教师了，所以她有时不认可一线教师建议，尽管科学态磨课次数最多，但主要是她自己在创新，自主设计并呈现。教学论专家对此课的评价极高，仅在醇类微观结构决定性质那提出要"建认识模型，认识视角"，并强调"没有深入的关于'醇类性质'学科理解，就做不到学科素养外显化"，化学教育硕士 Q 深深记住这个建议，并努力做到最好。

（二）化学教育硕士 Q 干预下的 KSC 发展

对于化学课程知识，化学教育硕士 Q 投入较多的精力将"醇类的化学性质"主题下的结构与化学性质建立关联，将涉及较多的比如官能团、化学键、消去反应、氧化反应以及电子效应、空间效应等进行结构化，并建构认知模型。

教育硕士 Q 在对"醇类的化学性质"主题的课程进行分析时，进行了学科理解文献综述，主要包括：核心知识进阶、核心知识结构化、重点知识解析以及认识误区。

在学习进阶部分，通过对醇类的进阶分析，了解在不同时段的"醇"相关内容的学习进阶，明确不同时段学习的已有知识基础和需要达到的目标；了解不同版本教材内容的对应关系、对比关系进行分析，在知识的选取、组织及呈现方式上丰富教学内容；了解"醇"相关的教学内容进阶，抽提出核心知识并将知识结构化，完成知识的层级发展。

在核心知识结构化方面，化学教育硕士 Q 先通过醇类分子结构维度的结构化、化学反应维度的结构化，两者关联结构化以达到整个教学的结构化，并且知识的关联程度很大。

重点知识解析方面，化学教育硕士 Q 是通过化学键、化学反应机理、氢键三个视角进行。如化学键概念的产生与发展经历的经典理论、电子理论、量子化学理论三个阶段；按反应时化学键断裂和生成的方式，有机反应可分为自由基反应、离子型反应和协同反应等。

教学论专家对于教学知识结构化的板书呈现提出建议："结构化的

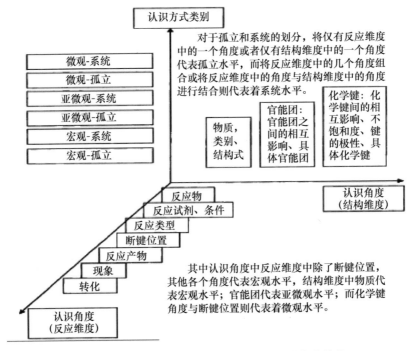

图 7-2-1　素养期 Q 学科理解报告醇类知识结构化片段 2

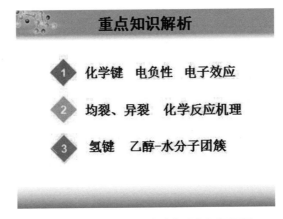

图 7-2-2　素养期 Q 的醇类重点知识解析

知识如果不结构化呈现，学生心目中的内容依然是散点，所以板书要设计，与 PPT 配合使用。"（Q-SY-PK-5）化学教育硕士 Q 认真听取专家建议，将认识醇类多视角形成的认识模型清晰地展示在黑板上。使板书设计得更清晰，结构化表现更充分，但关于醇类知识的具体结构化都没有给出更多的建议。

（三）化学教育硕士 Q 的 KISR 实施略有提升

化学教育硕士 Q 对于课堂教学的策略有了更深的认识，认为教学核心策略是为了促进学生高阶思维而采取的一系列策略，除了化学实验、小组讨论等以外，通过一些本原性问题，冲击性的科学本质问题以及有重要价值和划时代意义的化学史等策略，都能够促使学生自主建构认识模型，促进学生化学学科核心素养的发展。

"醇类的化学性质"主题本课时的教学内容特点决定了本课时没有新授实验，所以化学教育硕士 Q 在"醇类的化学性质"主题的授课过程中，提出了一些认识物质的科学视角问题，促进学生发展化学学科思维，并由学生讨论交流解决认识醇类的一些问题。一线教师对化学教育硕士 Q 的讨论是否值得，有针对性地提出质疑和建议："这节课设计了三次讨论环节，但是，我觉得应该看看你提出的问题适不适合讨论？值不值得讨论？有没有讨论的价值呢？比如第三个讨论，香茅醇的几个化学反应产物，就不值得讨论——产物唯一，还有什么可讨论的呢？你这个讨论的过程就是学生在互相印证答案的过程啊。"化学教育硕士 Q 思考后，将小组讨论减少为两次，并调整了问题串的设计。

（四）教学论专家干预促进化学教育硕士 Q 的 KSU 的发展

化学教育硕士 Q 设计了这样一节高素养、高思维、高水平的化学课，加上有一线教师提出的担忧，所以更想去探查学生到底能不能接受这样的一节课，能不能理解自己的设计意图。于是课前就多次找不同层次的同学聊天，最后认为这个班级的孩子完全能够承受这样一节极度烧脑的化学课。

区别于一线教师主要告诉化学教育硕士 Q 学生已有知识和障碍点，专家建议化学教育硕士 Q 在主动去班级和学生沟通外，再可以制作问卷或相关知识问题去探查学生情况。听从专家建议后，化学教育硕士 Q

自己出了一套小卷，发给部分学生，回收后进行分析，结果很意外。

【访谈片段】

【问】你正式上课前，去了解过学生的情况吗？怎么了解的？了解了什么？

【化学教育硕士 Q】了解了，我还渗透了一些我要讲的课，我觉得完全可以接受。

【问】你怎么渗透的？学生怎么反应的呢？

【化学教育硕士 Q】我上课的这个班，是 L 老师的实验班，提前好多天我在课间就找学生聊，看哪个学生有时间，我就问问。比如，我问他：“有机物能发生什么反应，你怎么判断？”学生说：“那得看是啥有机物啊，烷烃一样、烯烃一样，不是同系物的不一样。”我就觉得学生是基于物质类别认识反应的，又说：“比如，那辛烯有什么代表性的性质啊？”“加成呗。”“为啥呀？”“都有双键啊。”我一看这说明官能团没问题啊……后来我用 Z 老师（教学论专家）说的方法，结果意外了，因为我认为不是问题的地方出问题了，老师的方法真好用，又学一招！

（Q-SY-FT-7）

化学教育硕士 Q 依据问卷结果，将化学键的断键分析进行调整，看学生状态应该都觉得可以理解。

第三节　素养期 PLC 干预下化学教育硕士 Y 的 PCK 发展研究

一　素养期 PLC 干预下 PCK-Map 特点分析

将化学教育硕士 Y 在素养期进行的多次 PLC 干预后的所有数据进行收集分析，PLC 干预以及编码、PCK 片段划分、PCK-Map 见表 7-3-1。

表 7-3-1　　　　　　　　　　　素养期 Y 的 PCK-Map

PLC 干预			PCK 发展		
阶段	主干预人	参与人员	PCK 片段	PCK 要素	PCK-Map
自磨阶段	无	Y	E1 引课预测反应类型	OTS　KSU	
			E2 乙醇与金属钠反应	KSU　KAS KISR	
			E3 醇与金属钠反应	KSU　KAS	
			E4 通过合成物质讲解酯化反应	OTS　KSC KAS	
			E5 合成氯乙烷－取代反应	OTS　KSC KSU	
			E6 合成苯甲醛－催化氧化	OTS　KSC KAS	
			E7 合成丙酮－催化氧化发生的条件	OTS　KSU KSC　KAS	
			E8 合成甲基丙烯酸消去	OTS　KSC	
			E9 总结消去反应条件	KSC　KAS	
			E10 研究有机物思路	OTS　KSC	

PLC 干预			PCK 发展		
阶段	主干预人	参与人员	PCK 片段	PCK 要素	PCK-Map
一线干预阶段	一线教师	一线教师、同伴、Y	E1 引入新课预测反应类型	KSU KISR KAS OTS	
			E2 醇为原料合成物质	KISR KSU	
			E3 合成苯甲醛	KAS KSU OTS KSC	
			E4 催化氧化发生的条件	KSU OTS KAS KSC	
			E5 其他氧化反应	KSU KSC	
			E6 通过合成丙烯提出消去反应	KSU OTS KAS KSC	
			E7 总结消去反应条件并对比醇和卤代烃	KSU KAS OTS KSC	
			E8 合成乙酸正丁酯讲解酯化反应	KSC KAS KSU	
			E9 通过合成应用酯化反应	KSU KAS KSC	
			E10 明确研究有机物的一般思路	OTS KSC KAS	

PLC 干预			PCK 发展		
阶段	主干预人	参与人员	PCK 片段	PCK 要素	PCK-Map
专家干预阶段	专家	专家、同伴、Y	E1 引入新课，预测反应类型	KSU　KAS OTS　KISR	
			E2 醇为原料合成物质	KISR　KSU	
			E3 合成苯甲醛	KAS　KSU KSC　OTS	
			E4 催化氧化发生的条件和应用	KSU　OTS KAS　KSC	OTS 17；KSU 20；KISR 4；KSC 16；KAS 17 6(E1,E3,E4,E5,E7,E8)；1(E1)；5(E1,E3,E4,E5,E7)；2(E1,E2)；5(E3,E4,E5,E7,E8)；6(E1,E3,E4,E5,E6,E7)；6(E3,E4,E5,E6,E7,E8)；1(E1)；5(E3,E4,E5,E6,E7)
			E5 通过合成丙烯提出消去反应	KAS　KSU KSC　OTS	
			E6 总结消去反应的条件	KSU　KAS KSC	
			E7 应用消去反应对比醇和卤代烃	KSU　KAS KSC　OTS	
			E8 总结研究有机物的一般思路	OTS　KSC KSU	

续表

PLC 干预			PCK 发展		
阶段	主干预人	参与人员	PCK 片段	PCK 要素	PCK-Map
PLC 所有成员	专家和一线教师	专家、一线、同伴、Y	E1 引入新课，预测反应类型	OTS KSU KAS	
			E2 合成苯甲醛－催化氧化	OTS KISR KSC KAS	
			E3 合成丙酮	OTS KSC KAS	
			E4 合成丙烯－消去反应	OTS KSC KAS	
			E5 对比卤代烃和醇发生消去反应的异同	OTS KSU KAS KSC	
			E6 练习与思考	KISR KSU KAS	
			E7 总结分析思路	OTS KSC	

从表格中可以看到化学教育硕士 Y "醇的化学性质" 主题下的教学内容，在自磨阶段有十个 PCK 片段内容，经过一线教师磨课后没有发生改变，而经过专家磨课后，又调整为八个 PCK 片段内容，最后，在一线教师和专家共同磨课、教研后分析，化学教育硕士 Y 内化、反思，又将教学内容定稿为七个 PCK 片段内容。其他具体发现如下。

1. 从 PCK 片段中内容看，一线教师关注的教学内容知识性，课程专家关注微观结构与学生认知的思维建构，综合所有 PLC 干预人员的建议，化学教育硕士 Y 两方面均有提升。

在自磨期间化学教育硕士 Y 的教学设计思路是："设计了通过真实情境，引出本节课要学习醇的性质，分析醇类的结构，分别根据反应类别判断断键位置与产物，将乙醇能发生的反应如置换反应、取代反应、氧化反应、消去反应和分子间脱水反应等一一复习；接着请同学们讨论交流解决问题，以醇为主要反应物合成几种物质；学生通过醇转化的其他产物总结醇类性质；化学教育硕士 Y 进行总结，构建认识有机物的一般模型。"（Y-SY-JXSJ-1）一线教师认为："通过乙醇的反应总结归纳出醇类通性，但不是乙醇性质的复习课，这么一讲，课的思路就不清晰，容量太大，看不出你的目的是什么……并且还增加了酸性高锰酸钾和重铬酸钾氧化乙醇，又有分子间脱水，感觉就是一堆琐碎知识，没有意义啊。你应该把这些性质你自己再归纳一下，提升一下。"（Y-SY-PK-3）

总之，一线 H、L 教师认为内容太多，课堂时间内无法完成教学任务，需要压缩内容，且思路需要适当改变，还要重点突出，强调优化教学内容选择和教学内容呈现。

2. 从 PCK 要素看，在自磨阶段化学教育硕士 Y 就定位于"实际问题的解决"价值取向，经一线干预"能力取向"更加突出，经专家干预后，教学价值取向再次凸显为素养取向；每个 PCK 片段中体现的PCK 要素更加全面，且在不同干预阶段的 PCK 片段内容和要素有一定差异。

【改进说明片段】

经过两个多月的磨课，老师们细心耐心地指导，我终于站上了讲台，在四班上了这节"醇类"第二课时的课。我这节课是以合成物质，真实情境下的问题解决为主线贯穿整个教学过程。首先从有机化学家荒岛求生引课，接着复习了乙醇的化学性质和断键位置。从个别到一般，是不是所有醇都具有这些化学性质？分析一类物质的结构，从键的极性和官能团与邻近基团的影响判断断键位置，类比乙醇断键位置，是一样的，所以醇类应该与乙醇具有相同或相似的化学性质。从合成物质出发，需要什么原料和反应条件，是怎么样反应合成的。为什么可以这样合成？从宏观又到了微观对断键的分析。为什么断这些化学键？与反应条件和原料中醇的烃基结构有关。不同的烃基结构，不同的反应条件下是如何反应的，更全面地学习醇的化学性质，根据化学性质还可以应用推广到其他物质的合成。整个教学思路经过了很长时间的思考打磨，各位老师也都给我提了很多宝贵的建议，如何使素养外显化等。最终我把这节课呈现给学生，我觉得还是很成功的。（Y-SY-FSGJSM-7）

从反思—改进说明中可以看出，化学教育硕士 Y 希望能以"STS"为主线，从醇类结构到性质，从微观到宏观，从"一个"到"一类"，并将构建一个对醇类的认识模型。所表现出来的 OTS、KSC、KSU、KISR 都特别充分，却也看出知识之间联系不紧密，而最后展示时表现 PCK 各要素相对清晰。

3. 从 PCK-Map 看，自磨阶段化学教育硕士 Y 的 PCK 要素总频次比较高，即 PCK 起点比较高，在素养期干预下总频次都有所增加。一线教师干预对其起到显著促进作用，在多位专家与多位一线教师共同干预下 PCK 各要素总频次相比较一线教师单独干预反而减少，PCK-Map 比较饱满。

将素养期 Y 的各干预阶段的 PCK 要素总频次统计见表 7-3-2。

表 7-3-2　　　　　素养期 Y 的各干预阶段要素总频次统计　　　　　单位：次

素养期干预阶段	OTS	KISR	KAS	KSC	KSU
自磨阶段	13	2	11	8	6
一线教师干预阶段	17	4	21	19	21

续表

素养期干预阶段	OTS	KISR	KAS	KSC	KSU
专家干预阶段	17	4	17	16	20
PLC 所有成员干预阶段	13	5	13	9	8

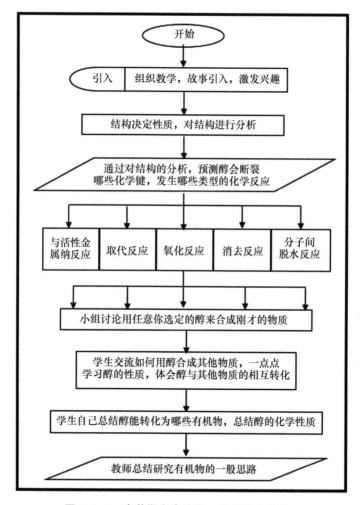

图 7-3-1　素养期自磨阶段 Y 教学设计片段 1

从表中可以看出教育硕士 Y 的 PCK 要素的频次变化，OTS 由原来
自磨就比较高的 13 次到一线和专家干预的 17 次，综合干预后又变回 13

次，可见，各干预者对教育硕士 Y 的 PCK 都有一定的影响，且其在教学价值取向的变化比较明显。其余四要素的总频次均有所增加。也就是说以 OTS 和 KAS 为核心，发展 KISR、KSC 和 KSU，即基于学情通过一定教学策略，体现化学教学价值和意义，从而实现"教给谁""教学有什么价值"和"教什么"，发展学生学科核心素养。

从自磨的教学设计可以看出，化学教育硕士 Y 在最初的设计时，复习乙醇发生反应时的断键情况，类比得出醇类性质。即设计流程图中的"与活泼金属 Na 反应""取代反应""氧化反应""消去反应"和"分子间脱水反应"，这样导致内容分散，PCK 片段数目是增加了，PCK-Map 看起来很充实。经过 PLC 干预团队的连续干预，化学教育硕士 Y 的教学设计中脉络清晰，已充分体现了 Y 的教学中认识思维的高度。

4. 从 PCK-Map 上看教育硕士 Y 的 PCK 某些要素之间联系不均衡，重视课程知识和教学价值取向联系，缺失基于教学价值和课程知识的教学策略发展。

将 Y 的各干预阶段的 PCK-Map 中的各要素联系频次数统计分析，见表 7-3-3。

表 7-3-3　　　　　素养期 Y 的各干预阶段要素联系频次数统计　　　单位：次

干预阶段	OTS-KISR	OTS-KSU	OTS-KSC	OTS-KAS	KISR-KSU	KISR-KSC	KISR-KAS	KSU-KAS	KSC-KAS	KSU-KSC
自磨阶段	0	3	6	4	1	0	1	3	3	2
一线教师干预	1	5	5	6	2	0	1	7	7	7
专家干预	1	6	5	5	2	0	1	6	5	6
PLC 综合	1	3	4	5	1	0	2	3	3	1

化学教育硕士 Y 在自磨时候 OTS 和 KSC 的联系频次数已经达到了 6 次，OTS 和 KAS 的联系频次数已经达到 4 次，而 OTS 和 KISR、KSC 和

KISR 的联系缺失。一线教师干预后 OTS 和 KSU 联系频次数从 3 次变成 5 次，KSU 和 KAS 之间的联系频次数从 3 变为 7，KSC 和 KSU 则由 2 次变为 7 次，KSC 和 KAS 则由 3 变为 7，这在本研究中也属特别突出的。综合评价后，各 PCK 要素联系均不存在缺失，整体联系均衡。可以看出化学教育硕士 Y 以教学价值和意义为核心，能够基于课程知识、学生学习得如何来关注和体现"这样教有什么意义"，能够从科学教学价值取向视角认识学情，了解学生学习情况，站位比较高。PLC 干预则基于"教给谁""教什么"上面体现所教内容的功能和价值，实现化学学科素养在课堂上落地，以提升化学教育硕士未来素养为本课堂的教学能力。

化学教育硕士 Y 的教学设计流程中，以真实情境为基础，由学生自主建构认知模型，促进学科核心素养的发展。将之前设计的分散的知识，结构成认识视角，既体现了知识结构化，也体现了认识的结构化。虽用了较少的 PCK 却完成了预期的教学任务，实现了教学目标，但 PCK-Map 表现就不是很完美了。

二　素养期 PLC 干预下 Y 的 PCK 各要素发展分析

（一）教学论专家干预促进 Y 的 OTS 发展

从授课任务布置下来开始，化学教育硕士 Y 就开始着手准备，依据规范期和知识期的科学态磨课流程，首先进行了学科理解文献综述和教学设计文献梳理，经过分析、思考，将自己的"醇类的化学性质"主题的授课定位于"解决实际问题""醇类的应用"素养型课。

教学论专家认为教学知识学科理解、科学本质和认识思维尤为重要，"一定要想究竟为什么？""一定是这样吗？""所有都这样吗？"化学教育硕士 Y 领悟这种思想后，在课堂中自然而然地提出："是不是所有的醇都有这样的性质呢？"接着从微观结构的官能团视角、化学键视角解释氢原子活性，断键规律，由此认识醇类的化学性质。同时又是为解决上一个环节提出的实际问题而服务，以任务驱动，达到发展素养的功能。

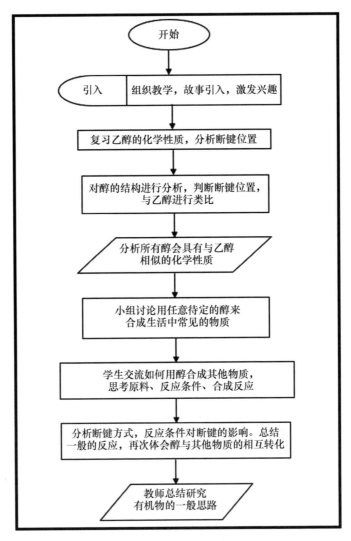

图 7-3-2　素养期专家磨课阶段 Y 教学设计片段 2

　　从化学教育硕士 Y 的教学设计、课堂展示、教学 PPT、教学反思等观察到，这节"醇类的化学性质"的课是以应用为主的素养取向型化学课。Y 的教学价值取向发展迅速，得到专家的认同，并已经胜于某些一线教师。

（四）一线教师干预促进了 Y 的 KSU 的发展

化学教育硕士 Y 接受了知识期提前结束课堂教学的教训，清楚了课堂教学设计是脱离不开了解学生这一重要环节的。并开始进行学科理解文献综述、教学设计文献梳理，形成自己的设计。"醇类的化学性质"主题授课设计过程充分考虑学生理解化学的情况，包括前知识、学习障碍点、学习兴趣以及接受自己所设计的课的能力等。

一线教师很关注学生能否接受这些知识或者思维，考虑知识的进阶还考虑思维的进阶，针对学生思维，建议化学教育硕士 Y 需要充分考虑学生情况："这种思路通过合成几种未知物，来学习醇的性质，有一个问题就是学生能不能直接想到这些原料？如果学生能直接想到就没问题，而且学完了卤代烃之后刚学醇，对有机物的种类了解不够多。怎么能让学生直接能想到这种原料，因为你现在不在于让学生想原料，让学生想原料相当于增加了难度。还有，比如说酯的合成，学生有可能写得出来，我觉得用学生讨论合成物质来切入也是一个很好的切入点，对学生有点难，可以尝试一下。Y 是从合成，我很倾向从合成来说。"（Y-SY-PK-3）

图 7-3-4　素养期一线教师和专家共同参与 Y "醇"磨课（Y-SY-PK-5）

教学论专家对学生的情况也是比较了解的，比较关注学生已有知识外，还会关注学生素养发展，怎么才能发展学生素养，哪个方面发展。专家 Y 老师担心学生不能接受这种高思维化学课："这节课素养的迹象就浓一些，更适合本部的学生，学生基础比较好，能够跟得上你，特别结构分析那样的过程，一下就拿出来，而且归纳一般化，而且很快就拿出来，问题也不用呈现，一说学生就反应出来，我们的学生恐怕做不到，实验班可能也就一少部分能答出来。你们面对什么样的学生进行的教学设计，这是我比较担忧的地方。"而另一位专家则建议情境创设和培养学生高阶思维，如果这两件事能做好，学生接受素养课就没问题："第一就是注意情境的创设，尤其是基于真实情境下的问题创设，这是我们素养为本的课非常强调的，大家都举了好多鲜活的，真实生活中的例子。生活中的实例让学生去感受知识在生产生活中的价值，就是真实情境的创设。还有一个注重学生高阶思维的培养，比如这节课中特别注重知识的关联，特别注重预测，特别注重解释，这都是高阶思维，所以我们的化学课一定要重视学生高阶思维的培养，我们素养课发展思维水平的进阶，就要靠高阶思维。"（Y-SY-PK-7）

化学教育硕士 Y 很是信服专家的评价，于是在教学中做了很大的调整，尽管依然觉得自己的火候不够，但专家和一线教师给予了肯定。

第四节 素养期 PLC 干预下化学教育 硕士 Z 的 PCK 发展研究

一 素养期 PLC 干预下 Z 的 PCK-Map 特点分析

将化学教育硕士 Z 在素养期进行的多次 PLC 干预后的所有数据进行收集分析，PLC 干预以及编码、PCK 片段划分、PCK-Map 见表 7-4-1。

表 7-4-1　　　　　　　　　　　　　素养期 Z 的 PCK-Map

PLC 干预			PCK 发展		
阶段	主干预人	参与人员	PCK 片段	PCK 要素	PCK-Map
自磨阶段	无	Z	E1 回顾乙醇的结构特点	KSU　OTS	
			E2 推测饱和一元醇的化学性质	KSU　KISR	
			E3 分析饱和一元醇与金属反应	KSC　KSU OTS　KAS	
			E4 分析饱和一元醇与氢卤酸反应	KSC　KSU KAS　OTS	
			E5 分析醇的分子间脱水反应	KSC　OTS KAS	
			E6 分析醇发生的酯化反应	KSC　KAS OTS	
			E7 分析醇发生的消去反应	KSC　KSU KAS　OTS	
			E8 分析醇发生的氧化反应	KSC　KAS KSU	
			E9 分析醇发生的催化氧化反应	KSC　KSU KAS　OTS	

续表

PLC 干预			PCK 发展		
阶段	主干预人	参与人员	PCK 片段	PCK 要素	PCK-Map
同伴干预阶段	同伴	同伴、Z	E1 回顾乙醇结构	KSU OTS	
			E2 推测饱和一元醇的化学性质	KSU KISR	
			E3 分析饱和一元醇与金属反应	KSC KSU OTS KAS	
			E4 分析饱和一元醇与氢卤酸反应	KSC KSU KAS OTS	
			E5 分析醇的分子间脱水反应	KSC OTS KAS	
			E6 分析醇发生的酯化反应	KSC KAS OTS KSU	
			E7 分析醇发生的消去反应	KSC KSU KAS OTS	
			E8 分析醇发生的氧化反应	KSC KAS KSU	
			E9 分析醇发生的催化氧化反应	KSC KSU KAS OTS	

续表

PLC 干预			PCK 发展		
阶段	主干预人	参与人员	PCK 片段	PCK 要素	PCK-Map
一线教师干预阶段	一线教师	一线教师、同伴、Z	E1 回顾乙醇结构	KSU　OTS	
			E2 推测饱和一元醇的化学性质	KSU　KISR	
			E3 分析醇发生的消去反应	KSC　KSU OTS　KAS KISR	
			E4 总结醇发生的消去反应的规律	KSC　KSU KAS　OTS	
			E5 介绍饱和一元醇与氢卤酸反应	KSC　KSU KAS	
			E6 深入分析一元醇与氢卤酸反应	KSC　KAS OTS	
			E7 判断醇与氢卤酸是否为逆反应	KSC　OTS KSU	
			E8 分析醇发生的氧化反应	KAS　OTS KSU　KSC	
			E9 课堂小结	KSC　OTS	

续表

PLC 干预			PCK 发展		
阶段	主干预人	参与人员	PCK 片段	PCK 要素	PCK-Map
PLC 所有成员	专家	专家、一线教师、同伴、Z	E1 回顾乙醇的化学性质	KSU OTS KAS	
			E2 回顾乙醇结构	KSU KISR KAS OTS	
			E3 推测饱和一元醇能与金属反应	KSC KSU OTS KAS	
			E4 分析一元醇与金属的反应	KSC KAS OTS	
			E5 对比一元醇、水与金属的反应	KSU OTS KAS	
			E6 分析一元醇的消去反应	KSC KAS OTS KSU	
			E7 对比一元醇与卤代烃消去反应	OTS KISR	
			E8 分析一元醇的催化氧化反应	KSC KAS KSU OTS	
			E9 总结有机物研究的一般思路	KSU OTS	

教育硕士 Z "醇的化学性质" 主题下的教学内容，在自磨阶段有九个 PCK 片段，经过一线教师磨课、专家磨课后都没有发生变化。其他具体发现如下。

1. 从 PCK 片段中内容看，化学教育硕士 Z 按照乙醇的性质在复习过程中进行向醇类迁移，而化学教育硕士 Z 整个科学态磨课过程都没有构建模型的表现，只是抽提出醇类反应的一般规律。

化学教育硕士 Z 的教学设计思路是："以乙醇为代表物，根据乙醇反应的断键方式，判断饱和一元醇通性，抽提醇类的氧化反应和消去反应的一般规律，并以反应方程式通式来表征。"（Y-SY-JXSJ-1）这个设计定位是常规知识型取向，没有创新之处，属于常态课。

化学教育硕士同伴们除了教学内容和容量外，也有了科学探究思维，"是否……都……" 这样的评课也给予了化学教育硕士 Z 一定的启发，后面的设计中就这样的问题做了改变，突出了学科思维，有一定的素养意味。

2. 从 PCK 要素看，在自磨阶段教育硕士 Z 在各 PCK 要素的表现就不够饱满，尤其是教学策略方面，出现了缺失。但经一线干预没有太大变化，经专家干预后，教学策略有所外显。

【改进说明片段】

H 老师认为对于引课部分，可以联系实际，给出几幅有关于醇类的图片，激发起学生学习的兴趣，集中学生的注意力，更好地进入本节课教学中。在听完 H 老师的讲解后，经过思考，做出了如下改进：在最开始，增加了几幅图片，通过生活中的一些图片（汽车防冻液，化妆品，甲醇燃料电池等）引出本节课的重要内容——醇类。

（Z-SY-FSGJSM-3）

从反思—改进说明中可以看出，化学教育硕士 Z 在教学设计中最想体现教学的学科价值，希望能从反应上认识醇类的化学性质。教学内容上没有充分结构化，并没有构建有关醇类乃至有机物的认识模型。所以表现出来的 OTS、KSC、KSU、KISR 都特别充分和饱满。进入班级教学后，为真实学生授课，其明显优于臆想的学生的求知欲望和兴趣，故对学生的评价也都很由衷，KAS 表现充分。

3. 从 PCK-Map 看，自磨阶段化学教育硕士 Z 的 PCK 要素总频次除 KISR 外都很高，即 PCK 起点比较高，但教学策略方面有所欠缺。在多位专家与多位一线教师共同干预下 PCK 各要素总频次相比较一线教师单独干预下 KISR 和 KSC 要素反而减少，其他要素稍有提升。

素养期 Z 的各干预阶段的 PCK 要素总频次统计见表 7-4-2。

表 7-4-2　　　　素养期 Z 的各干预阶段要素总频次统计　　　　单位：次

素养期干预阶段	OTS	KISR	KAS	KSC	KSU
自磨阶段	17	1	18	18	16
同伴干预阶段	18	1	19	19	19
一线教师干预阶段	16	5	14	17	16
PLC 所有成员干预阶段	20	4	18	11	17

从表中看到，教育硕士 Z 的 PCK 要素的频次变化，OTS 由原来自磨就很高的 17 到一线干预后的 16，综合干预后增加为 20，KSC 由自磨的 18 变为 11，可见，各干预者对教育硕士 Z 的 PCK 都有一定的影响。可以看出，以 OTS 为核心，发展 KAS、KSC 和 KSU，即基于学情通过一定教学策略，体现化学教学价值和意义，从而实现"教给谁""教学有什么价值"和"教什么"，发展学生学科核心素养。

虽然 KSC 总频次减少，但是确实有很大的提升。自磨阶段化学教育硕士 Z 将教学内容打散，形成碎片。教育硕士 Z 认为："一点一点地铺设，一步步地引导，学生接受起来容易。"但这样的教学，既没有采用优质的核心教学策略，也就无法驱动学生的高阶思维，将教学内容完全打造成死知识。当教学论专家干预后，化学教育硕士 Z 领会课程知识中化学学科核心素养，将知识结构化，思维结构化，以一定的核心教学策略发展学生的高阶思维，故而看似频次减少，实则是高度提升 PCK。

4. 从 PCK-Map 上发现化学教育硕士 Z 的 PCK 要素联系一直有缺失，专家磨课与一线教师等综合磨课以后，PCK 要素联结有很大提升。

将化学教育硕士 Z 的各干预阶段的 PCK-Map 中的各要素联系频次数进行统计分析，见表 7-4-3。

表 7-4-3　　　素养期 Z 的各干预阶段要素联系频次数统计　　　单位：次

干预阶段	OTS-KISR	OTS-KSU	OTS-KSC	OTS-KAS	KISR-KSU	KISR-KSC	KISR-KAS	KSU-KAS	KSC-KAS	KSU-KSC
自磨阶段	0	5	6	6	1	0	0	5	3	5
同伴干预	0	6	6	6	1	0	0	6	7	6
专家干预	1	5	6	4	2	1	1	4	5	5
PLC 综合	2	7	4	7	1	0	1	6	4	3

教育硕士 Z 在自磨时 OTS 和 KSC、OTS 和 KAS 的联系频次数都达到了 6 次，OTS 和 KSU、KSC 和 KSU、KSU 和 KAS 的联系频次数已经达到 5 次，而 OTS 和 KISR、KISR 和 KSC、KISR 和 KAS 的联系都缺失。教学论专家和一线干预后联系频次数有所增加，但 KISR 和 KSC 之间的联系依然缺失。可以看出教育硕士 Z 以学情为核心，发展学生认识教学价值和意义，基于课程知识、学生学习得如何来关注和体现"这样教有什么意义"，了解学生学习情况，站位比较高。PLC 干预则基于"教给谁""教什么"体现所教内容的功能和价值，实现化学学科素养在课堂上落地，以提升化学教育硕士未来素养为本的课堂教学能力。但在基于课程知识选择和使用教学策略上还需要提升。

【综合评课片段】

【教育专家 Y】作为教师，自身素质得到很大提升。有小气场，自信。拿捏到位这需要功夫，需要喂到一定程度才可以表现出来。

【一线 L 教师】基于解释的教学设计，具有素养功能，属于高阶思维，对学生有一定的要求。

【一线 H 教师】在处理结构与反应的关系上，更强调结合具体反映来认识结构，根据结构再去解释，这对于中等及中等偏下的学生来说，知识落实更扎实。

【专家 Z】板块设计好，注重问题解决（课堂学习的重要载体）。基于问题解决是素养课中很重要的一点。在具体活动中形成素养，然后去解决实际问题。比较突出的是视角和思路，非常非常强调，我觉得是对的。

（Z-SY-PK-6）

PLC 干预团队的连续干预，肯定了化学教育硕士 Z 的教学设计中已充分体现了教学思维的高度的提升，并给予了高度评价，提供基于学生实际情况、抽提醇类反应规律等视角设计化学素养课，所以化学教育硕士 Z 将设计进行外显化处理，导致 PCK-Map 有所变化。同时对着真正的学生时，Z 力求学生能够接受并能自主抽提一般规律，还想通过学生的回答了解学生的掌握情况，并对学生给予了适当的评价，PCK-Map 中的学生学习评价知识的频率较高。

二 素养期 PLC 干预下 Z 的 PCK 各要素发展研究

（一）教学论专家干预促进 Z 在 OTS 的发展

教学论专家对于化学教育硕士 Z 的授课和教学设计提出"要体现知识本原化、知识的结构化以及化学学科核心素养"建议，对化学教育硕士 Z 的素养发展有很大的促进作用。

化学教育硕士 Z 进入班级教学的展示课时，她授课的 PPT 上已经明晃晃地呈现了认识有机化合物的一般思路，值得赞扬。在课后反思中化学教育硕士 Z 提道："通过两位老师给出的建议，结合自己已有的知识经验，我从以下几方面进行了改进：将问题下放，题目的设置在学生的最近发展区内，比如，在醇类物质发生消去反应时，浓硫酸在其中起到什么作用 OTS？同样是消去反应，卤代烃的消去与醇的消去有什么不同？在回顾乙醇的相关性质时更加结构化，从性质、条件、反应物、生成物、断键位置来详细进行分析。并找几位同学写出几种乙醇发生反应的方程式，在之后讲解醇类物质发生不同种类反应时，对应乙醇的反应，分析总结醇类物质的化学性质。从乙醇到醇类，再由醇类到有机化合物的认识，跨度会不会太大呢？但自己还是通过与学生交流，和专家交流，决定于学生共同构建有机物的认识思路。"（Z-SY-FSGJSM-6）

从化学教育硕士 Z 的教学设计、课堂展示、教学 PPT、教学反思等观察到，Z 的教学价值取向发展迅速，尤其表现在一些知识的本原上。

（二）教学论专家干预均促进 Z 的 KSC 发展

在自磨阶段化学教育硕士 Z 没有表现醇类的学科课程的结构化，内容看起来有些多，层次不分明，重点不突出，所有知识散点在黑板上呈现。

化学教育硕士 Z 仅接受了专家提供的如何使板书设计得更清晰的建议，使醇类性质知识的结构化的表现更明显。

【评课片段】

【一线 H 老师】在刚开始回顾乙醇的相关化学反应时，已经给出了框架，但是不够详细，不如分几栏，详细阐述，每一个可以通过教师提问，学生回答来完成本部分的教学。可以具体分为几大块：性质，条件，反应物，生成物，断键位置。在最后，不要用一大段话，分条来说明分析有机物的方法，这样学生不能及时记住每一步，最好以流程图的形式来进行描述，清晰明了，学生也便于接受。更加结构化。

【专家 J 老师】因为本节课的核心问题就是"是否所有的醇都与乙醇一样，能发生对应的反应，条件一样，产物同种类型"。所以在具体讲每种反应时，多给几个例子（羟基位置不同），看是否所有的醇都像乙醇一样能反应？条件，产物类型是否都一样？基于大量证据，让学生自己得出结论。在讲解消去反应时，给出不同温度下不同醇消去反应方程式，让学生能有意识：都有浓硫酸，温度不同。进而提出问题：浓硫酸在其中起到什么作用？浓硫酸是否可作为所有醇消去反应的催化剂？这样就把消去反应的特点找到了。

【专家 Y 老师】对于最后给总结的思路可以在讲解每一种醇时进行渗透。最后在结构化时，要具体说明更加结构化。比如消去反应，能分出两条路：β–C 上有 H 原子，可以发生消去反应。β–C 上没有 H 原子，不可以发生消去反应。进而对醇类进行分类。

（Z-SY-PK-6）

教育硕士 Z 进班授课时，就明显表现出课程知识的结构化。教育硕士 Z 将"醇类化学性质"主题的教学内容，从支离破碎的散点，抽提出"醇类消去反应"和"醇类的催化氧化反应"一般规律，并构建了认识有机化合物的一般思路模型，并且充分外显化。

（三）化学教育硕士 Z 的 KAS 出乎意料的发展

教育硕士 Z 因为规范期的学习和知识期真正教学，已经感受到与学生互动的重要性，故不再随意地回应式评价。

除了模拟授课中化学教育硕士 Z 觉得某个问题必须学生回答，且学生一定如何回答而进行设计性回应式评价外，所以在 PCK-Map 上明显感觉得到问题和回答的不真实感，到真正进班展示时候，与学生的面对面交流，看到学生求知的眼神，或者疑惑的表情或者恍然大悟的表情，都刺激了教育硕士 Z 对学生学习反应的探查。能够在学生回答的基础上抽提，总结提升。

【教学片断】

【布置任务】下面请同学们结合上节课我们对乙醇催化氧化反应的分析，练习写出下列物质：甲醇，1-丙醇，2-丙醇，2-甲基-2-丙醇催化氧化反应方程式。并结合你的书写，思考以下三个问题。

1. 是否所有的醇都能发生催化氧化反应？

2. 如果不是，什么样的醇能发生催化氧化反应？

3. 能发生催化氧化反应的醇，产物是否一定是醛?

【老师】哪位同学回答一下问题? 好，这位同学!

【学生】四种有机物的产物。

【老师】其他同学同意他的说法吗?

【学生】同意。

【老师】那结合这位同学分析，哪位同学回答一下这几个问题?

【学生】不是都能，取决于与羟基相连的碳原子上的氢原子个数。若与羟基相连的碳原子上没有氢，则不能发生催化氧化反应。

【老师】非常好! 那我们一起来总结一下醇的催化氧化规律: 羟基碳上有 2 个或 3 个氢原子的醇被催化氧化成醛，羟基碳上有 1 个氢原子的醇被催化氧化成酮，羟基碳上没有氢原子的醇不能被催化氧化。对于醇的催化氧化通式，同学下去之后自己书写。

(Z-SY-SK-7)

从专家磨课后的进班授课教学片段看，化学教育硕士 Z 设计了几个本原性问题，促进学生高级思维，并进行交流展示，化学教育硕士 Z 进行评价时也没有只关注结果，而是继续追问，并抽提到"醇类的催化氧化一般规律"，激发了学生自主思考的动力。

第五节　素养期化学教育硕士 PCK 目标达成及影响因素分析

一　素养期 PLC 干预下化学教育硕士 PCK 发展目标达成

素养期三位化学教育硕士的 PCK 都有很明显素养发展，Q 表现更为明显。在要素发展上，三位化学教育硕士的 KSC 和 OTS 发展显著，Q 和 Y 在 KISR、KSU 也有明显提升，三位在 KAS 上都有表现，但促进学生素养发展的发展性评价是缺失的。

化学教育硕士同伴一同经历 PLC 干预，一直在共同成长，干预取向也随之发展，有意识的指向科学本原和认识模型建构。教学论专家干预的针对性较强，主要直击素养期 PLC 干预目标进行，先进行落实学科核心素养课的主要策略和素养课的样态进行指导，再根据主题进行连续干预指导，效果更加明显。

如何证明素养期 PLC 干预是否有效？如何证明化学教育硕士的素养取向 PCK 发展目标是否达成？再次特请东北师范大学研究生院协助，聘请 PLC 团队以外的高校教学论专家三名和一线高级以上优秀化学教师两名，组成评委，对三位化学教育硕士知识期培养成果进行验收。

在东北师范大学微格教室，化学教育硕士分组微课再现真实授课，评委们现场进行听课和评课，评价是否通过考核，PLC 团队成员全程旁听。

专家 1："是任务驱动，我觉得情境创设是共同的引课的特点，也都能够结合结构讲性质，体现宏观辨识微观辨析，占位足，这三位的课可以直接作为素养落地的样板课了，尤其是 Q 的，这课真好，有料，有深度。"

一线教师 1："耳目一新啊，真是学习了，三位太棒了！Q 比较 3-苯丙醇、乙醇和水的酸性强弱，那个说得非常好，因为后面我们要讲酚的性质，这个羟基的活泼程度，这个氢下来的难易程度，是受羟基影响的，你为啥苯环连上去了他就可以电离在中学阶段，但是这个链羟基连上为啥难电离，提到这个挺好。"

一线教师 2："其实说实话，我们之前没有用 Q 的这个形式去讲，你看从化学键、电负性、极性这块，从合成的这个角度来设计这个醇的性质，后来我觉得这个角度也挺好，试试换一个角度能不能好，我觉得再看他的课觉得挺好，就是副反应比较多，反应位点比较多的时候，你这个条件控制就显得比较重要了，所以你结构分析完了，又从反应条件角度去扣到性质这块，我觉得挺合适的，只不过对学生的接受，难度要大一些，所以可能会有这个问题。"

专家 2："三位比较突出的是视角和思路，非常非常强调，我觉得是特别棒的，你比如说基于官能团视角，Q 那块强调的是蛮好的，我比较欣赏的，基于官能团的结构分析，基于化学键的结构分析，而且给出分析框架，分析框架是什么呢，就是我们的模型认知，你给的是学科认识模型。特别强调知识结构化，认识思路结构化。都是有意识地去体现，显性化程度更高。刚才 H 老师说了以后我知道了，要不然这块确实挺深挺深的，附中的孩子有这个基础，他踩上去，反过来去认识反而更深刻。所以我觉得一定发挥我们前面理论的指导作用，这个还是必要的。还有一个我比较欣赏的就是注重高阶思维的培养，比如这节课里面，特别注重知识的关联，注重它的预测，特别重视它的解释，这都是高阶思维，所以我们的化学课里面一定要注重学生的高阶思维的培养。"

专家 3："这节课中特别注重知识的关联，特别注重预测，特别注重解释，这都是高阶思维，所以我们的化学课一定要重视孩子高阶思维的培养，我们素养课发展思维水平的进阶，就要靠高阶思维。"（SY-KH-6）

他们对三位化学教育硕士的评价都很高，一致认为通过考核，并认为三人的课都是好课，就是素养表现不同而已。

二 素养期化学教育硕士 PCK 发展因素分析

进入素养期后将教育硕士培养目标、PLC 干预和化学教育硕士 PCK 发展目标告知化学教育硕士，素养期干预流程也都清楚告知化学教育硕士，化学教育硕士对素养期自己的发展方向十分清楚。对于促进三位化学教育硕士的 PCK 发展的过程和影响因素，与其进行了深入访谈，进行编码和抽提。发现随着 PLC 干预的发展，发展目标的变化，影响化学教育硕士 PCK 发展的因素也在变化。

1. 专业背景对化学教育硕士"素养取向课"设计的影响弱化

经过素养期的实践，化学教育硕士的 PCK 有了明显的变化，自磨阶段化学教育硕士 Q、Y、Z 的 PCK 在 PCK 要素上都表现很充分，没有缺失，本以为师范背景的 Q、Y 与 Z 比较会相对轻松，但在醇类知识本原上看，Z 表现是出色的。在访谈中提及各自设计心得时，化学教育硕士 Q 觉得自己做起来还是挺轻松的："我就是感觉一线教师的建议还都是知识取向，针对应试教育，所以我几乎没有采纳一线教师的建议，我就自己创新的。"（Q-SY-FT-5）教育硕士 Y 也讲道："完成一节课不难，但是做到素养就有点难了，特别是本原性，什么是本原性？如何体现？真心难，还好记住老师（教学论专家）说有素养就能应用学过知识解决问题，所以我就选择了解决问题的视角。"（Y-SY-FT-5）而化学教育硕士 Z 则说："因为我以前什么也不会，都没有什么束缚，老师的要求我也能体会了，尤其是我原来学工科，在学科本质、本原性、结构化这我感觉还行。就是呈现有点吃力。"（Z-SY-FT-5）

由此可见，师范专业背景与非师范专业背景对化学教育硕士 PCK 发展的促进是不同的，并逐渐弱化。

2. 教学论专家干预更能促进素养取向的 PCK 发展

基于化学教育硕士本时期的培养目标是"能完成一节素养取向的化学课授课任务"，PLC 对化学教育硕士进行了指导，尤其对教学知识本原化等进行着重指导。

在被问到"素养期科学态磨课过程都明显在变化，为什么会有这样的变化？"时化学教育硕士都提到了 PLC 团队的具体干预指导的决定性因素。如化学教育硕士 Q 说道："这段时间对我来说，成就感很强，因为我几乎是独立作战，一线教师建议都不是我想要的，专家建议听得懂，就靠着专家的高位指导，但是具体怎么做是自己在摸索。"（Q-SY-FT-5）化学教育硕士 Y、Z 提道："无论专家还是一线教师的指导，对我帮助都挺大的，他们的建议我选择性采纳了。教学论专家的建议对我完成素养取向课设计帮助是最大的。要不根本找不到方向，尤其是本原性我还是理解不上去。"（Y-SY-FT-5，Z-SY-FT-5）

由此可见，PLC 干预者的指向性，决定了化学教育硕士 PCK 发展的方向性。教学论专家对学科核心素养的认识要超过一线教师，对化学教育硕士的建议更有建设性，素养取向课的设计还是主要依靠教学论专家的指导。

3. 自我效能感是促进素养取向 PCK 发展的基本动力

班杜拉对自我效能感的定义是："人们对自身能否利用所拥有的技能去完成某项工作行为的自信程度。"班杜拉指出即使个体知道某种行为会导致何种结果，但也不一定去从事这种行为或开展某项活动，而是首先要推测一下自己行不行？有没有实施这一行为的能力与信心？这种自我效能感也直接影响了教育硕士 PCK 发展。

专家在评课时候，毫不吝啬地赞扬了教育硕士 Q 思维的敏捷、教学规范等，同时对 Q 后续表现给予了厚望。对 Y、Z 的表现也给予了肯定，同时也指出了她们需要努力的方向。

素养期布置任务时候，三位教育硕士都非常自信："没问题，老规矩，先做学科理解，然后教学设计综述，再教学设计呗？什么时候要初稿呢？"所以，从自磨到展现，三位教育硕士主动自觉地进行磨课，驾轻就熟，一切水到渠成。已经熟悉实践基地的三位教育硕士，以教师身份进入高中后也发现了模拟和真实授课极大的差异，再与一线教师进行交流发现，一线教师的干预主要针对让学生理解并记住醇的化学性质，与教学论专家的目标并不一致，也出现了"我该听谁的"的这种纠结，但最终经过深入思考，完美解决了这个问题。她们在最终展示时候，教师范十足，气场强大。素养取向下的 PCK 表现相当出色。展示时邀请了课题组内外专家、PLC 所有成员、实践基地所有化学教师一起观摩，并进行评课。三位教育硕士得到了所有评课人员的赞赏，一线优秀教师甚至说："真是学习了，素养课就应该这么上。"

由此可见，当"自我效能感"良好时候，可以激发潜能，激发热情，这也是 PCK 发展的动力源泉。

第八章 研究结论与展望

第一节 研究结论

本研究是在教育部直属某重点师范大学进行全日制教育硕士培养改革基础上，对连续两届四位化学教育硕士在校两年半时间内，在由高校教学论专家、一线优秀教师和化学教育硕士同伴组成的 PLC 的连续干预下，不同主题教学内容的科学态磨课过程的 PCK 发展进行质化研究。

本研究对学科教学知识（PCK）、专业学习共同体（PLC）进行综述，进行概念界定，通过个案行动研究构建了 PLC 干预的有效模型；利用 PLC 干预有效模型对化学教育硕士在规范期、知识期和素养期进行干预指导，收集不同类型数据，进行质化分析。以此解决本研究的主要问题。

问题一：如何通过理论与实践研究，构建化学教育硕士培养 PLC 干预模型？PLC 的干预机制是怎样运行的？

问题二：如何构建化学教育硕士 PCK 发展分析框架模型？

问题三：在 PLC 干预模式下，Q、Y、Z 三位化学教育硕士 PCK 发展有什么特点？影响 Q、Y、Z 三位化学教育硕士素养取向 PCK 发展变化的因素有哪些？

通过访谈、实物收集、文献研究、课堂观察和文本分析等方法进行证据资料的收集和分析，构建了促进化学教育硕士成长的 PLC 干预模型，并得出在此干预模式下三位化学教育硕士的 PCK 发展变化。

一　构建 PLC 干预范式

根据对 PLC 理论基础、干预机制等文献梳理，教育硕士培养等文献进行综述，构建了化学教育硕士成长的 PLC 干预理论模型。以 2015 级入学的教育硕士 J 为研究对象，以 PLC 理论模型进行精细化、程序化的干预。

（1）构建 PLC 干预模式。

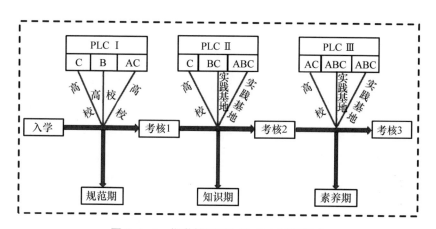

图 8-1-1　化学教育硕士的 PLC 干预模式

其中 A 代表 PLC 成员中的高校教学论专家；B 代表一线优秀教师；C 代表化学教育硕士同伴；PLC 1 代表规范期干预，也是第一轮干预。

（2）制定可用作范式的科学态干预流程。

（3）PLC 干预具体过程模型。

二　构建 PCK 分析模型

在 Park 的 PCK 发展模型基础上，构建了化学教育硕士的 PCK 发展的分析框架理论模型，并进行了相关要素内涵的界定；修正了

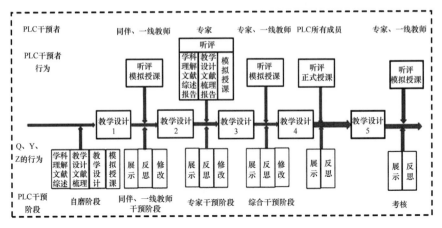

图 8-1-2　化学教育硕士的 PLC 干预流程

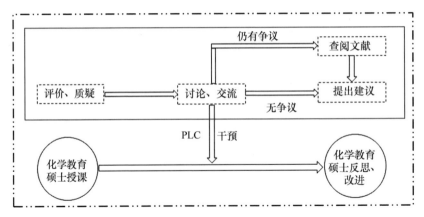

图 8-1-3　化学教育硕士的 PLC 干预过程

PCK-Map,对其进行要素总频次和要素联结数进行统计，进行分析化学教育硕士的 PCK 发展情况。

（1）PCK 表征框架模型。

（2）PCK-Map 分析框架模型。

三　PLC 干预下化学教育硕士 PCK 发展结论

1. PLC 干预是促进化学教育硕士 PCK 发展的有效范式

PLC 成员是由教育硕士同伴、一线优秀教师和高校教学论专家三部

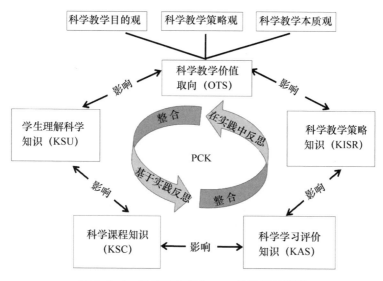

图 8-1-4　化学教育硕士 PCK 分析框架模型

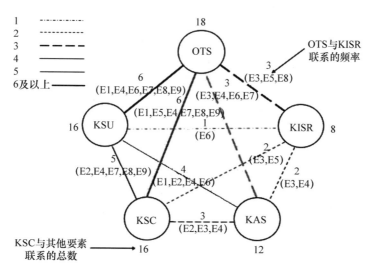

图 8-1-5　化学教育硕士 PCK 分析框架模型

分构成，这三部分的成员教育理论和教学实践均有不同特点，在不同时期干预特点不同。

　　化学教育硕士同伴无论是师范专业还是非师范专业，教育理论基础水平都不高，也无论是否参加过实践和比赛，自身的实践经验都是比较匮乏的，但是随着在 PLC 的团队中不断地参与 PLC 干预过程，见识了一线教师和专家对化学教育硕士的 PCK 干预后，自身素养都有一定的发展，所以对其他同伴的 PCK 干预也有了一定的指向。

　　一线教师干预对化学教育硕士的 PCK 整体有显著促进作用，尤其是在学生理解科学知识方面（KSU）和学科教学知识方面（KSC）；但素养期一线教师对化学教育硕士 PCK 发展的促进作用则小了许多。

　　在 PLC 运行中，一线教师促进了化学教育硕士的实践经验发展，而化学教育硕士自身的 PCK 在提升，对一线教师的教学理念和教学价值也给予了一定的促进，在 PLC 的大团队里互相学习、共同进步。

　　教学论专家的优势十分明显，对新时代的所有新的教学理念、教育理论基础都了然于胸。他们一直都是 PLC 干预的引导者，对 PCK 的所有要素发展均有明显促进，尤其是科学教学价值取向（OTS）、课程知识（KSC）和教学策略知识（KISR），对学生理解科学知识（KSU）有一定的促进。此外，对学生学习评价知识（KAS）发展有一定促进，但不够显著。

　　综上，为促进化学教育硕士最终达到专业素养发展，PLC 团队中教学论专家因其学科本原性的独到见解对化学教育硕士 PCK 发展是不可替代的；一线教师因其丰富的教学经验，且随着参与见识教学论专家的干预也在成长，对于化学教育硕士的 PCK 发展亦不可或缺；化学教育硕士是主要的学习者，共同构成一个协同、共发展的专业团体，在干预中成长，干预程度也在发展。

　　在 PLC 连续、科学的干预下，化学教育硕士迅速成长，PCK 得到了全面的发展。而 PLC 干预团队中所有成员，教师专业发展都得了很大促进。由此可见，本研究的 PLC 干预模式对促进教师专业发展很有效，也是可以借鉴和推广的。

2. PLC 干预下化学教育硕士 PCK 的发展目标达成

PCK 的研究是基于实践、基于主题的，同一位教师不同主题下的 PCK 也有所不同。不同干预阶段的干预目标不同，对化学教育硕士发展实现不同视角下、进阶性干预，化学教育硕士 PCK 发展呈现进阶性变化。

化学教育硕士在 PLC 长期的连续干预下，PCK 得到极大的发展，经各时期的考核，基本达到 PCK 发展目标，实现从要素缺失到要素全面，从要素联系松散到要素联系紧密，从松散缺失到自主整合型 PCK 发展，整体提升尤为显著。

忽略教学主题，可以看出自入学到素养期结束，化学教育硕士的教学价值取向（OTS）飞速发展，首先带动 KSC 快速发展，接着自然地带动了其他各个要素也发展。但 KAS 发展不尽如人意，频次虽有改变，却没有完全达到发展目标，还需要强化评价干预。

四 化学教育硕士 PCK 发展因素

职业环境下，PLC 进阶干预增强了化学教育硕士的自我效能，循序渐进的目标、逐渐增加难度的强化学习与训练，化学教育硕士 PCK 的提升，大大增强了自信，自我效能感迅速提升。自我效能感的迅速提升也能促进化学教育硕士 PCK 的发展。

在 PLC 中的自主学习，合作交流，集思广益下，共同发展，既推动了 PLC 的合理运行，也促进了化学教育硕士的 PCK 持续共同发展。

化学教育硕士深度反思，全面强化，努力创新，在进阶性 PLC 干预目标下进行深入思考，内化并外化学科核心素养，促进化学教育硕士素养取向 PCK 的快速发展。

第二节 研究展望

PLC 在职业环境中科学、连续地对教育硕士 PCK 进行干预，可以有效地促进教育硕士专业成长，为新时代的教育事业培养亟须的素养型教师。

回顾本书的研究过程，厘清了素养取向下化学教育硕士 PCK 要素内涵与理论模型，构建了 PLC 科学干预的模型，建构了教育硕士素养取向下的 PCK 发展路径。

然而，反思研究过程，还存在许多不足，比如研究对象只有三位教育硕士；证据资料收集很多，利用不够充分；由于不同阶段授课主题的不同，PCK 发展路径的描述难免不足；PLC 干预没有完全按照预定计划实现有序干预；通过个案研究构建的 PLC 干预模型普适性不足；教育硕士 PCK 发展是否能够持续性发展等。

本书研究仍存在不足，在后续的研究中会逐步完善。如，增加研究对象，提高研究效度和信度；除质化研究外，可以加入量表，采用量化、质化结合的混合研究法，就可以达到普适性；对 PLC 干预后就业的化学教育硕士进行"影子跟踪计划"研究，进一步研究这些化学教育硕士的 PCK 发展是否能够持续不断稳步发展；进而也证明了 PLC 干预模型的科学性、可重复性，并由此进行推广，形成教育硕士培养的新范式。

参考文献

一　中文

（一）著作

陈向明：《质的研究方法与社会科学研究》，教育科学出版社 2000 年版。

范良火：《教师教学知识发展研究》，华东师范大学出版社 2003 年版。

方田心：《优秀教师成长：关键人物》，中国人民大学出版社 2017 年版。

刘玉梅主编：《管理心理学理论与实践》，复旦大学出版社 2009 年版。

吕达、周满生主编：《当代外国教育改革著名文献（美国卷）》（第一册），人民教育出版社 2004 年版。

［德］滕尼斯：《共同体与社会》，林荣远译，商务印书馆 1999 年版。

（二）期刊论文

白益民：《学科教学知识初探》，《现代教育论丛》2000 年第 4 期。

陈冬丽、张颖之：《教师 PCK 内涵和模型的研究进展》，《首都师范大学学报》（自然科学版）2016 年第 6 期。

陈法宝：《基于教研活动的教师学科教学知识（PCK）发展模式研究》，《教师教育研究》2017 年第 3 期。

童莉：《舒尔曼知识转化理论对教师知识发展的启示》，《上海教育科研》2008 年第 3 期。

范牡丹：《关于教育硕士专业学位研究生培养现存问题的分析与思考》，《教育与职业》2009 年第 11 期。

冯苗、曲铁华：《从 PCK 到 PCKg：教师专业发展的新转向》，《外国教育研究》2006 年第 12 期。

付立海、郑长龙、贾梦英：《新手—熟手化学教师课堂教学基元系统有效性的比较研究》，《化学教育》2015 年第 21 期。

高川、刘兵：《英语教育专业硕士研究生研究自主性培养的课堂教学策略初探——以悉尼大学硕士 TESOL 专业课堂教学为参照》，《教育理论与实践》2015 年第 15 期。

高夯、魏民、李广平、秦春生：《在职业环境中培养教育硕士生——东北师范大学全日制教育硕士生培养综合改革的实践与思考》，《学位与研究生教育》2018 年第 1 期。

高文财、秦春生、饶从满：《强化过程　优化环境　提高质量——东北师范大学博士生培养模式改革的思考与实践》，《研究生教育研究》2014 年第 1 期。

高晓晶：《基于校本资源的教师学习共同体的构建研究》，《教学与管理》2018 年第 33 期。

洪永健、郑长龙、贾梦英：《新视角下的初中化学熟手教师课堂教学行为研究——以"对蜡烛及其燃烧的探究"为例》，《中学化学教学参考》2016 年第 11 期。

胡水星：《教师 TPACK 专业发展研究：基于教育大数据的视角》，《教育研究》2016 年第 5 期。

黄初升、盛家荣、刘红星：《化学教育硕士培养存在问题及对策》，《大学教育》2018 年第 6 期。

黄小敏、储祖旺：《我国高校教育学硕士培养的困境及其对策——就业的视角》，《黑龙江高教研究》2009 年第 2 期。

贾梦英、郑长龙、何鹏、杨桂榕：《PLC 干预下的全日制化学教育硕士 PCK 发展的个案研究——以"离子反应"教学实践为例》，《化学教育（中英文）》2018 年第 18 期。

贾梦英、郑长龙、何鹏、杨勇：《PLC 干预模式下全日制专业学位教育硕士 PCK 发展研究与思考——基于东北师范大学教育硕士培养改革的研究》，《教育理论与实践》2019 年第 6 期。

贾梦英、郑长龙、何鹏：《优化全日制化学教育硕士培养模式的探讨》，《化学教育（中英文）》2019 年第 2 期。

姜大雨、鲍东阳、崔克宇、刘海潮：《SPOC 教学模式在学科教学（化学）教育硕士培养中的应用——以教育技术在中学化学教学中的应用为例》，《大学化学》2017 年第 8 期。

姜涛、钱海峰：《职前教师学科教学知识发展：一种系统的视角》，《教育评论》2016 年第 6 期。

解书、马云鹏：《学科教学知识（PCK）的结构特征及发展路径分析——基于小学数学教师的案例研究》，《基础教育》2017 年第 1 期。

梁永平：《论化学教师的 PCK 结构及其建构》，《课程·教材·教法》2012 年第 6 期。

刘春萍、刘冰、蒙延峰、刘希光、张江、王梯延、肖丽春：《四维一体协同培养化学教育硕士教学能力的实践》，《淮北师范大学学报》（自然科学版）2018 年第 3 期。

刘桂辉：《大学教师学习共同体的内涵及价值》，《教育与职业》2015 年第 5 期。

刘丽艳、秦春生：《基于学科教学实践平台的全日制英语教育硕士培养模式研究》，《研究生教育研究》2017 年第 2 期。

刘小强：《教师专业知识基础与教师教育改革：来自 PCK 的启示》，《外国中小学教育》2005 年第 11 期。

刘知新：《谈化学教育硕士研究生培养问题》，《化学教育》1999 年第 1 期。

刘知新：《再谈化学教育硕士研究生培养问题》，《化学教育》2001 年第 6 期。

娄延果、郑长龙：《论教学设计对教学行为的影响》，《河北师范大学学报》（教育科学版）2009 年第 3 期。

马国荣：《规范教学语言　提高教育质量》，《华夏教师》2018 年第 34 期。

聂晓颖：《职前教师 TPACK 能力培养的瀑布模型构建研究——以数学学科为例》，《电化教育研究》2017 年第 4 期。

钱代伦：《构建普通高中课堂教学规范体系的路径探索——普通高中"'四环一线'课堂教学规范"研究》，《科学咨询（教育科研）》2019 年第 1 期。

单媛媛、郑长龙：《国外科学教师学科知识测评工具的研究述评及启示》，《外国中小学教育》2018 年第 8 期。

邵光华、姚静：《教育硕士专业课程教学改革研究》，《教师教育研究》2004 年第 2 期。

施会华、邹秀丽：《教师专业成长依靠规范课堂教学实践》，《黑龙江教育学院学报》2018 年第 10 期。

时花玲：《教育硕士教育类课程设置的问题及对策》，《教育理论与实践》2011 年第 12 期。

宋亦芳：《基于群体动力理论的社区团队学习研究》，《职教论坛》2017 年第 9 期。

孙佳林、郑长龙、张诗：《素养为本化学课堂教学的即时性评价策略》，《化学教育》2019 年第 3 期。

孙佳林、郑长龙：《美国在职教师表现评价手册解读及启示——以密西西比州杰克逊公立学区为例》，《外国中小学教育》2018 年第 1 期。

汪朝阳、谢洁纯、李佳：《重点高校化学师范专业教学新体系的构建——兼论新时代化学教育硕士的培养》，《广州化学》2018 年第 6 期。

王飞、车丽娜：《美国教育硕士专业学位的特色及其启示》，《高等教育研究》2014 年第 12 期。

王佳媛、贾玉霞、王西明：《幼儿教师专业发展共同体理论及策略》，《四川教育学院学报》2009 年第 6 期。

王晶、郑长龙:《"铁和铁的化合物"教学中新手——成手型教师课堂语言行为的比较研究》,《化学教育》2011年第4期。

王涛:《群体动力理论视域下的高校创业教育模式研究》,《教育与职业》2014年第15期。

杨彩霞:《教师学科教学知识:本质、特征与结构》,《教育科学》2006年第1期。

余志斌、陈春霞:《"学习共同体"的构建与实践探索——以新生研讨课为例》,《教育教学论坛》2018年第10期。

张斌贤、李子江、翟东升:《我国教育硕士专业学位研究生教育综合改革的探索与思考》,《学位与研究生教育》2014年第2期。

张晓蕾、王英豪:《从"合而不作"到"合作共赢":对我国校际教研共同体中教师合作现状的探索性分析》,《教育发展研究》2017年第24期。

郑鑫、沈爱祥、尹弘飚:《教师需要怎样的专业学习共同体?——基于教师教学满意度和教学效能感的调查》,《全球教育展望》2018年第12期。

郑长龙、贾梦英、何鹏:《优质课堂与常态课堂教学有效性的比较研究——以"原电池"教学为例》,《现代中小学教育》2015年第10期。

郑长龙、许凌云:《论中学化学课堂教学活动的选择》,《教学月刊·中学版(教学参考)》2015年第15期。

郑长龙:《2017年版普通高中化学课程标准的重大变化及解析》,《化学教育(中英文)》2018年第9期。

郑长龙:《化学基础教育再上新台阶 化学教师教育开创新局面——化学教师教育研究中心工作的回顾与总结》,《化学教育》2013年第4期。

郑长龙:《义务教育化学新课程实施中的几个问题及思考》,《课程·教材·教法》2012年第3期。

朱晓民:《陶本—西方学科教学知识研究的两种路径》,《外国中小学教育》2016 年第 3 期。

朱云：《对教学规范的几点看法》，《化学教学》2015 年第 5 期。

（三）学位论文

安念周：《新手教师与专家型教师化学实验教学能力的比较研究》，硕士学位论文，山东师范大学，2018 年。

鲍银霞：《广东省小学数学教师 MPCK 的调查与分析》，博士学位论文，华东师范大学，2016 年。

蔡晓玲：《高职新手型熟手型英语教师课堂提问类型的对比研究》，硕士学位论文，闽南师范大学，2018 年。

崔迪：《美国早期教育教师专业学习共同体研究》，博士学位论文，东北师范大学，2017 年。

曾丽群：《全日制教育硕士教学实践环节改革研究与探索》，硕士学位论文，广西师范学院，2017 年。

陈锦锦：《职前英语教师的 TPCK 认知现化调查研究——以浙江省某高校为例》，硕士学位论文，浙江师范大学，2016 年。

丛洋洋：《学习共同体视野下的教师教学行为研究》，硕士学位论文，内蒙古师范大学，2017 年。

崔迪：《美国早期教育教师专业学习共同体研究》，博士学位论文，东北师范大学，2017 年。

丁欢红：《基于学习共同体的教师专业发展研究——以浙江省高中英语学科带头人培训项目为例》，硕士学位论文，浙江师范大学，2016 年。

董涛：《课堂教学中的 PCK 研究》，博士学位论文，华东师范大学，2008 年。

董寅：《促进化学教育硕士专业发展的课例研究》，硕士学位论文，河南师范大学，2015 年。

杜若楠：《全日制教育硕士学科教学知识（PCK）的现状及对策研究》，硕士学位论文，西安外国语大学，2018 年。

杜文：《中美教育硕士培养的比较研究》，硕士学位论文，云南大学，2017年。

冯琳：《化学新手教师PCK现状及其专业发展建议》，硕士学位论文，河北师范大学，2016年。

侯文博：《学前教育全日制硕士专业学位研究生培养方案研究》，硕士学位论文，河南大学，2018年。

胡建莹：《化学免费师范生教育硕士培养方案的比较研究》，硕士学位论文，西南大学，2015年。

金琳：《学习共同体中教师研究者成长案例研究》，博士学位论文，苏州大学，2016年。

李锦娟：《高中化学教师CPCK模型及发展轨迹研究》，硕士学位论文，延边大学，2016年。

李琳：《学习共同体视域下民族高校英语教师专业发展研究》，硕士学位论文，兰州大学，2016年。

李密密：《在职化学教育硕士培养过程的调查研究》，硕士学位论文，河南师范大学，2016年。

李敏：《PCK论——中美科学教师学科教学知识比较研究》，博士学位论文，华东师范大学，2011年。

李楠楠：《英国杜伦大学教育硕士教育质量保障研究》，硕士学位论文，沈阳师范大学，2018年。

刘丹丹：《师范生学习共同体的建设研究》，硕士学位论文，青海师范大学，2018年。

刘迪：《职前化学教师PCK发展研究——以中学化学微格课程为例》，硕士学位论文，华中师范大学，2016年。

刘颖：《我国教育硕士研究生（学前教育方向）培养方案及实施研究》，硕士学位论文，湖南师范大学，2018年。

娄丽娟：《基于学习共同体视域的幼儿园教研活动研究》，硕士学位论文，山东师范大学，2016年。

罗清菊：《中学教师学习共同体建设的研究》，硕士学位论文，西南大学，2016年。

麻铁凝：《自媒体背景下小学英语教师学习共同体现状及策略研究》，硕士学位论文，鲁东大学，2016年。

马佳杏：《大学生学习共同体形成的影响因素研究》，硕士学位论文，湖南农业大学，2017年。

马越玲：《基于可雇佣能力提升的会计专业硕士教育人才培养模式研究》，硕士学位论文，山西财经大学，2018年。

曲广拓：《数学新手教师和熟手教师TPACK水平的调查研究》，硕士学位论文，天津师范大学，2017年。

隋国成：《教育硕士U-T-S联合培养模式研究》，博士学位论文，西南大学，2017年。

孙锐：《中学化学中的学习共同体构建》，硕士学位论文，哈尔滨师范大学，2016年。

孙世梅：《小学语文教师教学价值取向研究》，博士学位论文，东北师范大学，2018年。

孙亚欢：《山东省教师教育网学习共同体研究》，硕士学位论文，山东师范大学，2017年。

谭静：《社区学习共同体的培育策略研究》，硕士学位论文，四川师范大学，2018年。

唐玉清：《学习共同体视角下的美国新生研讨课研究》，硕士学位论文，宁波大学，2017年。

王敬：《觉解之境——五位小学专家型教师专业学习的叙事探究》，博士学位论文，东北师范大学，2018年。

王迎新：《全日制化学教育硕士学科教学知识现状及来源调查研究》，硕士学位论文，重庆师范大学，2016年。

王媛：《化学教育硕士教学技能发展的个案研究》，硕士学位论文，陕西师范大学，2014年。

吴瑞琪：《教师协同学习共同体促进专业发展研究》，硕士学位论文，曲阜师范大学，2018 年。

许方：《全日制化学教育硕士教师专业发展现状的调查和分析》，硕士学位论文，华中师范大学，2015 年。

姚启勇：《化学学科全日制教育硕士学科素养调查研究》，硕士学位论文，首都师范大学，2011 年。

于姗姗：《高中英语语法教学中学习共同体的构建与应用》，硕士学位论文，闽南师范大学，2016 年。

余唯一：《基于学习共同体的语文教学实践研究》，硕士学位论文，上海师范大学，2017 年。

张莉：《专业共同体中的教师知识学习研究》，博士学位论文，东北师范大学，2017 年。

张婉：《化学师范生 PCK 的研究》，硕士学位论文，扬州大学，2015 年。

张潇月：《基于个人学习空间中学习共同体的构建与实施》，硕士学位论文，浙江师范大学，2017 年。

张小菊：《化学学科教学知识研究》，博士学位论文，华东师范大学，2014 年。

张晓骏：《基于师范生免费教育的化学教育改革》，硕士学位论文，华中师范大学，2008 年。

张一弛：《教师专业发展有效性策略探究》，硕士学位论文，上海师范大学，2016 年。

钟媛：《小学语文课堂学习共同体建构初探》，硕士学位论文，福建师范大学，2017 年。

周潘海：《基于学习共同体的高中英语教师专业发展的个案研究》，硕士学位论文，四川师范大学，2017 年。

史宁中：《〈中学教师专业标准〉说明》，《中国教育报》2011 年 12 月 14 日。

二 外文

Abd-El-Khalick, F. , "Preservice and Experienced Biology Teacher's Global and Specific Subject Matter Structures: Implication for Conceptions of Pedagogical Content Knowledge", *Eurasia Journal of Mathematics, Science and Technology Education*, Vol. 2, No. 1, 2006.

Adadan, E. , Oner, D. , "Exploring the Progression in Preservice Chemistry Teachers' Pedagogical Content Knowledge Representations: The Case of "Behavior of Gases"", *Research in Science Education*, Vol. 44, No. 6, 2014.

Alvarado, C. , Cañada F. , Garritz A. , Mellado V. , "Canonical Pedagogical Content Knowledge by Cores for Teaching Acid-Base Chemistry at High School", *Chemistry Education Research and Practice*, Vol. 16, No. 3, 2015.

Andrews, D. , & Lewis, M. , "The Experience of a Professional Community: Teachers Developing a New Image of Themselves and Their Workplace", *Educational Research*, Vol. 44, No. 3, 2002.

Angeli, C. N. , Valanides, "Preservice Elementary Teachers as Information and Communication Technology Designers: an Instructional Systems Design Model Based on an Expanded View of Pedagogical Content Knowledge", *Journal of Computer Assisted Learning*, No. 21, 2005.

Aydin, S. , Friedrichsen, P. M. , Boz, Y. , Hanuscin, D. L. , "Examination of the Topic-Specific Nature of Pedagogical Content Knowledge in Teaching Electrochemical Cells and Nuclear Reactions", *Chemistry Education Research and Practice*, Vol. 15, No. 4, 2014.

Aydin, S. , "A Science Faculty's Transformation of Nature of Science Understanding into His Teaching Graduate Level Chemistry Course", *Chemistry Education Research and Practice*, Vol. 16, No. 1, 2015.

Barnett, D. , Derek, Hodson, "Pedagogical Context Knowledge: Towarda Fuller Understanding of What Good Science Teachers Know", *Journal of Science Teacher Education*, Vol. 12, No. 8, 2011.

Bektas, O. , Ekiz, B. , Tuysuz, M. , Kutucu, E. S. , Tarkin, A. , "Uzuntiryakikondakci E, Pre-service Chemistry Teachers' Pedagogical Content Knowledge of the Nature of Science in the Particle Nature of Matter", *Chemistry Education Research and Practice*, Vol. 14, No. 2, 2013.

Bergqvist, A. , Drechsler, M. , Rundgren, S. N. C. , "Upper Secondary Teachers' Knowledge for Teaching Chemical Bonding Models", *International Journal of Science Education*, Vol. 38, No. 2, 2016.

Berry, B. D. , Johnson, D. , Montgomery, "The Power of Teacher Leadership", *Educational Leadership*, Vol. 62, No. 5, 2005.

Bianchini, J. A. , & Cavazos, L. M, "Learning from Students, Inquiry into Practice, and Participation in Professional Communities: Beginning Teachers' Uneven Progress Toward Equitable Science Teaching", *Journal of Research in Science Teaching*, Vol. 44, No. 4, 2007.

Blonder, R. , Jonatan, M. , Bar-Dov, Z. , et al. , "Can You Tube It? Providing Chemistry Teachers with Technological Tools and Enhancing Their Self-Efficacy Beliefs", *Chemistry Education Research and Practice*, Vol. 14, No. 3, 2013.

Boesdorfer, S. , Lorsbach, A. , "Pck in Action: Examining One Chemistry Teacher's Practice Through the Lens of Her Orientation Toward Science Teaching", *International Journal of Science Education*, Vol. 36, No. 13, 2014.

Boz, N. , Boz, Y. , "A Qualitative Case Study of Prospective Chemistry Teachers' Knowledge about Instructional Strategies: Introducing Particulate Theory", *Journal of Science Teacher Education*, Vol. 19, No. 2, 2008.

Bredeson, Paul V., Scribner, Jay, Paredes, "A Statewide Professional Development Conference: Useful Strategy for Learning or Inefficient Use of Resources?", *Education Policy Analysis Archives*, Vol. 8, No. 13, 1999.

Bryk, Anthnoy, Eric, Camburn, Karen, Seashore Louis, "Professional Community in Chicago Elementay Schools: Facilitating Factors and Orgazinational Consequence", *Educational Adiministration Quarterly*, No. 35, 1999.

Chen, B., Wei, B., "Examining Chemistry Teachers' Use of Curriculum Materials: In View of Teachers' Pedagogical Content Knowledge", *Chemistry Education Research and Practice*, Vol. 16, No. 2, 2015.

Chittleborough, G., "Learning How to Teach Chemistry with Technology: Pre-service Teachers' Experiences with Integrating Technology into Their Learning and Teaching", *Journal of Science Teacher Education*, Vol. 25, No. 4, 2014.

Clermont, C. P., Borko, H., Krajcik, J. S., "Comparative Study of the Pedagogical Content Knowledge of Experienced and Novice Chemical Demonstrators", *Journal of Research in Science Teaching*, Vol. 31, No. 4, 2010.

Clermont, C. P., Krajcik, J. S., Borko H., "The Influence of an Intensive In-Service Workshop on Pedagogical Content Knowledge Growth Among Novice Chemical Demonstrators", *Journal of Research in Science Teaching*, Vol. 30, No. 1, 2010.

Cochran, K. F., DeRuiter, J. A. King, R. A., "Pedagogical Content Knowledge: An Integrative Model for Teacher Preparation", *Journal of teacher Education*, No. 44, 1993.

Davidowitz, B., Potgieter, M., "Use of the Rasch Measurement Model to Explore the Relationship between Content Knowledge and Topic-Specific

Pedagogical Content Knowledge for Organic Chemistry", *International Journal of Science Education*, Vol. 38, No. 9, 2016.

De, Jong, O., Jan, H., Van, Driel, "Exploring the Development of the Student Teachers' PCK of the Multiple Meanings of Chemistry Topics", *International Journal of Science and Mathematics Education*, No. 2, 2004.

De, Jong., Jan, H., Van, Driel, Nico, Verloop., "Preservice Teachers' Pedagogical Content Knowledge of Using Particle Models in Teaching Chemistry", *Journal of Research in Science Teaching*, Vol. 42, No. 8, 2005.

Demirdögen, B., Hanuscin, D. L., Uzuntiryaki-Kondakci, E., Köseoğlu, F., "Development and Nature of Preservice Chemistry Teachers' Pedagogical Content Knowledge for Nature of Science", *Research in Science Education*, Vol. 46, No. 4, 2016.

Demirdögen, B., Uzuntiryakikondakçi, E., "Closing the Gap between Beliefs and Practice: Change of Pre-service Chemistry Teachers' Orientations during a PCK-Based NOS Course", *Chemistry Education Research and Practice*, Vol. 17, No. 4, 2016.

Driel, J. H. V., Jong, O. D., Verloop, N., "The Development of Pre-service Chemistry Teachers' Pedagogical Content Knowledge", *Science Education*, Vol. 86, No. 4, 2002.

Driel, J. H. V., Verloop, N., Vos, W. D., "Developing Science Teachers' Pedagogical Content Knowledge", *Journal of Research in Science Teaching*, Vol. 35, No. 6, 1998.

Fernandez-Balboa, J. M., Stichl, J., "The Generic Nature of Pedagogical Content Knowledge among College Professors", *Teaching and Teacher Education*, Vol. 11, No. 3, 1995.

Friedrichsen, P. M., Thomas, M., Dana, "Substantive-Level Theory of Highly Regarded Secondary Biology Teachers' Science Teaching Orientations", *Journal of Research in Science Teaching*, Vol. 42, No. 2, 2005.

Glazer, J. S., *The Master's Degree: Traditional, Diversity. Innovation*, Washington, DC: Association for the study of Higher Education, 1986.

Grossman, P. L., *The Making of a Teacher: Teacher Knowledge and Teacher Education*, New York: Teachers College Press, 1990.

Hirsh, S., "A Professional Learning Community's Power Lies in Its Intentions", *Journal of Staff Development*, Vol. 33, No. 3, 2012.

Justi, R., Driel, J. V., "A Case Study of the Development of a Beginning Chemistry Teacher's Knowledge about Models and Modeling", *Research in Science Education*, Vol. 35, No. 2-3, 2005.

Levine, J. M., Resnick, L. B., & Higgins, E. T., "Social Foundations of Cognition", *Annual Review of Psychology*, No. 44, 1993.

Lin, H., Lee, S. T., Treagust, D., "Chemistry Teachers' Estimations of Their Students' Learning Achievement", *Journal of Chemical Education*, Vol. 82, No. 10, 2005.

Lin, T. C., "Identifying Science Teachers' Perceptions of Technological Pedagogical and Content Knowledge (TPACK)", *Journal of Science Education and Technology*, Vol. 22, No. 3, 2013.

Loughran, J., Milroy, P., Berry, A., Gunstone, R., Mulhall, P., "Documenting Science Teachers' Pedagogical Content Knowledge through Pa-PeRs", Research in Science Education, No. 31, 2001.

Louis, K. S., "Professionalism and Community: Perspectives on Reforming Urban Schools", Case Studies, 1994.

Magnusson, S., Krajcik, J., & Borko, H., "Nature, Sources, and Development of Pedagogical Content Knowledge for Science Teaching", in J. Gess-Newsome, & N. G. Lederman eds., *Examining Pedagogical Content Knowledge, the Construct and its Implications for Science Education*, Dordrecht: Kluwer Academic, 1999.

Major, Claire H. , Betsy, Palmer, "Reshaping Teaching and Learning: The Transformation of Faculty Pedagogical Content Knowledge", *Higher Education*, No. 51, 2006.

Marks, R. , "Pedagogical Content Knowledge: From a Mathematical Case to a Modified Conception", *Journal of Teacher Education*, No. 41, 1990.

Mulholland, J. , John Wallace, "Growing the Tree of Teacher Knowledge: Ten Years of Learning to Teach Elementary Science", *Journal of Research in Science Teaching*, Vol. 42, No. 7, 2005.

Padilla, K. , Driel, J. V. , "The Relationships between PCK Components: The Case of Quantum Chemistry Professors", *Chemistry Education Research and Practice*, Vol. 12, No. 3, 2011.

Park, S. , Oliver, J. S. , Johnsonc, T. S. , et al. , "Oppong, Colleagues' Roles in the Professional Development of Teachers: Results from a Research Study of National Board certification", *Teacher Teaching Education*, Vol. 23, No. 4, 2007.

Park, S. , & Oliver, J. S. , "National Board Certification (NBC) as a Catalyst for Teachers' Learning about Teaching: The Effects of the NBC Process on Candidate Teachers' PCK Development", *Journal of Research in Science Teaching*, Vol. 45, No. 7, 2008.

Park, S. , Chen, Y. C. , "Mapping Out the Integration of the Components of Pedagogical Content Knowledge (PCK): Examples from High School Biology Classrooms", *Journal of Research in Science Teaching*, Vol. 49, No. 7, 2012.

Park, S. , Oliver J. S. , "Revisiting the Conceptualisation of Pedagogical Content Knowledge (PCK): PCK as a Conceptual Tool to Understand Teachers as Professionals", *Research in Science Education*, Vol. 38, No. 3, 2008.

Park, S., *A Study of PCK of Science Teachers for Gifted Secondary Students Going Through the National Board Certification Process*, Athens: The University of Georgia, 2005.

Seike, M., "The Professional Development of Teachers in the United States of America: The Practitioners Master's Degree", *European Journal of Teacher Education*, Vol. 24, No. 1, 2001.

Shirley, M., Hord., *Professional Learning Communities: Communities of Continuous Inquiry and Improvement*, Texas: Southwest Educational Development Laboratory, 1997.

Shulman, L. S., "Knowledge and Teaching: Foundations of the New Reform", *Harvard Educational Review*, Vol. 57, No. 1, 1987.

Shulman, L. S., "Those Who Understand Knowledge Growth in Teaching", *Educational Researcher*, Vol. 15, No. 2, 1986.

Sparks, D. & Hirsh, S., *A New Vision for Staff Development*, Washington, D. C.: Association for Supervision and Curriculum Development, 1997.

Suh, J. K., Park, S., "Exploring the Relationship Between Pedagogical Content Knowledge (PCK) and Sustainability of an Innovative Science Teaching Approach", *Teacher Teaching Education*, No. 64, 2017.

Usak, M., Ozden, M., Eilks, I., "A Case Study of Beginning Science Teachers' Subject Matter (SMK) and Pedagogical Content Knowledge (PCK) of Teaching Chemical Reaction in Turkey", *European Journal of Teacher Education*, Vol. 34, No. 4, 2011.

Wahbeh, N., Abd-El-Khalick, F., "Revisiting the Translation of Nature of Science Understandings into Instructional Practice: Teachers' Nature of Science Pedagogical Content Knowledge", *International Journal of Science Education*, Vol. 36, No. 3, 2014.

Waight, N., Liu, X., Gregorius, R. M., Smith, E., Park, M., "Teacher Conceptions and Approaches Associated with an Immersive Instructional Implementation of Computer-Based Models and Assessment in a Secondary Chemistry Classroom", *International Journal of Science Education*, Vol. 36, No. 3, 2014.

William, R. V., "Beliefs and Knowledge in Chemistry Teacher Development", *International Journal of Science Education*, Vol. 26, No. 3, 2004.

Zembylas, M., "Emotional ecology: The Intersection of Emotional Knowledge and Pedagogical Content Knowledge in Teaching", *Teaching and Teacher Education*, No. 23, 2007.

Çalik, M., Özsevgeç, T., Ebenezer, J., Artun, H., Küçük, Z., "Effects of 'Environmental Chemistry' Elective Course via Technology-Embedded Scientific Inquiry Model on Some Variables", *Journal of Science Education and Technology*, Vol. 23, No. 3, 2014.

附　　录

附录1　Q "醇的化学性质" 教学设计片段

课题	【醇（二）】	课型	新知识课
授课人	Q	授课班级	高二九、十班
【教材分析】	本节为新课标人教版高中学选修五《有机化学基础》第三章《烃的含氧衍生物》第一节《醇　酚》。本节主要包括两部分内容，一、乙醇；二、醇类。讲授的是第二部分。 　　本节课包含以下主要内容： 　　①醇具有哪些特殊性质；②醇为什么具有这些特殊性质；③如何实现醇与其他物质的相互转化； 　　地位与作用： 　　醇是继卤代烃之后学习的第二种烃的衍生物，它是卤代烃、醇、醛、羧酸、酯这一系列烃的衍生物链条中不可缺少的一个环节，也是连接这几大类烃的衍生物的 "交通枢纽"。从应用上来讲，它又是制备这几大类物质的重要原料，且在有机物的相互转化中处于核心地位，从而显示出它特殊的优越的地位。 　　同时本节内容起到引领和承上启下的作用，不仅巩固了烃和卤代烃的性质，同时是对有机化学反应类型的应用与提升，也为其他烃的衍生物的学习提供了方法		

续表

【学生分析】	知识基础： 　初中：已经接触过乙醇这种有机化合物，初步了解到乙醇是一种较为清洁的燃料，对乙醇溶解性的理解还局限在与水的互溶方面，作为溶剂的溶液也只了解碘酒这个典型案例。 　必修2：基本掌握乙醇的结构及用途，乙醇与金属钠的反应，乙醇的氧化反应（燃烧、催化氧化、被酸性高锰酸钾溶液氧化），乙醇与乙酸的酯化反应，并且初步了解了有机基团与性质的关系，对于官能团的学习有一定的基础，继续深入学习，能够完善学生的知识体系。 　学生已经初步具备了结构决定性质、性质反映结构的思路和方法，并且对于醇可能与哪些试剂发生化学反应及反应类型具有一定的猜测能力。学生基本了解研究有机化学的方法，并且已经具备一定的语言表达能力及提出问题、分析问题、解决问题的能力。 　因此，学生在醇的学习时，学习方法和知识基础上已具有适当的铺垫。从学生心理情况看，由于本单元知识十分贴近生活，都是生活中经常接触到的物质，学生的情绪与心理都会处于一种兴奋状态，会产生一种自然的探究欲望，对培养学生学习化学的兴趣大有帮助。 　学习风格： 　东师附中学生的生活知识丰富，认知水平相对较为接近，学习化学的兴趣及课堂的参与程度较高，知识及思维基础较好，合作意识与探究精神已逐步形成。 　认知障碍： 　对于醇的结构是如何决定其特殊性质以及转化时的断键方式的认识有一定困难，对基团间的相互影响较模糊，还不能从微观的视角、不能很好地利用已有知识从结构的角度去分析、深入理解醇的性质，也无法由性质去推断有机物的结构
【教学目标】	通过对乙醇性质的探究与迁移，掌握醇的特殊性质，建立物质、官能团、化学键与有机化学反应的联系，能从物质类别、组成、微粒结构、微粒间作用力等多个视角预测醇的性质并解读其化学反应的实质；能从宏观与微观的结合对物质及其变化进行分类和表征； 　能建构认识有机物性质的认识方式的思维模型，并能综合解释或解决化学问题； 　发展分析、推理、类比、归纳的能力，掌握认识有机化合物性质的一般思路、研究有机化学问题的科学方法； 　发展由事物表象解析事物本质变化，强化微粒观和变化观，建构结构决定性质的学科思想
【教学重点】	从微观、宏观的多视角预测、解释醇的性质及发生的化学变化
【教学难点】	基于化学键的微观视角推断醇的断键方式，预测发生的化学反应类型，分析发生化学变化的本质特点
【教学媒体】	多媒体辅助教学

续表

【教学策略】	问题驱动式、情境创设法、归纳与演绎、认知模型
【教学准备】	学生预习、教师准备教学设计、课件

【教学设计思路】

该教学设计以一种陌生的醇类物质-3-苯丙醇作为载体，原因：

1. 在日常生活中广泛的应用。

2. 本节的教学目的是为了帮助学生掌握对于陌生有机物性质的思维方式和方法，因此以一种陌生并且结构简单的醇类物质-3-苯丙醇作为本节内容的载体，带领学生体验分析陌生物质性质的完整的过程。

首先带领学生简单了解3-苯丙醇的存在及用途，通过对陌生物质3-苯丙醇的命名，回顾醇的命名方法。

帮助学生建立从结构和反应的两大维度来认识有机物性质的视角，从多方面建立结构与反应的联系，以及形成"结构决定性质"的学科思想。因此该教学设计主要包括三部分：结构为度、反应维度以及总结（认知模型）。从微观结构的视角解读有机化学反应的实质，进而透彻地掌握有机反应类型的概念，建立学习有机化学的思维习惯。

在结构维度中，将对于有机物结构的认识分为三个水平，分别为物质层面、官能团层面以及化学键层面。通过设疑（-OH为什么能发生这些反应？只要含有醇羟基，也就是说任何醇都可以发生相同的化学反应？具有相同的性质吗？如何准确的预测醇的性质？），使学生体会到基于官能团层面分析物质的结构是有局限性的，应该建立基于化学键层面深入分析物质结构的新的认识方式。通过学生思考与讨论，明确3-苯丙醇的结构特点及断键方式。进而通过问题（是否能够推断出3-苯丙醇可以发生的化学反应类型呢？对应的断键方式又分别是什么呢？能否依据化学反应类型，选择需要的反应试剂和反应条件？）的形式，将结构维度向反应维度过渡。

在反应维度中，在学生明确3-苯丙醇的结构特点及断键方式后，引导学生推断可以发生的化学反应（推断化学反应类型，并选择相应的反应试剂和反应条件）。在确定了化学反应类型、反应试剂以及反应条件之后，让学生交流讨论，推断出反应产物。通过设疑（是不是其他任何醇都可以发生以上几类化学反应呢？如果不是，请举例。），让学生发现醇的消去反应和催化氧化反应存在的局限性，举例并找到其中的规律。

最后，带领学生总结醇的化学性质规律。从个别到类别，符合学生的认知规律。并且帮助学生建立对于有机物性质的认识方式的思维模型，形成顺向思维和逆向思维，达到思维模型的最高水平。认识研究有机物性质的基本方法，建立认识物质的新视角。通过练习题巩固新知

【教学设计】

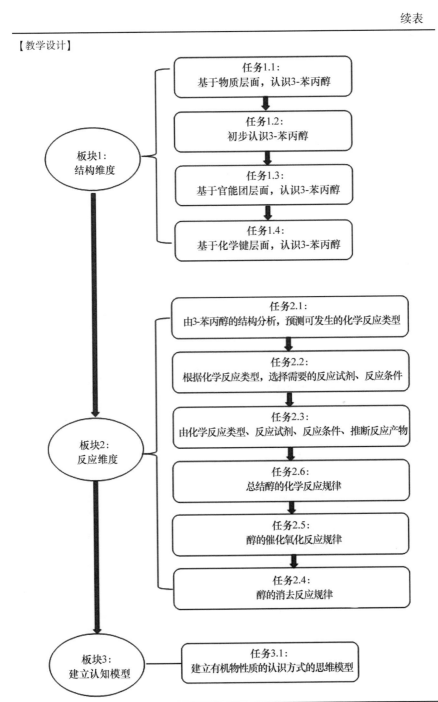

【教学过程】

教学环节	教师活动	学生活动	设计意图
引课: 3-苯丙醇	【讲述】我们先来看几种物质的结构式,胆固醇、维生素 A、维生素 D、皮质醇,前三种物质我们都比较熟悉,皮质醇是一种由人体自然产生的荷尔蒙,分泌的皮质醇数量与运动或压力强度成正比,也称为"压力激素"。 【提问】那么这四种物质都属于哪类有机化合物呢? 【讲述】都含有醇羟基,它们是存在于人体内的醇类物质,我们的身体健康与它们息息相关。这种植物叫作紫杉,是世界上濒临灭绝的抗癌植物,属于国家一级保护植物,有"生物黄金"之称。从植物中提取出的紫杉醇,对防治肿瘤、癌症、白血病、糖尿病有特殊功效。从植物中提取出的薄荷醇、香叶醇、芳樟醇都具有特殊的香气,用于配制化妆品、食品等,是重要的调香原料,在医药方面也有着不同的功效。还有一种我们很熟悉的具有甜味的醇,木糖醇,是一种天然的甜味剂。除此之外,醇还可以用于合成醇基燃料,是目前大力推广的新能源、清洁能源。我们可以看出醇类物质在我们的日常生活中广泛存在,有着重要的价值。 【提问】下面请同学们给这种醇类物质命名。 【讲述】其天然品存在于草莓、茶叶等,具有甜的花香香气,是一种重要的调香原料。并且也可以用于合成药物,是一种强效利胆药。 【讲述】我们这节课就将以 3-苯丙醇为载体,来学习醇类的化学性质。 【板书】醇类的化学性质	【回答】醇类 学生倾听	带领学生简单了解 3-苯丙醇的存在及用途,建立对这种物质的感性认识。激发学生学习兴趣。促进 STS 思想的建立。

板块 1：结构维度 任务 1：基于化学键层面分析 3－苯丙醇的结构特点	【讲述】通过前面的学习，我们可以从哪些角度来认识有机物的化学性质呢? 【讲述】很好，综合同学们所说的，可以从物质结构的角度，还可以从（物质转化）物质发生化学反应的角度。接下来我们就将分别从这两方面入手，来认识醇的化学性质。 【板书】结构　反应 【提问】哪位同学试着分析一下 3-苯丙醇的结构? 【讲解】我们还可以把 3-苯丙醇拆分为两部分，哪两部分呢? 【讲解】碳骨架和官能团。这样呢，我们就可以分别从碳骨架和官能团的角度来分析醇的结构。我们今天学习的醇的化学性质是以保持醇原有的碳骨架不变为前提的。 【板书】碳骨架、官能团 【提问】那么从官能团的角度，3-苯丙醇与我们上节课学的乙醇具有相同的官能团，谁来说一下 3-苯丙醇可能发生的化学反应，有哪几类? 【设疑】我们通过辨识官能团的类型，能大致预测醇的化学性质。那么基于官能团的层面，同学们能否解释羟基为什么能发生这些化学反应吗? 又能否论证醇类物质都含有醇羟基，就都具有相同的性质吗?	【回答】反应……结构……化学方程式 【回答】烃基和羟基 【回答】取代、消去、氧化反应……	认识研究有机物性质的基本方法，建立认识物质的新视角。 引导学生意识到基于物质和官能团层面分析物质结构的局限性……

附录 2　教学设计文献综述（片段）

——以 Z 的"醇的化学性质"为例

对于"醇"教学设计文献综述，主要从三个方面进行分析：设计分析报告，设计思路分析，亮点采撷。

一　设计分析报告

1. 教学价值

a. 通过"醇分子的结构特点"培养学生的微粒观

虽然醇分子可以看成是烷烃分子中在碳氢原子之间插入了一个氧原子，但由于氧原子吸引电子的能力较强，导致醇分子中的碳氧共用电子、氧氢共用电子偏向氧原子，使氧原子带部分负电荷，与之成键的另一原子带部分正电荷，从而使醇表现出与烷烃不同的化学性质：可与金属钠反应，可发生消去反应、酯化反应、催化氧化反应等。

醇、酚、羧酸中都含"-OH"，但由于与"-OH"相连的原子或原子团不同，导致这三类有机物的性质有所不同：羧酸和酚能够电离出H+、具有酸性，醇不能发生电离。

b. 过"醇的分类"培养学生的分类观

根据不同标准，可将醇分不同类别。

分子中含羟基数目：一元醇（乙醇），二元醇（乙二醇），多元醇（丙三醇）

分子中所含烃基是否饱和：分为饱和醇和不饱和醇

烃基中是否含有苯环：分为脂肪醇和芳香醇

c. 通过"醇与其他有机物的转化"培养学生的变化观

$$2CH_3CH_2OH + O_2 \xrightarrow[Cu]{\triangle} 2CH_3CHO + 2H_2O$$

d. 通过"实验"培养学生的实验观

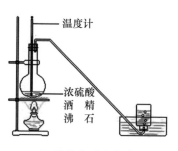

乙醇消去反应实验

e. 通过"甲醇，乙二醇，丙三醇"培养学生的化学价值观

> 甲醇：重要化工原料
>
> 乙二醇：汽车内燃机防冻剂；烟丝润湿剂；制涤纶
>
> 丙三醇：生产化妆品和炸药

2. 教材分析

本节课是人教版化学选修 5 第三章第一节"醇　酚"第一课时的内容。

主要内容：

1. 醇类的定义，分类和命名

2. 醇类的物理性质

3. 醇类的化学性质

初中教材：从燃料对环境的影响提到乙醇是一种较为清洁的燃料。

必修 2：讲解乙醇的结构，乙醇与金属钠的反应，乙醇的氧化反应（燃烧、催化氧化、被酸性高锰酸钾溶液氧化），乙醇与乙酸的酯化反应）。

这些都可为这节课讨论醇类的相关内容提供知识基础。

上承　　　　　脂肪烃，芳香烃，卤代烃

↓　醇（一种重要的烃的含氧有机物）

下启　　　　　酚，醛，羧酸，酯

通过对醇主题的学习，为以后各类官能团有机物的系统学习提供不同的研究思路和方法，体现化学自身的学科特色。

3. 学情分析

知识基础：化学键，物质结构与性质的关系，有机物结构与性质的关系，官能团，乙醇的结构，乙醇与金属钠的反应，乙醇的氧化反应（燃烧、催化氧化、被酸性高锰酸钾溶液氧化），乙醇与乙酸的酯化反应。

学习困难或问题：醇的结构属于微观内容，学生在预测断键部位时存在困难；反应类型易混淆；反应方程式书写易错。

二 设计思路分析

第一类：

古诗词引入（关于酒）

↓

介绍醇的定义，分类及命名

↓

通过阅读表格，学生自主总结出醇的物理性质（沸点变化）

↓

通过复习回顾醇的结构，推测其可能具有的性质

↓

取代反应：与活泼金属，与酸，与卤代烃，醇分子间脱水反应

↓

消去反应：学生动手实验（浓硫酸作催化剂，将乙醇加热到170 摄氏度，并验证产物，进行除杂）

↓

氧化反应：燃烧，催化氧化（银匠打造银饰），强氧化剂氧化；由乙醇催化氧化机理总结醇类催化氧化的规律。

分析：让学生通过回忆关于酒的古诗词，感受中国自古以来的诗酒文化。让课堂在师生热烈的讨论交流中开始，能显著地调动课堂气氛，激发学生的学习兴趣，让他们以更饱满的精神状态进入接下来的课堂学习中。

通过对比分析，培养学生自主总结出醇的物理性质的能力。

通过回顾乙醇的结构，推测其可能具有的性质，在其中再一次渗透

"结构决定性质，性质反应结构"的化学学科思想。

在讲解乙醇被氧化时，以银匠打造银饰的情景引入乙醛这种新的有机物，既增添了趣味性，又拓展了知识面。

第二类：第一课时

生活情境引入

↓

提出问题：手割伤了，怎么消毒？（乙醇，异丙醇）

↓

知识迁移：由醇类官能团迁移到某类官能团的学习

↓

醇的引入：选择本地名酒趣味性引入

↓

观察对比：水和乙醇，讨论归纳出乙醇物理性质

↓

类比分析：类比垒积木，分析乙醇分子的可能结构

↓

学生实验：乙醇与钠反应

↓

微观模拟：进一步了解官能团

↓

实验探究：乙醇的催化氧化和燃烧，总结异同

↓

阅读总结：乙醇用途

第三类：

生活素材引入

↓

展示图片：应用叔丁醇制造的有机玻璃，甲醇燃料电池等

↓

温故知新：回顾乙醇发生的反应，将关注点由"性质"转向"结构"

↓

实验探究：验证乙醇消去反应的产物

↓

类比研究：乙醇和溴乙烷消去的异同

↓

观看视频：确定产物结构

↓

应用提升：从乙醇类比迁移到其他醇类

分析：通过大量醇类物质引入，可激发学生对这一类物质而不是某种物质的关注。既承接了必修教材，体现化学的社会价值，又由乙醇到醇类引入类别学习的视角。

通过对必修教材乙醇性质的回忆，既探查了学生的已有认知，又及时转变研究物质的视角，巧妙地将学生的关注点吸引到"断键部位"上来，实现了选修与必修的无缝对接，也充分体现了选修教材"结构决定性质"的重要学科思想。

三 亮点采撷

1. 情境导入：通过大量醇类物质引入，可激发学生对这一类物质而不是某种物质的关注。既承接了必修教材，体现化学的社会价值，又

由乙醇到醇类引入类别学习的视角。

2. 温故知新："必修2我们从'生活中两种常见的有机物'中认识了乙醇，学习了乙醇的一些化学性质，请同学们回忆乙醇可以与哪些物质发生反应？反应时乙醇分子中哪些化学键发生断裂？"

可以看到：一举两得，既通过对物质性质的回忆，探查学生已有认知；又及时转变研究物质的视角，将学生的关注点吸引到"断键部位"上来，体现选修教材"结构决定性质"的重要学科思想。

3. 问题设计："播放视频：某人因感冒喝了一瓶藿香正气水后开车，被交警拦下来，误认为是"酒驾"。

提出问题：

被误认为是酒驾的原因？

乙醇在人体内时如何代谢的？

交警检查酒驾时使用的酒精检测仪采用何种原理？

可以看到：问题设置巧妙，通过一个视频，连续三个问题，就将乙醇的三种氧化反应讲解清楚。同时引入采用生活中的素材，也充分体现了化学学科的社会价值。